职业院校机电类"十三五"
微课版创新教材

边做边学

AutoCAD 2014

中文版基础教程

姜勇 杨俊 / 主编

张海民 胡敏 / 副主编

U0323732

人 民 邮 电 出 版 社

北 京

图书在版编目（ＣＩＰ）数据

AutoCAD 2014中文版基础教程 / 姜勇，杨俊主编
. -- 北京 ：人民邮电出版社，2016.8
（边做边学）
职业院校机电类"十三五"微课版创新教材
ISBN 978-7-115-42741-0

Ⅰ．①A… Ⅱ．①姜… ②杨… Ⅲ．①AutoCAD软件—
高等职业教育—教材 Ⅳ．①TP391.72

中国版本图书馆CIP数据核字 (2016) 第132229号

内 容 提 要

本书共 12 章，主要内容包括 AutoCAD 2014 用户界面及基本操作、创建及设置图层、绘制与编辑简单平面图、绘制与编辑复杂平面图、书写文字及标注尺寸、绘制工程图的方法和技巧、生成轴测图、创建三维实体模型及输出图形等。

本书实用性强，按照"边做边学"的理念设计教材框架结构，将理论知识与实践操作交叉融合，重点培养学生的 AutoCAD 应用技能，提高其解决实际问题的能力。

本书可作为高等职业院校机械、建筑、电子及工业设计等专业的计算机辅助绘图课教材，也可作为广大工程技术人员及计算机爱好者的自学用书。

- ◆ 主　编　姜　勇　杨　俊
　　副主编　张海民　胡　敏
　　责任编辑　刘盛平
　　责任印制　焦志炜
- ◆ 人民邮电出版社出版发行　　北京市丰台区成寿寺路 11 号
　　邮编　100164　电子邮件　315@ptpress.com.cn
　　网址　http://www.ptpress.com.cn
　　北京昌平百善印刷厂印刷
- ◆ 开本：787×1092　1/16
　　印张：16.75　　　　　　　　2016 年 8 月第 1 版
　　字数：426 千字　　　　　　 2016 年 8 月北京第 1 次印刷

定价：42.00 元

读者服务热线：(010)81055256　印装质量热线：(010)81055316
反盗版热线：(010)81055315

　　AutoCAD 是美国 Autodesk 公司推出的集二维绘图、三维设计、参数化设计、协同设计、通用数据库管理及互联网通信功能等为一体的计算机辅助设计软件包。其应用遍及机械、建筑、航天、轻工及军事等领域，已经成为 CAD 中应用最为广泛的设计软件之一。

　　近年来，随着我国社会经济的迅猛发展，市场上急需一大批懂技术、懂设计、懂软件、会操作的应用型高技能人才。本书是基于目前社会上对 AutoCAD 应用人才的需求、各个职业院校开设相关课程的教学需求以及企业中部分技术人员学习 AutoCAD 软件的需求而编写的。

　　根据新时代对人才的需求，本书按照"边做边学"的理念设计教材框架结构，每章结构大致按照"课堂实训→软件功能→课堂实战→课后综合演练"这一思路进行编排，思路创新、内容丰富，体现了教学改革的最新理念。

　　本书突出实用性，注重培养学生的实践能力，具有以下特色。

　　（1）按照"互联网＋教育"的理念打造创新型教材。本书针对实例开发了"操作视频"，并以二维码的形式将其嵌入到书中相应位置，读者可通过手机等移动终端扫描书中二维码观看学习，从而加深对知识及操作的认识和理解。

　　（2）作者在充分考虑课程教学内容及特点的基础上组织本书内容及编排方式，通过课堂实训将理论知识形象化展现出来，使学生易于理解及增强学习兴趣。同时，将理论知识点与上机练习有机结合，便于教师构建"边讲、边练、边学"的教学模式。

　　（3）本书精心选取 AutoCAD 的一些常用功能及与设计绘图密切相关的知识构成全书主要内容，突出了"学以致用"的原则。

　　（4）本书专门安排章节介绍用 AutoCAD 绘制工程图的方法。通过这部分内容的学习，学生可以了解用 AutoCAD 绘制工程图的特点，并掌握一些实用的绘图技巧，从而提高解决实际问题的能力。

　　（5）本书提供"课件""教学素材""视频操作演示"及"拓展实例"等教学辅助材料，构建立体化教材，以方便教师教学与学生学习。

　　本书编者长期从事 CAD 的应用、开发及教学工作，并且一直在跟踪 CAD 技术的发展，对 AutoCAD 软件的功能、特点及其应用有较深入的理解和体会。

　　全书分为 12 章，主要内容如下。

- 第 1 章：介绍 AutoCAD 2014 用户界面及一些基本操作。
- 第 2 章：介绍线段、平行线、圆及圆弧连接的绘制方法。
- 第 3 章：介绍多边形、椭圆及填充剖面图案的绘制方法。
- 第 4 章：介绍多段线、点对象及面域的绘制方法。
- 第 5 章：介绍绘制复杂平面图形的方法。
- 第 6 章：介绍如何书写文字。
- 第 7 章：介绍标注各种类型尺寸的方法。
- 第 8 章：介绍如何查询图形信息及图块和外部参照等的用法。
- 第 9 章：通过工程实例说明绘制工程图的方法和技巧。
- 第 10 章：介绍绘制正等轴测图的方法。

FOREWORD

- 第 11 章：介绍怎样输出图形。
- 第 12 章：介绍创建三维实体模型的方法。
- 附录：AutoCAD 证书考试练习题。

本书由姜勇、杨俊主编，张海民、胡敏任副主编。参加本书编写工作的还有沈精虎、黄业清、宋一兵、谭雪松、冯辉、计晓明、董彩霞、滕玲、管振起等。

编　者

2016 年 4 月

目录　CONTENTS

CONTENTS

CONTENTS

CONTENTS

Chapter

1

第1章
AutoCAD的绘图环境
及基本操作

通过本章的学习，读者要熟悉AutoCAD 2014的用户界面，并掌握一些基本操作。

学习目标

- 了解AutoCAD 2014用户界面的组成。
- 掌握调用AutoCAD命令的方法。
- 掌握选择对象的常用方法。
- 能够快速缩放、移动图形及全部缩放图形。
- 学会重复命令和取消已执行的操作。
- 能够创建图层及设置线型和线宽等。

1.1 了解用户界面及学习基本操作

本节将介绍 AutoCAD 2014 用户界面的组成，并介绍常用的一些基本操作。

1.1.1 课堂实训——AutoCAD 2014 的用户界面

启动 AutoCAD 2014 后，其用户界面如图 1-1 所示，主要由菜单浏览器、快速访问工具栏、功能区、绘图窗口、导航栏、命令提示窗口及状态栏等部分组成。

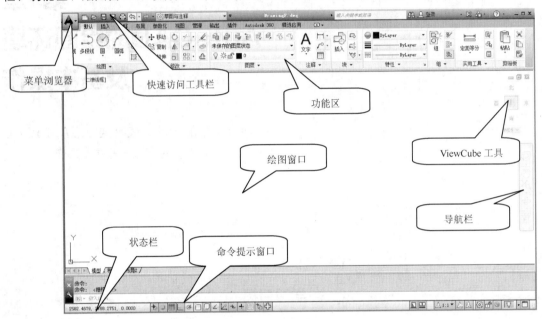

图1-1　AutoCAD 2014 用户界面

下面通过操作练习来熟悉 AutoCAD 2014 用户界面。

【练习1-1】　熟悉 AutoCAD 2014 用户界面。

练习 1-1 熟悉
AutoCAD 用户界面

（1）单击程序窗口左上角的 ![icon] 图标，弹出下拉菜单，该菜单包含【新建】、【打开】及【保存】等常用选项。单击 ![icon] 按钮，系统显示已打开的所有图形文件；单击 ![icon] 按钮，系统显示最近使用的文件。

（2）单击【快速访问】工具栏上的 ![icon] 按钮，显示 ![草图与注释]，再单击 ![icon] 按钮，选择【显示菜单栏】选项，显示 AutoCAD 主菜单。选择菜单命令【工具】/【选项板】/【功能区】，关闭【功能区】。

（3）再次选择菜单命令【工具】【选项板】【功能区】，则又打开【功能区】。

（4）单击【默认】选项卡中【绘图】面板上的 ![icon] 按钮，展开该面板。再单击 ![icon] 按钮，固定面板。

（5）选择菜单命令【工具】/【工具栏】/【AutoCAD】/【绘图】，打开【绘图】工具栏，如图 1-2 所示。用户可移动工具栏或改变工具栏的形状。将鼠标光标移动到工具栏端部，按下鼠标左键并移动鼠标光标，工具栏就随鼠标光标移动。将鼠标光标放置在拖出的工具栏的边缘，当鼠标光标变成双面箭头时，按住鼠标左键，拖动鼠标光标，工具栏的形状就发生变化。

（6）在任一选项卡标签上单击鼠标右键，弹出快捷菜单，选择【显示选项卡】/【注释】

命令，关闭【注释】选项卡。

图1-2　打开【绘图】工具栏

（7）单击功能区中的【参数化】选项卡，展开【参数化】选项卡。在该选项卡的任一面板上单击鼠标右键，弹出快捷菜单，选择【面板】/【管理】命令，关闭【管理】面板。

（8）单击功能区顶部的 按钮，收拢功能区，仅显示选项卡及面板的文字标签，再次单击该按钮，面板的文字标签消失，继续单击该按钮，展开功能区。

（9）在任一选项卡标签上单击鼠标右键，选择【浮动】命令，则功能区位置变为可动。将鼠标光标放在功能区的标题栏上，按住鼠标左键移动鼠标光标，改变功能区的位置。

（10）绘图窗口是用户绘图的工作区域，该区域无限大，其左下方有一个表示坐标系的图标，图标中的箭头分别指示 x 轴和 y 轴的正方向。在绘图区域中移动鼠标光标，状态栏上将显示光标点的坐标读数。单击该坐标区可改变坐标的显示方式。

（11）AutoCAD 提供了两种绘图环境：模型空间及图纸空间。单击绘图窗口下部的 布局1 按钮，切换到图纸空间。单击 模型 按钮，切换到模型空间。默认情况下，AutoCAD 的绘图环境是模型空间，用户在这里按实际尺寸绘制二维或三维图形。图纸空间提供了一张虚拟图纸（与手工绘图时的图纸类似），用户可在这张图纸上将模型空间的图样按不同缩放比例布置在图纸上。

（12）AutoCAD 绘图环境的组成一般称为工作空间，它是工具栏、面板、选项板等的组合。当用户绘制二维或三维图形时，就切换到相应的工作空间，此时 AutoCAD 仅显示出与绘图任务密切相关的工具栏和面板等，而隐藏一些不必要的界面元素。单击状态栏上的 图标，弹出快捷菜单，该菜单中的【草图与注释】选项被选中，表明现在处于二维草图与注释工作空间。选择该菜单上的【AutoCAD 经典】选项，切换至以前版本的默认工作空间。

（13）命令提示窗口位于 AutoCAD 程序窗口的底部，用户输入的命令、系统的提示信息等都反映在此窗口中。将鼠标光标放在窗口的上边缘，鼠标光标变成双面箭头，按住鼠标左键向上拖动鼠标光标就可以增加命令窗口显示的行数。按 F2 键将打开命令提示窗口，再次按 F2 键可关闭此窗口。

绘图窗口中包含了显示及观察图形的工具。

（1）视口控件

• [-]：单击" - "号显示选项，这些选项用于最大化视口、创建多视口及控制绘图窗口右边的 ViewCube 工具和导航栏的显示。

• [顶部]：单击"顶部"显示设定标准视图（如前视图、俯视图等）的选项。

• [二维线框]：单击"二维线框"显示用于设定视觉样式的选项。视觉样式决定三维模型的显示方式。

（2）ViewCube 工具

ViewCube 工具用于控制观察方向的可视化工具，用法如下。

• 单击或拖动立方体的面、边、角点、周围文字及箭头等改变视点。

• 单击"ViewCube"左上角图标，切换到西南等轴测视图。

• 单击"ViewCube"下边的图标，切换到其他坐标系。

（3）导航栏

• 包含观察视图的一些的工具。

• 平移：单击按钮，沿屏幕平移视图。

• 缩放工具：按钮内包含多种缩放当前视图的工具。

• 动态观察工具：按钮内包含多种三维旋转视图的工具。

1.1.2 课堂实训——用 AutoCAD 绘图的基本过程

实训的任务：新建文件、启动命令、输入命令参数、重复命令、结束命令及保存文件等。

【练习1-2】 下面通过一个练习演示用 AutoCAD 绘制图形的基本过程。

（1）启动 AutoCAD 2014。

（2）单击图标，选择【新建】/【图形】选项（或单击【快速访问】工具栏上的按钮创建新图形），打开【选择样板】对话框，如图 1-3 所示。该对话框中列出了许多用于创建新图形的样板文件，默认的样板文件是"acadiso.dwt"。单击打开(O)按钮，开始绘制新图形。

练习 1-2 用 AutoCAD 绘制图形的基本过程

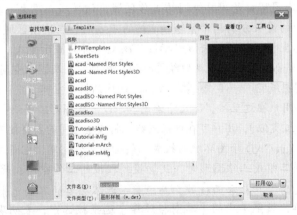

图1-3 【选择样板】对话框

（3）按状态栏上的、及按钮。注意，不要按下按钮。

（4）单击【常用】选项卡中【绘图】面板上的按钮，AutoCAD 提示如下。

```
命令: _line 指定第一点：              // 单击点 A, 如图 1-4 所示
指定下一点或 [放弃 (U)]: 400         // 向右移动鼠标光标，输入线段长度并按 Enter 键
指定下一点或 [放弃 (U)]: 600         // 向上移动鼠标光标，输入线段长度并按 Enter 键
指定下一点或 [闭合 (C)/放弃 (U)]: 500  // 向右移动鼠标光标，输入线段长度并按 Enter 键
```

指定下一点或 [闭合 (C) / 放弃 (U)]: 800　　　　　　// 向下移动鼠标光标，输入线段长度并按 Enter 键
指定下一点或 [闭合 (C) / 放弃 (U)]:　　　　　　　　// 按 Enter 键结束命令
结果如图 1-4 所示。

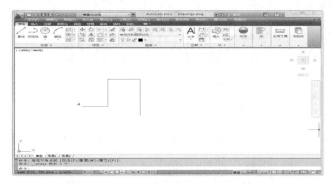

图1-4　画线

（5）按 Enter 键重复画线命令，绘制线段 BC，如图 1-5 所示。

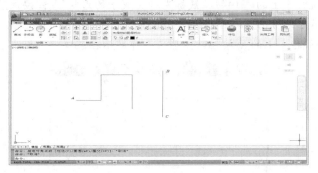

图1-5　绘制线段 BC

（6）单击【快速访问】工具栏上的 按钮，线段 BC 消失，再次单击该按钮，连续折线也消失。单击 按钮，连续折线显示出来，继续单击该按钮，线段 BC 也显示出来。

（7）输入画圆命令全称 CIRCLE 或简称 C，AutoCAD 提示如下。

命令：CIRCLE　　　　　　　　　　　　　　　　　　// 输入命令，按 Enter 键确认
指定圆的圆心或 [三点 (3P) / 两点 (2P) / 切点、切点、半径 (T)]:
　　　　　　　　　　　　　　　　　　　　　　　　// 单击点 D，指定圆心，如图 1-6 所示
指定圆的半径或 [直径 (D)]: 100　　　　　　　　　　// 输入圆半径，按 Enter 键确认
结果如图 1-6 所示。

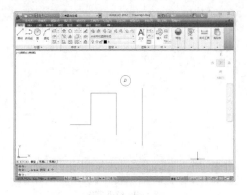

图1-6　画圆（1）

（8）单击【常用】选项卡中【绘图】面板上的 按钮，AutoCAD 提示如下。

命令：_circle 指定圆的圆心或 [三点 (3P) / 两点 (2P) / 切点、切点、半径 (T)]：
// 将鼠标光标移动到端点 A 处，AutoCAD 自动捕捉该点，再单击鼠标左键确认，如图 1-7 所示
指定圆的半径或 [直径 (D)] <100.0000>：160   // 输入圆半径，按 Enter 键
结果如图 1-7 所示。

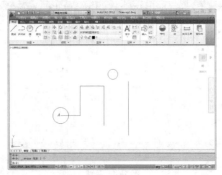

图1-7 画圆（2）

（9）单击【导航栏】上的 按钮，鼠标光标变成手的形状，按住鼠标左键向右拖动鼠标光标，直至图形不可见为止。按 Esc 键或 Enter 键退出。

（10）单击【导航栏】上的 按钮，图形又全部显示在窗口中，如图 1-8 所示。

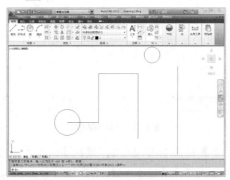

图1-8 全部显示图形

（11）单击【视图】选项卡中【二维导航】面板上的 按钮，鼠标光标变成放大镜形状，此时按住鼠标左键向下拖动鼠标光标，图形缩小，如图 1-9 所示。按 Esc 键或 Enter 键退出，也可单击鼠标右键，弹出快捷菜单，选择【退出】命令。该菜单上的【范围缩放】命令可使图形充满整个图形窗口显示。

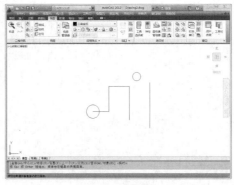

图1-9 缩小图形

（12）单击鼠标右键，选择【平移】命令，再单击鼠标右键，选择【窗口缩放】命令。按

住鼠标左键并拖动鼠标光标，使矩形框包含图形的一部分，松开鼠标左键，矩形框内的图形被放大。继续单击鼠标右键，选择【缩放为原窗口】命令，则又返回原来的显示。

（13）单击【常用】选项卡中【修改】面板上的 按钮（删除对象），AutoCAD 提示如下。

```
命令：_erase
选择对象：                    // 单击点 A，如图 1-10（a）所示
指定对角点：找到 1 个          // 向右下方拖动鼠标光标，出现一个实线矩形窗口
                             // 在点 B 处单击一点，矩形窗口内的圆被选中，被选对象变为虚线
选择对象：                    // 按 Enter 键删除圆
命令：ERASE                   // 按 Enter 键重复命令
选择对象：                    // 单击点 C
指定对角点：找到 4 个          // 向左下方拖动鼠标光标，出现一个虚线矩形窗口
                             // 在点 D 处单击一点，矩形窗口内及与该窗口相交的所有对象都被选中
选择对象：                    // 按 Enter 键删除圆和线段
```

结果如图 1-10（b）所示。

（14）单击 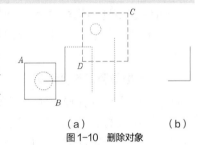 图标，选择【另存为】选项（或单击【快速访问】工具栏上的 按钮），弹出【图形另存为】对话框，在该对话框的【文件名】文本框中输入新文件名。该文件默认类型为 "dwg"，若想更改，可在【文件类型】下拉列表中选择其他类型。

(a)　　　　　　　　(b)

图 1-10　删除对象

1.1.3　调用命令

启动 AutoCAD 命令的方法一般有两种：一种是在命令行中输入命令全称或简称，另一种是用鼠标选择一个菜单命令或单击工具栏上的命令按钮。

1. 使用键盘发出命令

在命令行中输入命令全称或简称就可以使系统执行相应的命令。

一个典型的命令执行过程如下。

```
命令：CIRCLE                          // 输入命令全称 CIRCLE 或简称 C，按 Enter 键
指定圆的圆心或 [三点 (3P)/两点 (2P)/相切、相切、半径 (T)]:    90,100
                                     // 输入圆心的 x、y 坐标，按 Enter 键
指定圆的半径或 [直径 (D)] <50.7720>: 70    // 输入圆半径，按 Enter 键
```

（1）方括弧 "[ ]" 中以 "/" 隔开的内容表示各个选项。若要选择某个选项，则需输入圆括号中的字母和数字，字母可以是大写形式，也可以是小写形式。例如，想通过 3 点画圆，就输入 "3P"。此外，单击命令选项也可执行相应的功能。

（2）尖括号 "<>" 中的内容是当前默认值。

AutoCAD 的命令执行过程是交互式的。当用户输入命令后，需按 Enter 键确认，系统才执行该命令。而执行过程中，系统有时要等待用户输入必要的绘图参数，如输入命令选项、点的坐标或其他几何数据等，输入完成后，也要按 Enter 键，系统才能继续执行下一步操作。

要点提示

当使用某一命令时按 F1 键，AutoCAD 将显示该命令的帮助信息。也可将鼠标指针在命令按钮上放置片刻，AutoCAD 就在按钮附近显示该命令的简要提示信息。

2. 利用鼠标发出命令

用鼠标选择主菜单中的命令选项或单击工具栏上的命令按钮，系统就执行相应的命令。此

外，用户也可在命令启动前或执行过程中，单击鼠标右键，通过快捷菜单中的选项启动命令。利用 AutoCAD 绘图时，用户多数情况下是通过鼠标发出命令的。鼠标各按键的定义如下。

- 左键：拾取键，用于单击工具栏按钮及选取菜单选项以发出命令，也可在绘图过程中指定点和选择图形对象等。
- 右键：一般作为 Enter 键，命令执行完成后，常单击右键来结束命令。在有些情况下，单击右键将弹出快捷菜单，该菜单上有【确认】命令。
- 滚轮：向前转动滚轮，放大图形；向后转动滚轮，缩小图形。缩放基点为十字光标点。默认情况下，缩放增量为 10%。按住滚轮并拖动鼠标光标，则平移图形。双击滚轮，全部缩放图形。

1.1.4 选择对象的常用方法

用户在使用编辑命令时，选择的多个对象将构成一个选择集。系统提供了多种构造选择集的方法。默认情况下，用户可以逐个拾取对象或者利用矩形、交叉窗口一次选取多个对象。

1. 用矩形窗口选择对象

当系统提示选择要编辑的对象时，用户在图形元素的左上角或左下角单击一点，然后向右拖动鼠标光标，AutoCAD 显示一个实线矩形窗口，让此窗口完全包含要编辑的图形实体，再单击一点，则矩形窗口中的所有对象（不包括与矩形边相交的对象）被选中，被选中的对象将以虚线形式表示出来。

下面通过 ERASE 命令来演示这种选择方法。

【练习1-3】 用矩形窗口选择对象。

打开素材文件"dwg\ 第 1 章 \1-3.dwg"，如图 1-11（a）所示，用 ERASE 命令将其修改为图 1-11（b）所示的图形。

```
命令：_erase
选择对象：                      // 在点 A 处单击一点，如图 1-11（a）所示
指定对角点：找到 9 个           // 在点 B 处单击一点
选择对象：                      // 按 Enter 键结束
```
结果如图 1-11（b）所示。

2. 用交叉窗口选择对象

当 AutoCAD 提示"选择对象"时，在要编辑的图形元素右上角或右下角单击一点，然后向左拖动鼠标指针，此时出现一个虚线矩形框，使该矩形框包含被编辑对象的一部分，而让其余部分与矩形框边相交，再单击一点，则框内的对象和与框边相交的对象全部被选中。

下面通过 ERASE 命令来演示这种选择方法。

【练习1-4】 用交叉窗口选择对象。

打开素材文件"dwg\ 第 1 章 \1-4.dwg"，如图 1-12（a）所示，用 ERASE 命令将其修改为图 1-12（b）所示的图形。

```
命令：_erase
选择对象：                      // 在点 C 处单击一点，如图 1-12（a）所示
指定对角点：找到 14 个          // 在点 D 处单击一点
选择对象：                      // 按 Enter 键结束
```
结果如图 1-12（b）所示。

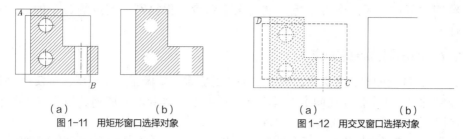

（a）　　　　　　（b）　　　　　　　　　　　（a）　　　　　　（b）
图 1-11　用矩形窗口选择对象　　　　　　　图 1-12　用交叉窗口选择对象

3. 给选择集添加或去除对象

编辑过程中，用户构造选择集常常不能一次完成，需向选择集中添加或从选择集中删除对象。在添加对象时，可直接选取或利用矩形窗口、交叉窗口选择要加入的图形元素。若要删除对象，可先按住 Shift 键，再从选择集中选择要清除的多个图形元素。

下面通过 ERASE 命令来演示修改选择集的方法。

【练习 1-5】　修改选择集。

打开素材文件"dwg\ 第 1 章 \1-5.dwg"，如图 1-13（a）所示，用 ERASE 命令将其修改为图 1-13（c）所示图形样式。

```
命令：_erase
选择对象：                          // 在点 C 处单击一点，如图 1-13（a）所示
指定对角点：找到 8 个               // 在点 D 处单击一点
选择对象：找到 1 个，删除 1 个，总计 7 个
                                    // 按住 Shift 键，选取矩形 A，该矩形从选择集中去除
选择对象：找到 1 个，总计 8 个      // 松开 Shift 键，选择圆 B
选择对象：                          // 按 Enter 键结束
```

结果如图 1-13（c）所示。

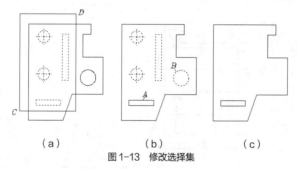

（a）　　　　　　　　（b）　　　　　　　　（c）
图 1-13　修改选择集

1.1.5　删除对象

ERASE 命令用来删除图形对象，该命令没有任何选项。要删除一个对象，用户可以用鼠标先选择该对象，然后单击【修改】面板上的 ✐ 按钮，或者键入命令 ERASE（命令简称 E）。用户也可先发出删除命令，再选择要删除的对象。

1.1.6　撤销和重复命令

发出某个命令后，用户可随时按 Esc 键终止该命令。此时，系统又返回到命令行。

用户经常遇到的一个情况是在图形区域内偶然选择了图形对象，该对象上出现了一些高亮的小框，这些小框被称为关键点。关键点可用于编辑对象（在第 3 章中将详细介绍）。要取消这些关键点，按 Esc 键即可。

在绘图过程中，用户会经常重复使用某个命令，重复刚使用过的命令的方法是直接
按 Enter 键。

1.1.7 取消已执行的操作

用 AutoCAD 绘图时，难免会出现各种各样的错误。要修正这些错误，可使用 UNDO 命
令（命令简称 U）或【快速访问】工具栏上的 按钮。如果想要取消前面执行的多个操作，
可反复使用 UNDO 命令或反复单击 按钮。

当取消一个或多个操作后，若又想恢复原来的效果，可使用 MREDO 命令或单击【快速
访问】工具栏上的 按钮。

1.1.8 快速缩放及移动图形

AutoCAD 的图形缩放及移动功能是很完备的，使用起来也很方便。绘图时，经常通过导
航栏上的 、 按钮来完成这两项功能。

【练习1-6】 观察图形的方法。

（1）打开素材文件"dwg\ 第 1 章 \1-6.dwg"，如图 1-14 所示。

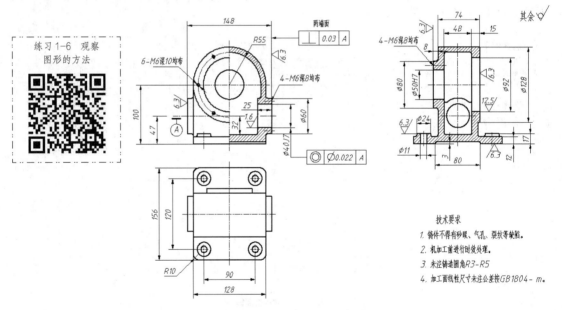

图 1-14 观察图形

（2）单击导航栏上 按钮下的 ，展开缩放菜单，选择【实时缩放】选项，AutoCAD
进入实时缩放状态，鼠标光标变成放大镜形状 ，此时按住鼠标左键向上拖动鼠标光标，放
大零件图，向下拖动鼠标光标缩小零件图。按 Esc 键或 Enter 键退出实时缩放状态。也可单击
鼠标右键，然后选择快捷菜单上的【退出】命令实现这一操作。

（3）单击导航栏上的 按钮，AutoCAD 进入实时平移状态，鼠标光标变成手的形状 ，
此时按住鼠标左键并拖动鼠标光标，就可以平移视图。单击鼠标右键，打开快捷菜单，然后
选择【退出】命令。

（4）单击鼠标右键，选择【缩放】命令后按 Enter 键，进入实时缩放状态。再次单击鼠标
右键，选择【平移】命令，切换到实时平移状态，按 Esc 键或 Enter 键退出。

不要关闭文件，下一小节将继续练习。

1.1.9　窗口放大图形、全部显示图形及返回上一次的显示

在绘图过程中，用户经常要将图形的局部区域放大，以方便绘图。绘制完成后，又要返回上一次的显示或者将图形全部显示在程序窗口中，以观察绘图效果。利用导航栏或【视图】选项卡中【二维导航】面板上的 、 及 按钮可实现这 3 项功能。

继续上一小节的练习。

（1）单击【二维导航】面板上的 按钮，指定矩形窗口的第一个角点，再指定另一角点，系统将尽可能地把矩形内的图形放大以充满整个程序窗口。

（2）单击导航栏上的【范围缩放】选项，或者选择菜单命令【视图】/【缩放】/【范围】，则全部图形充满整个程序窗口显示出来。

（3）单击【二维导航】面板上的 按钮，返回上一次的显示。

（4）单击鼠标右键，弹出快捷菜单，选择【缩放】命令。再次单击鼠标右键，选择【范围缩放】命令（双击鼠标滚轮也可实现这一目标）。

1.1.10　设定绘图区域的大小

AutoCAD 的绘图空间是无限大的，但用户可以设定程序窗口中显示出的绘图区域的大小。作图时，事先对绘图区域的大小进行设定，将有助于用户了解图形分布的范围。当然，用户也可在绘图过程中随时缩放（使用 工具）图形，以控制其在屏幕上的显示范围。

设定绘图区域大小有以下两种方法。

方法 1：将一个圆充满整个程序窗口显示出来，依据圆的尺寸就能轻易地估计出当前绘图区的大小了。

【练习 1-7】 设定绘图区域的大小。

（1）单击【绘图】面板上的 按钮，AutoCAD 提示如下。

```
命令：_circle 指定圆的圆心或 [三点 (3P)/两点 (2P)/相切、相切、半径 (T)]：
                                        // 在屏幕的适当位置单击一点
指定圆半的径或 [直径 (D)]：50           // 输入圆半径
```

（2）单击导航栏上的 按钮，直径为 100 的圆就充满整个程序窗口显示出来了，如图 1-15 所示。

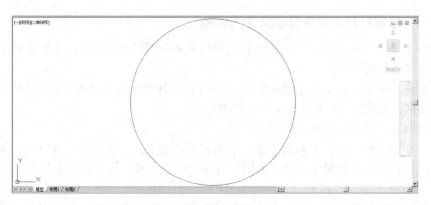

图 1-15　设定绘图区域的大小

方法 2：用 LIMITS 命令设定绘图区域的大小，该命令可以改变栅格的长宽尺寸及位置。所谓栅格是指在矩形区域中按行、列形式分布形成的图案，如图 1-16 所示。当栅格在程序窗

口中显示出来后，用户就可根据栅格分布的范围估算出当前绘图区域的大小了。

【练习1-8】 用LIMITS命令设定绘图区域的大小。

（1）选择菜单命令【格式】/【图形界限】，AutoCAD提示如下。

```
命令：'_limits
指定左下角点或 [开(ON)/关(OFF)] <0.0000,0.0000>:100,80
                    // 输入点A的x、y坐标值，或任意单击一点，如图1-16所示
指定右上角点 <420.0000,297.0000>: @150,200
                    // 输入点B相对于点A的坐标，按 Enter 键（在2.1.2小节中将介绍相对坐标）
```

练习1-8 用LIMITS命
令设定绘图区大小

（2）将鼠标指针移动到程序窗口下方的 ▦ 按钮上，单击鼠标右键，弹出快捷菜单，选择【设置】命令，打开【草图设置】对话框，取消对【显示超出界限的栅格】复选项的选择。

（3）关闭【草图设置】对话框，单击 ▦ 按钮，打开栅格显示，再选择菜单命令【视图】/【缩放】/【范围】，使矩形栅格充满整个程序窗口。

（4）单击导航栏上的【实时缩放】选项，按住鼠标左键向下拖动鼠标光标，使矩形栅格缩小。该栅格的长宽尺寸是"200 × 150"，且左下角点的x、y坐标为（100，80），如图1-16所示。

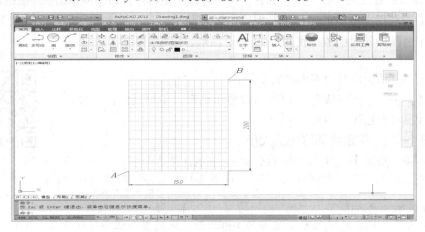

图1-16 设定绘图区域大小

1.1.11 预览打开的文件及在文件间切换

AutoCAD是一个多文档环境，用户可同时打开多个图形文件。要预览打开的文件及在文件间切换，可采用以下方法。

（1）单击程序窗口底部的 ▥ 按钮，显示出所有打开文件的预览图。如图1-17所示，已打开3个文件，预览图显示了3个文件中的图形。

（2）单击某一预览图，就切换到该图形。

打开多个图形文件后，可利用【窗口】菜单（单击【快速访问】工具栏上的 ▾ 按钮打开主菜单）控制多个文件的显示方式。例如，可将它们以层叠、水平或竖直排列等形式布置在主窗口中。

多文档设计环境具有Windows窗口的剪切、复制和粘贴等功能，因而可以快捷地在各个图形文件间复制、移动对象。如果考虑到复制的对象需要在其他的图形中准确定位，则还可在复制对象的同时指定基准点，这样在执行粘贴操作时就可根据基准点将图元复制到正确的位置。

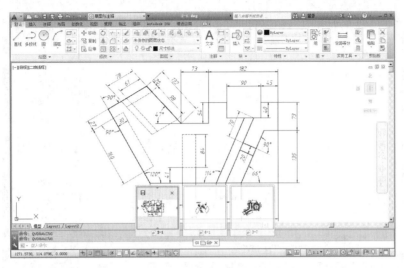

图 1-17　预览文件及在文件间切换

1.1.12　在当前文件的模型空间及图纸空间切换

AutoCAD 提供了两种绘图环境：模型空间及图纸空间。默认情况下，AutoCAD 的绘图环境是模型空间。打开图形文件后，程序窗口中仅显示模型空间中的图形。单击状态栏上的 按钮，出现【模型】、【Layout1】及【Layout2】3 个预览图，如图 1-18 所示，它们分别代表模型空间中的图形、"图纸 1"上的图形、"图纸 2"上的图形，单击其中之一，就切换到相应的图形。

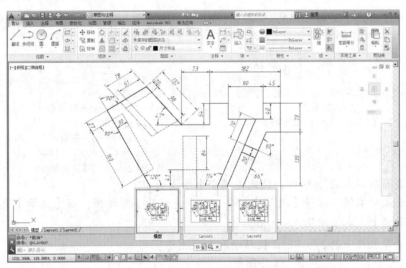

图 1-18　显示模型空间及图纸空间的预览图

1.1.13　上机练习——布置用户界面及设定绘图区域大小

【练习 1-9】　布置用户界面，练习 AutoCAD 基本操作。

（1）启动 AutoCAD 2014，显示主菜单，打开【绘图】及【修改】工具栏并调整工具栏的位置，如图 1-19 所示。

（2）在功能区的选项卡上单击鼠标右键，选择【浮动】命令，调整功能区的位置，如图 1-19 所示。

练习 1-9　布置用户界面，
练习 AutoCAD 基本操作

图1-19 布置用户界面

（3）单击状态栏上的 ⚙ 按钮，选择【草图与注释】选项。

（4）利用 AutoCAD 提供的样板文件"acadiso.dwt"创建新文件。

（5）设定绘图区域的大小为 1500×1200，并显示出该区域范围内的栅格。单击鼠标右键，选择【缩放】命令。再次单击鼠标右键，选择【范围缩放】命令，使栅格充满整个图形窗口显示出来。

（6）单击【绘图】工具栏上的 ⊘ 按钮，AutoCAD 提示如下。

```
命令：_circle 指定圆的圆心或 [三点 (3P)/两点 (2P)/切点、切点、半径 (T)]：
                                           // 在屏幕上单击一点
指定圆的半径或 [直径 (D)] <30.0000>：1       // 输入圆半径
命令：                                      // 按 Enter 键重复上一个命令
CIRCLE 指定圆的圆心或 [三点 (3P)/两点 (2P)/ 切点、切点、半径 (T)]：
                                           // 在屏幕上单击一点
指定圆的半径或 [直径 (D)] <1.0000>：5        // 输入圆半径
命令：                                      // 按 Enter 键重复上一个命令
CIRCLE 指定圆的圆心或 [三点 (3P)/两点 (2P)/ 切点、切点、半径 (T)]：*取消*
                                           // 按 Esc 键取消命令
```

（7）单击导航栏上的 按钮，使圆充满整个绘图窗口。

（8）单击鼠标右键，选择【选项】命令，打开【选项】对话框，在【显示】选项卡的【圆弧和圆的平滑度】文本框中输入"10000"。

（9）利用导航栏上的 、 按钮移动和缩放图形。

（10）以文件名"User.dwg"保存图形。

1.2 设置图层、线型、线宽及颜色

可以将 AutoCAD 图层想象成透明胶片，用户把各种类型的图形元素画在这些胶片上，AutoCAD 将这些胶片叠加在一起显示出来。如图 1-20 所示，在图层 A 上绘制了挡板，图层 B 上绘制了支架，图层 C 上绘制了螺钉，最终显示结果是各层内容叠加后的效果。

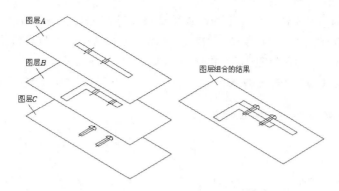

图 1-20　图层

1.2.1　课堂实训——创建及设置图层

AutoCAD 的图形对象总是位于某个图层上。默认情况下，当前层是 0 层，此时所画图形对象均在 0 层上。每个图层都有与其相关联的颜色、线型、线宽等属性信息，用户可以对这些信息进行设定或修改。

【练习 1-10】　创建以下图层并设置图层的线型、线宽及颜色。

名称	颜色	线型	线宽
轮廓线层	白色	Continuous	0.5
中心线层	红色	CENTER	SS 默认
虚线层	黄色	DASHED	默认
剖面线层	绿色	Continuous	默认
尺寸标注层	绿色	Continuous	默认
文字说明层	绿色	Continuous	默认

（1）单击【图层】面板上的 按钮，打开【图层特性管理器】对话框，再单击 按钮，列表框显示出名称为"图层 1"的图层，直接输入"轮廓线层"，按 Enter 键结束。

（2）再次按 Enter 键，又创建新图层，总共创建 6 个图层，结果如图 1-21 所示。图层"0"前有绿色标记" "，表示该图层是当前层。

（3）指定图层颜色。选中"中心线层"，单击与所选图层关联的图标 白色，打开【选择颜色】对话框，选择"红"颜色，如图 1-22 所示。再设置其他图层的颜色。

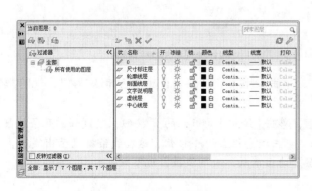

图 1-21　创建图层

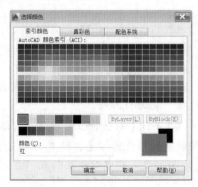

图 1-22　【选择颜色】对话框

（4）给图层分配线型。默认情况下，图层线型是"Continuous"。选中"中心线层"，单击与所选图层关联的"Continuous"，打开【选择线型】对话框，如图 1-23 所示。通过此对话框，用户可以选择一种线型或从线型库文件中加载更多的线型。

（5）单击 加载(L)... 按钮，打开【加载或重载线型】对话框，如图1-24所示。选择线型"CENTER"及"DASHED"，再单击 确定 按钮，这些线型就被加载到系统中。当前线型库文件是"acadiso.lin"，单击 文件(F)... 按钮，可选择其他的线型库文件。

图1-23 【选择线型】对话框

图1-24 【加载或重载线型】对话框

（6）返回【选择线型】对话框，选择"CENTER"，单击 确定 按钮，该线型就分配给"中心线层"。用相同的方法将"DASHED"线型分配给"虚线层"。

（7）设定线宽。选中"轮廓线层"，单击与所选图层关联的图标——默认，打开【线宽】对话框，指定线宽为"0.5mm"，如图1-25所示。

 要点提示

如果要使图形对象的线宽在模型空间中显示得更宽或更窄一些，可以调整线宽比例。在状态栏的 ＋ 按钮上单击鼠标右键，弹出快捷菜单，选择【设置】命令，打开【线宽设置】对话框，如图1-26所示，在【调整显示比例】分组框中移动滑块来改变显示比例值。

图1-25 【线宽】对话框

图1-26 【线宽设置】对话框

（8）指定当前层。选中"轮廓线层"，单击 按钮，图层前出现绿色标记"✔"，说明"轮廓线层"变为当前层。

（9）关闭【图层特性管理器】对话框，单击【绘图】面板上的 按钮，绘制任意几条线段，这些线条的颜色为绿色，线宽为0.5mm。单击状态栏上的 ＋ 按钮，这些线条就显示出线宽。

（10）设定"中心线层"或"虚线层"为当前层，绘制线段，观察效果。

 要点提示

中心线及虚线中的短画线及空格大小可通过线型全局比例因子（LTSCALE）调整，详见1.2.4小节。

1.2.2　控制图层状态

每个图层都具有打开与关闭、冻结与解冻、锁定与解锁、打印与不打印等状态，通过改变图层状态，就能控制图层上对象的可见性、可编辑性等。用户可利用【图层特性管理器】对话框或【图层】面板上的【图层控制】下拉列表对图层状态进行控制，如图 1-27 所示。

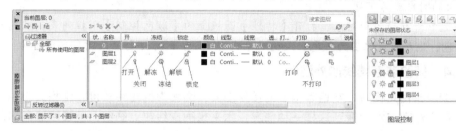

图 1-27　图层状态

下面对图层状态做简要说明。

• 打开 / 关闭：单击 💡 图标，将关闭或打开某一图层。打开的图层是可见的，而关闭的图层不可见，也不能被打印。当图形重新生成时，被关闭的层将一起被生成。

• 解冻 / 冻结：单击 ☼ 图标，将冻结或解冻某一图层。解冻的图层是可见的，而冻结的图层为不可见，也不能被打印。当重新生成图形时，系统不再重新生成该层上的对象，因而冻结一些图层后，可以加快许多操作的速度。

• 解锁 / 锁定：单击 🔒 图标，将锁定或解锁图层。被锁定的图层是可见的，但图层上的对象不能被编辑。

• 打印 / 不打印：单击 🖨 图标，就可设定图层是否被打印。

1.2.3　修改对象的图层、颜色、线型和线宽

用户通过【特性】面板上的【颜色控制】、【线型控制】和【线宽控制】下拉列表可以方便地修改或设置对象的颜色、线型、线宽等属性，如图 1-28 所示。默认情况下，这 3 个列表框中显示【ByLayer】。"ByLayer"的意思是所绘对象的颜色、线型、线宽等属性与当前层所设定的完全相同。

当要设置将要绘制的对象的颜色、线型、线宽等属性时，用户可直接在【颜色控制】、【线型控制】和【线宽控制】下拉列表中选择相应的选项。

图 1-28　【颜色控制】、【线型控制】和【线宽控制】下拉列表

若要修改已有对象的颜色、线型、线宽等属性，可先选择对象，然后在【颜色控制】、【线型控制】和【线宽控制】下拉列表中选择新的颜色、线型及线宽。

【练习 1-11】 控制图层状态、切换图层、修改对象所在的图层并改变对象的线型和线宽。

（1）打开素材文件"dwg\ 第 1 章 \1-11.dwg"。

（2）打开【图层】面板上的【图层控制】下拉列表，选择"文字层"，则该层成为当前层。

（3）打开【图层控制】下拉列表，单击"尺寸标注层"前面的 💡 图标，然后将鼠标指针移出下拉列表并单击一点，关闭该图层，则层上的对象变为不可见。

（4）打开【图层控制】下拉列表，单击"轮廓线层"及"剖面线层"前面的 ○ 图标，然后将鼠标指针移出下拉列表并单击一点，冻结这两个图层，则层上的对象变为不可见。

练习 1-11　控制图层状态及切换图层等

（5）选中所有的黄色线条，则【图层控制】下拉列表显示这些线条所在的图层——虚线层。在该列表中选择"中心线层"，操作结束后，列表框自动关闭，被选对象转移到中心线层上。

（6）展开【图层控制】下拉列表，单击"尺寸标注层"前面的💡图标，再单击"轮廓线层"及"剖面线层"前面的❄图标，打开"尺寸标注层"及解冻"轮廓线层"和"剖面线层"，则3个图层上的对象变为可见。

（7）选中所有的图形对象，打开【特性】面板上的【颜色控制】下拉列表，从列表中选择"蓝"色，则所有对象变为蓝色。改变对象线型及线宽的方法与修改对象颜色类似。

1.2.4　修改非连续线的外观

非连续线是由短横线、空格等构成的重复图案，图案中的短线长度、空格大小由线型比例控制。用户绘图时常会遇到这样一种情况：本来想画虚线或点画线，但最终绘制出的线型看上去却和连续线一样，出现这种现象的原因是线型比例设置得太大或太小。

LTSCALE 是控制线型外观的全局比例因子，它将影响图样中所有非连续线型的外观，其值增加时，非连续线中的短横线及空格加长，否则会缩短。图 1-29 所示为使用不同比例因子时虚线及点画线的外观。

【练习 1-12】 改变线型全局比例因子。

（1）打开【特性】面板上的【线型控制】下拉列表，在列表中选择【其他】选项，打开【线型管理器】对话框，再单击 显示细节(D) 按钮，则该对话框底部出现【详细信息】分组框，如图 1-30 所示。

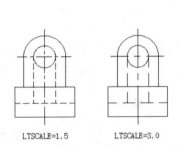

LTSCALE=1.5　　LTSCALE=3.0

图 1-29　全局线型比例因子对非连续线外观的影响

图 1-30　【线型管理器】对话框

练习 1-13　创建图层、改变图层状态及修改线型比例等

（2）在【详细信息】分组框的【全局比例因子】文本框中输入新的比例值。

1.2.5　上机练习——使用图层及修改线型比例

【练习 1-13】　这个练习的内容包括创建图层、改变图层状态、将图形对象修改到其他图层上、修改线型比例等。

（1）打开素材文件"dwg\ 第 1 章 \1-13.dwg"。

（2）创建以下图层。

名称	颜色	线型	线宽
尺寸标注	绿色	Continuous	默认
文字说明	绿色	Continuous	默认

（3）关闭"轮廓线""剖面线"及"中心线"层，将尺寸标注及文字说明分别修改到"尺寸标注"及"文字说明"层上。

（4）修改全局比例因子为"0.5"，然后打开"轮廓线""剖面线"及"中心线"层。

（5）将轮廓线的线宽修改为"0.7"。

习题

1. 以下练习内容包括重新布置用户界面、恢复用户界面及切换工作空间等。

（1）移动功能区并改变功能区的形状，如图 1-31 所示。

（2）显示主菜单，打开【绘图】、【修改】、【对象捕捉】及【建模】工具栏，移动所有工具栏的位置，并调整【建模】工具栏的形状，如图 1-31 所示。

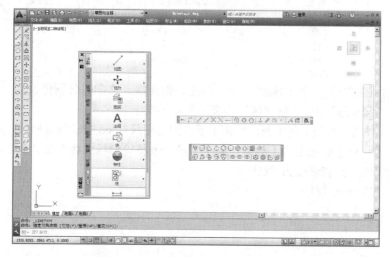

图 1-31　重新布置用户界面

（3）单击状态栏上的 按钮，选择【草图与注释】选项，用户界面恢复成原始布置。

（4）单击状态栏上的 按钮，选择【AutoCAD 经典】选项，切换至"AutoCAD 经典"工作空间。

2. 以下练习内容包括创建及存储图形文件、熟悉 AutoCAD 命令执行过程及快速查看图形等。

（1）利用 AutoCAD 提供的样板文件"acadiso.dwt"创建新文件。

（2）进入"AutoCAD 经典"工作空间，用 LIMITS 命令设定绘图区域的大小为 1000×1000。

（3）仅显示出绘图区域范围内的栅格，并使栅格充满整个图形窗口显示出来。

（4）进入"草图与注释"工作空间，单击【绘图】面板上的 按钮，AutoCAD 提示如下。

```
命令: _circle 指定圆的圆心或 [三点(3P)/两点(2P)/切点、切点、半径(T)]:
                                      // 在绘图区中单击一点
指定圆的半径或 [直径(D)] <30.0000>: 50       // 输入圆半径
命令:                                  // 按 Enter 键重复上一个命令
CIRCLE 指定圆的圆心或 [三点(3P)/两点(2P)/切点、切点、半径(T)]:
                                      // 在屏幕上单击一点
指定圆的半径或 [直径(D)] <50.0000>: 100      // 输入圆半径
命令:                                  // 按 Enter 键重复上一个命令
CIRCLE 指定圆的圆心或 [三点(3P)/两点(2P)/切点、切点、半径(T)]: *取消*
                                      // 按 Esc 键取消命令
```

（5）单击【绘图】面板上的 ╱ 按钮，绘制任意几条线段。

（6）利用【特性】面板上的【线型控制】下拉列表将线型全局比例因子修改为2。

（7）单击导航栏上的 按钮，使图形充满整个绘图窗口。

（8）利用导航栏上的 、 工具来移动和缩放图形。

（9）以文件名"User.dwg"保存图形。

3. 下面这个练习的内容包括创建图层、控制图层状态、将图形对象修改到其他图层上、改变对象的颜色及线型等。

（1）打开素材文件"dwg\ 第 1 章 \1-13.dwg"。

（2）创建以下图层。

名称	颜色	线型	线宽
轮廓线	白色	Continuous	0.70
中心线	红色	CENTER	0.35
尺寸线	绿色	Continuous	0.35
剖面线	绿色	Continuous	0.35
文本	绿色	Continuous	0.35

（3）将图形的轮廓线、对称轴线、尺寸标注、剖面线、文字等分别修改到"轮廓线"层、"中心线"层、"尺寸线"层、"剖面线"层及"文本"层上。

（4）通过【特性】面板上的【颜色控制】下拉列表把尺寸标注及对称轴线修改为"蓝"色。

（5）通过【特性】面板上的【线型控制】下拉列表将轮廓线的线型修改为"DASHED"。

（6）将轮廓线的线宽修改为"0.5"。

（7）关闭或冻结尺寸线层。

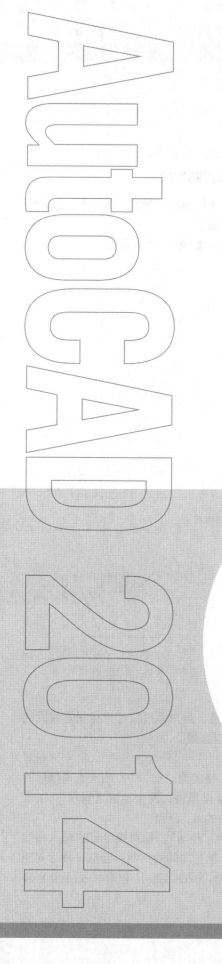

Chapter

2

第2章
绘制和编辑线段、圆弧
构成的平面图形

通过本章的学习，读者要掌握绘制线段、斜线、平行线、圆及圆弧连接的方法，并能够灵活运用相应的命令绘制简单图形。

学习目标

- 学会输入点的绝对坐标或相对坐标画线。
- 掌握结合对象捕捉、极轴追踪及自动追踪功能画线的方法。
- 熟练绘制平行线及任意角度斜线。
- 掌握修剪、打断线条及调整线条长度的方法。
- 能够画圆、圆弧连接及圆的切线。
- 学会如何倒圆角及倒角。
- 掌握移动、复制及旋转对象的方法。

2.1 绘制线段的方法

本节主要内容包括输入相对坐标画线、捕捉几何点、修剪线条及延伸线条等。

2.1.1 课堂实训——利用对象捕捉及画线辅助工具绘制线段

实训的任务是绘制图 2-1 所示的平面图形，该图形由线段组成。使用 LINE 命令并结合画线辅助工具绘制图形的外轮廓线，然后再绘制图形内部的细节。

【**练习 2-1**】 用 LINE、TRIM 等命令绘制平面图形，如图 2-1 所示。

练习 2-1 利用对象捕捉及画线辅助工具绘制线段

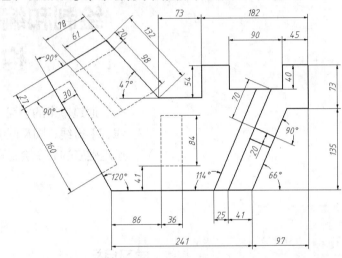

图 2-1 绘制线段

主要绘图过程如图 2-2 所示。

图 2-2 绘图过程

2.1.2 输入点的坐标绘制线段

LINE 命令可在二维或三维空间中创建线段。发出命令后，用户通过鼠标光标指定线段的端点或利用键盘输入端点坐标，AutoCAD 就将这些点连接成线段。

常用的点坐标形式如下。

• 绝对直角坐标或相对直角坐标。绝对直角坐标的输入格式为 "X，Y"，相对直角坐标的输入格式为 "@X，Y"。X 表示点的 x 坐标值，Y 表示点的 y 坐标值，两坐标值之间用 "，" 号分隔开。例如：(-60，30)、(40，70) 分别表示图 2-3 中的 A、B 点。

• 绝对极坐标或相对极坐标。绝对极坐标的输入格式为 "$R<a$"，相对极坐标的输入格式为 "@$R<a$"。R 表示点到原点的距离，a 表示极轴方向与 x 轴正向间的夹角。若从 x 轴正向逆时针旋转到极轴方向，则 a 角为正；否则，a 角为负。例如：(70<120)、(50<-30) 分别表示图 2-3 中的点 C、点 D。

画线时若只输入"<a>",而不输入"R",则表示沿 a 角度方向绘制任意长度的直线,这种画线方式称为角度覆盖方式。

1. 命令启动方法

练习 2-2　输入点的坐标绘制线段

- 菜单命令:【绘图】/【直线】。
- 面板:【默认】选项卡中【绘图】面板上的 ✍ 按钮。
- 命令:LINE 或简写 L。

【练习 2-2】　图形左下角点的绝对坐标及图形尺寸如图 2-4 所示,下面用 LINE 命令绘制此图形。

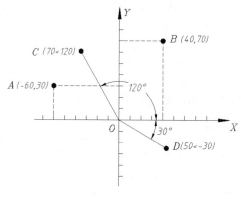

图2-3　点的坐标

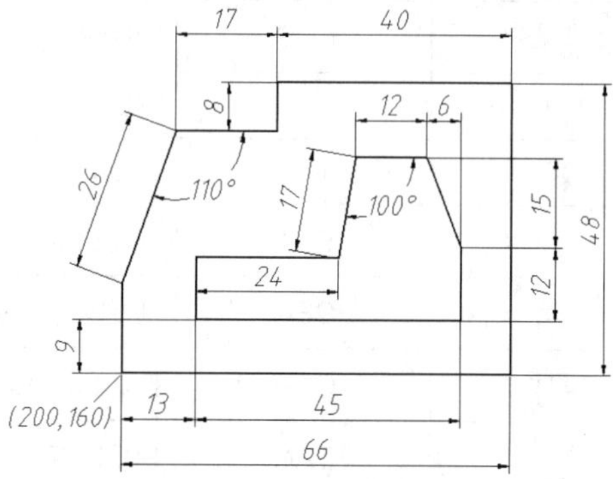

图2-4　输入点的坐标画线

(1)设定绘图区域大小为 80 × 80,该区域左下角点的坐标为(190,150),右上角点的相对坐标为(@80,80)。双击鼠标滚轮,使绘图区域充满整个图形窗口显示出来。

(2)单击【绘图】面板上的 ✍ 按钮或输入命令代号 LINE,启动画线命令。

```
命令: _line 指定第一点: 200,160              // 输入点 A 的绝对直角坐标,如图 2-5 所示
指定下一点或 [放弃(U)]: @66,0                 // 输入点 B 的相对直角坐标
指定下一点或 [放弃(U)]: @0,48                 // 输入点 C 的相对直角坐标
指定下一点或 [闭合(C)/放弃(U)]: @-40,0        // 输入点 D 的相对直角坐标
指定下一点或 [闭合(C)/放弃(U)]: @0,-8         // 输入点 E 的相对直角坐标
指定下一点或 [闭合(C)/放弃(U)]: @-17,0        // 输入点 F 的相对直角坐标
指定下一点或 [闭合(C)/放弃(U)]: @26<-110      // 输入点 G 的相对极坐标
指定下一点或 [闭合(C)/放弃(U)]: c             // 使线框闭合
```

结果如图 2-5 所示。

(3)绘制图形的其余部分。

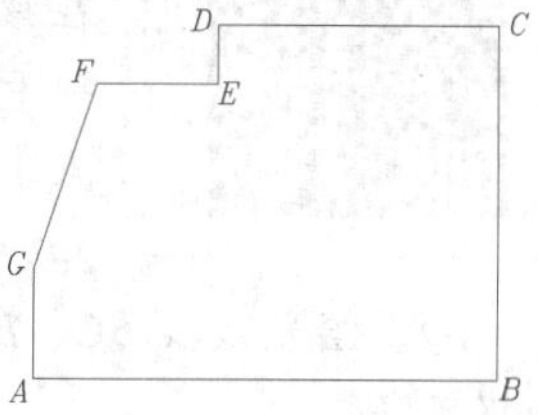

2. 命令选项

- 指定第一点:在此提示下,用户需指定线段的起始点,若此时按 Enter 键,则 AutoCAD 将以上一次所绘制线段或圆弧的终点作为新线段的起点。

图2-5　绘制线段 AB、BC 等

- 指定下一点:在此提示下,输入线段的端点,按 Enter 键后,AutoCAD 继续提示"指定下一点",用户可输入下一个端点。若在"指定下一点"提示下按 Enter 键,则命令结束。
- 放弃(U):在"指定下一点"提示下,输入字母"U",将删除上一条线段,多次输入"U",则会删除多条线段。该选项可以及时纠正绘图过程中的错误。
- 闭合(C):在"指定下一点"提示下,输入字母"C",AutoCAD 将使连续折线自动封闭。

2.1.3 使用对象捕捉精确绘制线段

用 LINE 命令绘制线段的过程中，可启动对象捕捉功能，以拾取一些特殊的几何点，如端点、圆心、切点等。【对象捕捉】工具栏中包含了各种对象捕捉工具，其中常用捕捉工具的功能及命令代号如表 2-1 所示。

表 2-1　对象捕捉工具及代号

捕捉按钮	代号	功能
⌐	FROM	正交偏移捕捉。先指定基点，再输入相对坐标来确定新点
⌀	END	捕捉端点
⌀	MID	捕捉中点
✕	INT	捕捉交点
⚊	EXT	捕捉延伸点。从线段端点开始沿线段方向捕捉一点
◎	CEN	捕捉圆、圆弧及椭圆的中心
◈	QUA	捕捉圆、椭圆的 0°、90°、180° 或 270° 处的点——象限点
○	TAN	捕捉切点
⊥	PER	捕捉垂足
∥	PAR	平行捕捉。先指定线段起点，再利用平行捕捉绘制平行线
无	M2P	捕捉两点间连线的中点

【练习 2-3】打开素材文件"dwg\ 第 2 章 \2-3.dwg"，如图 2-6（a）所示，使用 LINE 命令将其修改为图 2-6(b) 所示的图形。

（1）单击状态栏上的 ⬚ 按钮，打开自动捕捉方式，在此按钮上单击鼠标右键，弹出快捷菜单，选择【设置】命令，打开【草图设置】对话框，在该对话框的【对象捕捉】选项卡中设置自动捕捉类型为【端点】、【中点】及【交点】，如图 2-7 所示。

练习 2-3　使用对象捕捉绘制线段

（2）绘制线段 BC、BD。点 B 的位置用正交偏移捕捉确定。

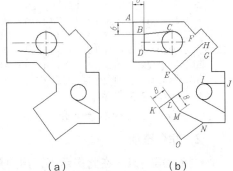

（a）　　　　　　（b）

图 2-6　捕捉几何点

```
命令：_line 指定第一点：from          // 输入正交偏移捕捉代号"FROM"，按 Enter 键
基点：                               // 将鼠标光标移动到点 A 处，AutoCAD 自动捕捉该点，单击鼠标左键确认
< 偏移 >：@6,-6                       // 输入点 B 的相对坐标
指定下一点或 [ 放弃 (U)]：tan 到      // 输入切点捕捉代号"TAN"并按 Enter 键，捕捉切点 C
指定下一点或 [ 放弃 (U)]：            // 按 Enter 键结束
命令：                               // 重复命令
LINE 指定第一点：                    // 自动捕捉端点 B
指定下一点或 [ 放弃 (U)]：            // 自动捕捉端点 D
指定下一点或 [ 放弃 (U)]：            // 按 Enter 键结束
```

结果如图 2-6（b）所示。

（3）绘制线段 *EH*、*IJ*。

命令：_line 指定第一点：	// 自动捕捉中点 *E*
指定下一点或 [放弃(U)]：m2p	// 输入捕捉代号 "M2P"，按 Enter 键
中点的第一点：	// 自动捕捉端点 *F*
中点的第二点：	// 自动捕捉端点 *G*
指定下一点或 [放弃(U)]：	// 按 Enter 键结束
命令：	// 重复命令
LINE 指定第一点：qua 于	// 输入象限点捕捉代号 "QUA"，捕捉象限点 *I*
指定下一点或 [放弃(U)]：per 到	// 输入垂足捕捉代号 "PER"，捕捉垂足 *J*
指定下一点或 [放弃(U)]：	// 按 Enter 键结束

结果如图 2-6（b）所示。

（4）绘制线段 *LM*、*MN*。

命令：_line 指定第一点：EXT	// 输入延伸点捕捉代号 "EXT" 并按 Enter 键
于 8	// 从点 *K* 开始沿线段进行追踪，输入点 *L* 与点 *K* 的距离
指定下一点或 [放弃(U)]：PAR	// 输入平行偏移捕捉代号 "PAR" 并按 Enter 键
到 8	// 将鼠标光标从线段 *KO* 处移动到 *LM* 处，再输入 *LM* 线段的长度
指定下一点或 [放弃(U)]：	// 自动捕捉端点 *N*
指定下一点或 [闭合(C)/放弃(U)]：	// 按 Enter 键结束

结果如图 2-6（b）所示。

调用对象捕捉功能的方法有以下 3 种。

（1）绘图过程中，当 AutoCAD 提示输入一个点时，用户可单击捕捉按钮或输入捕捉命令代号来启动对象捕捉，然后将鼠标光标移动到要捕捉的特征点附近，AutoCAD 就自动捕捉该点。

（2）利用快捷菜单。发出 AutoCAD 命令后，按下 Shift 键并单击鼠标右键，在弹出的快捷菜单中选择捕捉何种类型的点。

（3）前面所述的捕捉方式仅对当前操作有效，命令结束后，捕捉模式自动关闭，这种捕捉方式称为覆盖捕捉方式。除此之外，用户还可以采用自动捕捉方式来定位点，按下状态栏上的 按钮，就可以打开此方式。

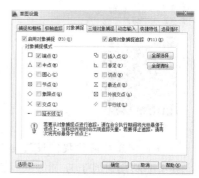

图 2-7 【草图设置】对话框

2.1.4　利用正交模式辅助绘制线段

单击状态栏上的 按钮，打开正交模式。在正交模式下，鼠标光标只能沿水平或竖直方向移动。画线时若同时打开该模式，则只需输入线段的长度值，AutoCAD 就自动绘制出水平或竖直线段。

当调整水平或竖直方向线段的长度时，可利用正交模式限制鼠标光标的移动方向。选择线段，线段上出现关键点（实心矩形点），选中端点处的关键点后，移动鼠标光标，AutoCAD 就沿水平或竖直方向改变线段的长度。

2.1.5　结合对象捕捉、极轴追踪及自动追踪功能绘制线段

首先简要说明 AutoCAD 极轴追踪及自动追踪功能，然后通过练习掌握它们。

1. 极轴追踪

打开极轴追踪功能并启动 LINE 命令后，鼠标光标就沿用户设定的极轴方向移动，AutoCAD

在该方向上显示一条追踪辅助线及光标点的极坐标值，如图2-8所示。输入线段的长度后，按 Enter 键，就绘制出指定长度的线段。

2. 自动追踪

自动追踪是指 AutoCAD 从一点开始就自动沿某一方向进行追踪，追踪方向上将显示一条追踪辅助线及光标点的极坐标值。输入追踪距离，按 Enter 键，就确定新的点。在使用自动追踪功能时，必须打开对象捕捉。AutoCAD 首先捕捉一个几何点作为追踪参考点，然后沿水平方向、竖直方向或设定的极轴方向进行追踪，如图2-9所示。

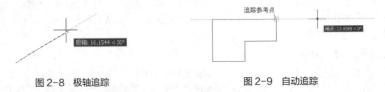

图2-8　极轴追踪　　　　　　　　　　图2-9　自动追踪

【练习2-4】 打开素材文件"dwg\第2章\2-4.dwg"，如图2-10（a）所示，用 LINE 命令并结合极轴追踪、对象捕捉及自动追踪功能将其修改为图2-10（b）所示的图形。

练习2-4　结合极轴追踪、对象捕捉及自动追踪功能画线

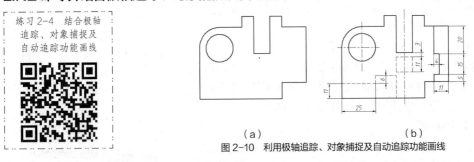

（a）　　　　　　　　　（b）
图2-10　利用极轴追踪、对象捕捉及自动追踪功能画线

（1）打开对象捕捉，设置自动捕捉类型为【端点】、【中点】、【圆心】及【交点】，再设定线型全局比例因子为"0.2"。

（2）在状态栏的 ⚿ 按钮上单击鼠标右键，在弹出的快捷菜单中选择【设置】命令，打开【草图设置】对话框，进入【极轴追踪】选项卡，在该选项卡的【增量角】下拉列表中设定极轴角增量为"90"，如图2-11所示。此后，若用户打开极轴追踪画线，则鼠标光标将自动沿0°、90°、180°及270°方向进行追踪，再输入线段长度值，AutoCAD 就在该方向上画出线段。最后单击 确定 按钮，关闭【草图设置】对话框。

（3）单击状态栏上的 ⚿ 、□ 及 ∠ 按钮，打开极轴追踪、对象捕捉及自动追踪功能。

（4）切换到轮廓线层，绘制线段 BC、EF 等，如图2-12所示。

```
命令：_line 指定第一点：                          // 从中点 A 向上追踪到点 B
指定下一点或 [放弃(U)]：                          // 从点 B 向下追踪到点 C
指定下一点或 [放弃(U)]：                          // 按 Enter 键结束
命令：                                          // 重复命令
LINE 指定第一点：11                              // 从点 D 向上追踪并输入追踪距离
指定下一点或 [放弃(U)]：25                        // 从点 E 向右追踪并输入追踪距离
指定下一点或 [放弃(U)]：6                         // 从点 F 向上追踪并输入追踪距离
指定下一点或 [闭合(C)/放弃(U)]：                   // 从点 G 向右追踪并以点 I 为追踪参考点确定点 H
指定下一点或 [闭合(C)/放弃(U)]：                   // 从点 H 向下追踪并捕捉交点 J
指定下一点或 [闭合(C)/放弃(U)]：                   // 按 Enter 键结束
```

结果如图2-12所示。

（5）绘制图形的其余部分，然后修改某些对象所在的图层。

图 2-11　【草图设置】对话框

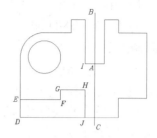

图 2-12　绘制线段 *BC*、*EF* 等

2.1.6　绘制平行线

OFFSET 命令可将对象偏移指定的距离，创建一个与原对象类似的新对象。使用该命令时，用户可以通过两种方式创建平行对象：一种是输入平行线间的距离，另一种是指定新平行线通过的点。

1. 命令启动方法

- 菜单命令：【修改】/【偏移】。
- 面板：【默认】选项卡中【修改】面板上的 ▣ 按钮。
- 命令：OFFSET 或简写 O。

【练习 2-5】　打开素材文件"dwg\ 第 2 章 \2-5.dwg"，如图 2-13（a）所示，用 OFFSET、EXTEND、TRIM 等命令将其修改为图 2-13（b）所示的图形。

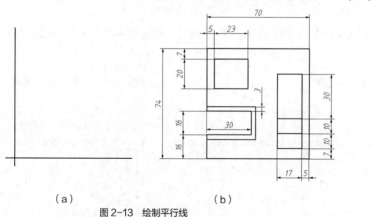

练习 2-5　绘制平行线

（a）　　　　　　　　　　　（b）

图 2-13　绘制平行线

（1）用 OFFSET 命令偏移线段 *A*、*B*，得到平行线 *C*、*D*，如图 2-14 所示。

```
命令 : _offset
指定偏移距离或 [ 通过 (T)/ 删除 (E)/ 图层 (L)] <10.0000>: 70
                                            // 输入偏移距离

选择要偏移的对象，或 [ 退出 (E)/ 放弃 (U)] < 退出 >:      // 选择线段 A
指定要偏移的那一侧上的点，或 [ 退出 (E)/ 多个 (M)/ 放弃 (U)] < 退出 >:
                                            // 在线段 A 的右边单击一点

选择要偏移的对象，或 [ 退出 (E)/ 放弃 (U)] < 退出 >:      // 按 Enter 键结束
命令 :OFFSET                                 // 重复命令
指定偏移距离或 <70.0000>: 74                  // 输入偏移距离
```

选择要偏移的对象，或 <退出>：	// 选择线段 B
指定要偏移的那一侧上的点：	// 在线段 B 的上边单击一点
选择要偏移的对象，或 <退出>：	// 按 Enter 键结束

结果如图 2-14（a）所示。用 TRIM 命令修剪多余线条，结果如图 2-14（b）所示。

（2）用 OFFSET、EXTEND 及 TRIM 命令绘制图形的其余部分。

2. 命令选项

- 通过（T）：通过指定点创建新的偏移对象。
- 删除（E）：偏移源对象后将其删除。
- 图层（L）：指定将偏移后的新对象放置在当前图层或源对象所在的图层上。
- 多个（M）：在要偏移的一侧单击多次，就创建多个等距对象。

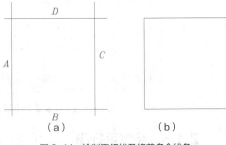

图 2-14　绘制平行线及修剪多余线条

2.1.7　剪断线条

使用 TRIM 命令可将多余线条修剪掉。启动该命令后，用户首先指定一个或几个对象作为剪切边（可以想象为剪刀），然后选择被修剪的部分。

1. 命令启动方法

- 菜单命令：【修改】/【修剪】。

练习 2-6　剪断线条

- 面板：【默认】选项卡中【修改】面板上的 按钮。
- 命令：TRIM 或简写 TR。

【练习 2-6】　练习 TRIM 命令的使用。

（1）打开素材文件"dwg\第 2 章\2-6.dwg"，如图 2-15（a）所示，用 TRIM 命令将其修改为图 2-15 所示的图形。

（2）单击【修改】面板上的 按钮或输入命令代号 TRIM，启动修剪命令。

命令：_trim	
选择对象或 <全部选择>：找到 1 个	// 选择剪切边 A，如图 2-16（a）所示
选择对象：	// 按 Enter 键
选择要修剪的对象，或按住 Shift 键选择要延伸的对象，或 [栏选（F）/窗交（C）/投影（P）/边（E）/删除（R）/放弃（U）]：	// 在 B 点处选择要修剪的多余线条
选择要修剪的对象，或按住 Shift 键选择要延伸的对象，或 [栏选（F）/窗交（C）/投影（P）/边（E）/删除（R）/放弃（U）]：	// 按 Enter 键结束
命令：TRIM	// 重复命令
选择对象：总计 2 个	// 选择剪切边 C、D
选择对象：	// 按 Enter 键
选择要修剪的对象或 [/边（E）]：e	// 选择"边（E）"选项
输入隐含边延伸模式 [延伸（E）/不延伸（N）] <不延伸>：e	// 选择"延伸（E）"选项
选择要修剪的对象：	// 在点 E、点 F 及点 G 处选择要修剪的部分
选择要修剪的对象：	// 按 Enter 键结束

结果如图 2-16（b）所示。

要点提示

为简化说明，仅将第 2 个 TRIM 命令与当前操作相关的提示信息罗列出来，而将其他信息省略，这种讲解方式在后续的例题中也将采用。

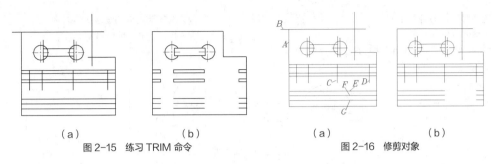

|（a）|（b）|　|（a）|（b）|

图 2-15　练习 TRIM 命令　　　　　　　图 2-16　修剪对象

（3）利用 TRIM 命令修剪图中的其他多余线条。

2. 命令选项

- 按住 Shift 键选择要延伸的对象：将选定的对象延伸至剪切边。
- 栏选（F）：用户绘制连续折线，与折线相交的对象被修剪。
- 窗交（C）：利用交叉窗口选择对象。
- 投影（P）：该选项可以使用户指定执行修剪的空间。例如，三维空间中的两条线段呈交叉关系，用户可利用该选项假想将其投影到某一平面上执行修剪操作。
- 边（E）：如果剪切边太短，没有与被修剪对象相交，就利用此选项假想将剪切边延长，然后执行修剪操作。
- 删除（R）：不退出 TRIM 命令就能删除选定的对象。
- 放弃（U）：若修剪有误，可输入字母"U"，撤销修剪。

2.1.8　延伸线条

利用 EXTEND 命令可以将线段、曲线等对象延伸到一个边界对象，使其与边界对象相交。有时对象延伸后并不与边界直接相交，而是与边界的延长线相交。

1. 命令启动方法

- 菜单命令：【修改】/【延伸】。
- 面板：【默认】选项卡中【修改】面板上的 按钮。
- 命令：EXTEND 或简写 EX。

练习 2-7　延伸线条

【练习 2-7】　练习 EXTEND 命令的使用。

（1）打开素材文件"dwg\第 2 章 \2-7.dwg"，如图 2-17（a）所示，用 EXTEND 及 TRIM 命令将其修改为图 2-17（b）所示的图形。

（2）单击【修改】面板上的 按钮或输入命令代号 EXTEND，启动延伸命令。

```
命令：_extend
选择对象或 <全部选择>：找到 1 个              // 选择边界线段 A，如图 2-18（a）所示
选择对象：                                    // 按 Enter 键
选择要延伸的对象，或按住 Shift 键选择要修剪的对象，或
[栏选(F)/窗交(C)/投影(P)/边(E)/放弃(U)]：      // 选择要延伸的线段 B
选择要延伸的对象，或按住 Shift 键选择要修剪的对象，或
[栏选(F)/窗交(C)/投影(P)/边(E)/放弃(U)]：      // 按 Enter 键结束
命令：EXTEND                                  // 重复命令
选择对象：总计 2 个                            // 选择边界线段 A、C
选择对象：                                    // 按 Enter 键
选择要延伸的对象或 [/边(E)]：  e               // 选择"边(E)"选项
输入隐含边延伸模式 [延伸(E)/不延伸(N)] <不延伸>：e
                                             // 选择"延伸(E)"选项
```

选择要延伸的对象：	// 选择要延伸的线段 A、C
选择要延伸的对象：	// 按 Enter 键结束

结果如图 2-18（b）所示。

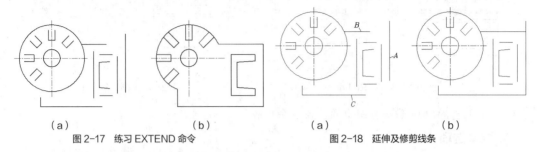

（a）	（b）	（a）	（b）
图 2-17　练习 EXTEND 命令		图 2-18　延伸及修剪线条	

（3）利用 EXTEND 及 TRIM 命令继续修改图形中的其他部分。

2. 命令选项

- 按住 Shift 键选择要修剪的对象：将选择的对象修剪到边界而不是将其延伸。
- 栏选（F）：用户绘制连续折线，与折线相交的对象被延伸。
- 窗交（C）：利用交叉窗口选择对象。
- 投影（P）：该选项使用户可以指定延伸操作的空间。对于二维绘图来说，延伸操作是在当前用户坐标平面（xy 平面）内进行的。在三维空间作图时，用户可通过该选项将两个交叉对象投影到 xy 平面或当前视图平面内执行延伸操作。
- 边（E）：当边界边太短且延伸对象后不能与其直接相交时，就打开该选项，此时，AutoCAD 假想将边界边延长，然后延伸线条到边界边。
- 放弃（U）：取消上一次的操作。

2.1.9　调整线条长度

调整线条长度，可采取以下 3 种方法。

（1）打开极轴追踪或正交模式，选择线段，线段上出现关键点（实心矩形点），选中端点处的关键点后，移动鼠标光标，AutoCAD 就沿水平或竖直方向改变线段的长度。

（2）选择线段，线段上出现关键点（实心矩形点），将鼠标光标悬停在端点处的关键点上，弹出快捷菜单，选择【拉长】命令调整线段长度。

（3）LENGTHEN 命令可一次改变线段、圆弧、椭圆弧等多个对象的长度。使用此命令时，经常采用的选项是"动态"，即直观地拖动对象来改变其长度。

1. 命令启动方法

练习 2-8　调整线条长度

- 菜单命令：【修改】/【拉长】。
- 面板：【默认】选项卡中【修改】面板上的 按钮。
- 命令：LENGTHEN 或简写 LEN。

【练习 2-8】 打开素材文件"dwg\第 2 章\2-8.dwg"，如图 2-19（a）所示，用 LENGTHEN 等命令将其修改为图 2-19（b）所示的图形。

（1）用 LENGTHEN 命令调整线段 A、B 的长度，如图 2-20（a）所示。

命令： _lengthen	
选择对象或 [增量(DE)/百分数(P)/全部(T)/动态(DY)]：dy	
	// 使用"动态(DY)"选项
选择要修改的对象或 [放弃(U)]：	// 在线段 A 的上端选中对象

指定新端点：	// 向下移动鼠标光标，单击一点
选择要修改的对象或［放弃 (U)］：	// 在线段 B 的上端选中对象
指定新端点：	// 向下移动鼠标光标，单击一点
选择要修改的对象或［放弃 (U)］：	// 按 Enter 键结束

结果如图 2-20（b）所示。

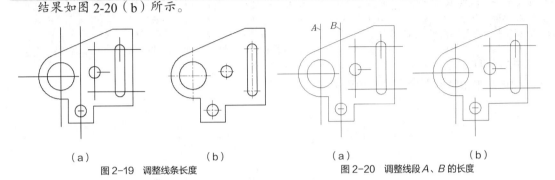

（a）　　　　　　　　（b）　　　　　　　　（a）　　　　　　　　（b）

图 2-19　调整线条长度　　　　　　　图 2-20　调整线段 A、B 的长度

（2）用 LENGTHEN 命令调整其他定位线的长度，然后将定位线修改到中心线层上。

2. 命令选项

· 增量（DE）：以指定的增量值改变线段或圆弧的长度。对于圆弧，还可通过设定角度增量改变其长度。

· 百分数（P）：以对象总长度的百分比形式改变对象长度。

· 全部（T）：通过指定线段或圆弧的新长度来改变对象总长。

· 动态（DY）：拖动鼠标光标就可以动态地改变对象长度。

2.1.10　打断线条

BREAK 命令可以删除对象的一部分，常用于打断线段、圆、圆弧及椭圆等。此命令既可以在一个点处打断对象，也可以在指定的两点间打断对象。

1. 命令启动方法

· 菜单命令：【修改】/【打断】。

· 面板：【默认】选项卡中【修改】面板上的 按钮。

· 命令：BREAK 或简写 BR。

【练习 2-9】　打开素材文件"dwg\ 第 2 章 \2-9.dwg"，如图 2-21（a）所示，用 BREAK 等命令将其修改为图 2-21（b）所示的图形。

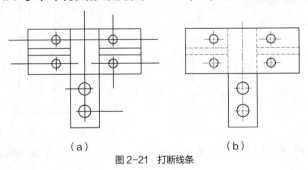

（a）　　　　　　　　（b）

图 2-21　打断线条

练习 2-9　打断线条

（1）用 BREAK 命令打断线条，如图 2-22 所示。

命令：_break 选择对象：	// 在点 A 处选择对象，如图 2-22（a）所示
指定第二个打断点 或 ［第一点 (F)］：	// 在点 B 处选择对象

命令：	// 重复命令
BREAK 选择对象：	// 在点 C 处选择对象
指定第二个打断点 或 [第一点(F)]：	// 在点 D 处选择对象
命令：	// 重复命令
BREAK 选择对象：	// 选择线段 E
指定第二个打断点 或 [第一点(F)]：f	// 使用"第一点(F)"选项
指定第一个打断点：int 于	// 捕捉交点 F
指定第二个打断点：@	// 输入相对坐标符号，按 Enter 键，在同一点打断对象

再将线段 E 修改到虚线层上，结果如图 2-22（b）所示。

（2）用 BREAK 等命令修改图形的其他部分。

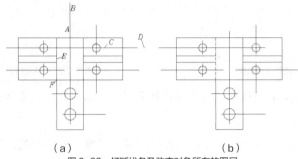

（a）　　　　　　　　　　　　　（b）

图 2-22　打断线条及改变对象所在的图层

2. 命令选项

• 指定第二个打断点：在图形对象上选取第二点后，AutoCAD 将第一打断点与第二打断点间的部分删除。

• 第一点（F）：该选项使用户可以重新指定第一打断点。

2.1.11　上机练习——画线的各种方法

练习 2-10　利用输入点坐标的方式绘制平面图形

练习 2-11　用 LINE 命令并结合极轴追踪、对象捕捉及自动追踪功能绘制平面图形

【练习 2-10】 使用 LINE、TRIM 等命令，通过输入点坐标方式绘制平面图形，如图 2-23 所示。

【练习 2-11】 用 LINE 命令并结合极轴追踪、对象捕捉及自动追踪功能绘制平面图形，如图 2-24 所示。

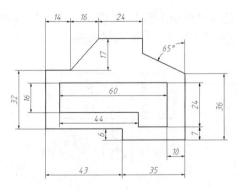

图 2-23　利用 LINE、TRIM 等命令绘图

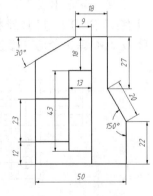

图 2-24　画简单平面图形

（1）打开极轴追踪、对象捕捉及捕捉追踪功能。设置极轴追踪角度增量为"30"，设定对象捕捉方式为"端点""交点"，设置沿所有极轴角进行捕捉追踪。

（2）绘制线段 AB、BC、CD 等，如图 2-25 所示。

命令：_line 指定第一点：	// 单击点 A，如图 2-25 所示
指定下一点或 [放弃(U)]：50	// 从点 A 向右追踪并输入追踪距离
指定下一点或 [放弃(U)]：22	// 从点 B 向上追踪并输入追踪距离
指定下一点或 [闭合(C)/放弃(U)]：20	// 从点 C 沿 120° 方向追踪并输入追踪距离
指定下一点或 [闭合(C)/放弃(U)]：27	// 从点 D 向上追踪并输入追踪距离
指定下一点或 [闭合(C)/放弃(U)]：18	// 从点 E 向左追踪并输入追踪距离
	// 从点 A 向上移动鼠标光标，系统显示竖直追踪线
	// 当鼠标光标移动到某一位置时，系统显示 210° 方向追踪线
指定下一点或 [闭合(C)/放弃(U)]：	// 在两条追踪线的交点处单击一点 G
指定下一点或 [闭合(C)/放弃(U)]：	// 捕捉点 A
指定下一点或 [闭合(C)/放弃(U)]：	// 按 Enter 键结束

结果如图 2-25 所示。

（3）绘制线段 HI、JK、KL 等，如图 2-26 所示。

命令：_line 指定第一点：9	// 从点 F 向右追踪并输入追踪距离
指定下一点或 [放弃(U)]：	// 从点 H 向下追踪并捕捉交点 I
指定下一点或 [放弃(U)]：	// 按 Enter 键结束
命令：	// 重复命令
LINE 指定第一点：18	// 从点 H 向下追踪并输入追踪距离
指定下一点或 [放弃(U)]：13	// 从点 J 向左追踪并输入追踪距离
指定下一点或 [放弃(U)]：43	// 从点 K 向下追踪并输入追踪距离
指定下一点或 [闭合(C)/放弃(U)]：	// 从点 L 向右追踪并捕捉交点 M
指定下一点或 [闭合(C)/放弃(U)]：	// 按 Enter 键结束

结果如图 2-26 所示。

（4）绘制线段 NO、PQ，如图 2-27 所示。

命令：_line 指定第一点：12	// 从点 A 向上追踪并输入追踪距离
指定下一点或 [放弃(U)]：	// 从点 N 向右追踪并捕捉交点 O
指定下一点或 [放弃(Up)]：	// 按 Enter 键结束
命令：	// 重复命令
LINE 指定第一点：23	// 从点 N 向上追踪并输入追踪距离
指定下一点或 [放弃(U)]：	// 从点 P 向右追踪并捕捉交点 Q
指定下一点或 [放弃(U)]：	// 按 Enter 键结束

结果如图 2-27 所示。

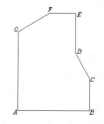
图 2-25　绘制闭合线框

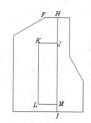
图 2-26　绘制线段 HI、JK、KL 等

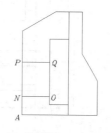
图 2-27　绘制线段 NO、PQ 等

练习 2-12　利用 OFFSET、TRIM 等命令绘制平面图形（1）

练习 2-13　利用 OFFSET、TRIM 等命令绘制平面图形（2）

2.1.12　上机练习——用 LINE、OFFSET 及 TRIM 命令绘图

【练习 2-12】利用 LINE、OFFSET、TRIM 等命令绘制平面图形，如图 2-28 所示。

主要作图步骤如图 2-29 所示。

【练习 2-13】用 OFFSET、EXTEND 及 TRIM 等命令绘制图 2-30 所示的图形。

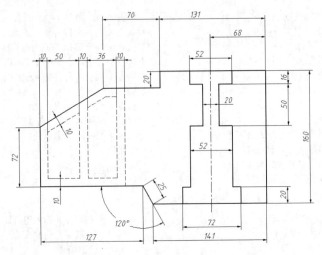

图 2-28 用 LINE、OFFSET、TRIM 等命令绘图

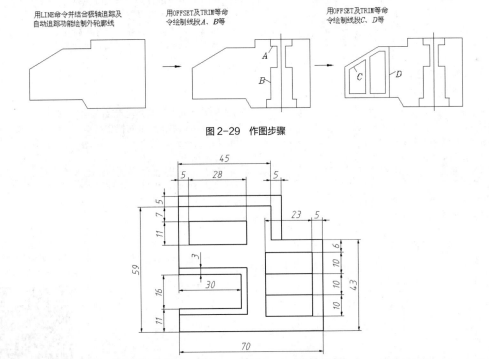

图 2-29 作图步骤

图 2-30 用 OFFSET、EXTEND 及 TRIM 等命令绘图

2.2 绘制斜线、切线、圆及圆弧连接

本节主要内容包括绘制垂线、斜线、切线、圆及圆弧连接等。

2.2.1 课堂实训——绘制圆及圆弧构成的平面图形

实训的任务是绘制图 2-31 所示的平面图形，该图形由线段、圆及圆弧组成。先绘制圆的定位线及圆，然后绘制切线及过渡圆弧。

【练习2-14】 用LINE、CIRCLE及TRIM等命令绘制平面图形，如图2-31所示。

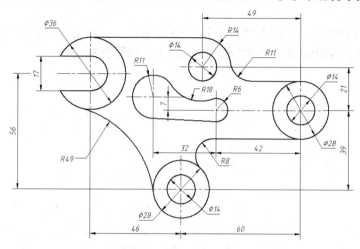

练习 2-14 绘制圆及圆弧构成的平面图形

图 2-31 绘制切线及圆弧

主要绘图过程如图 2-32 所示。

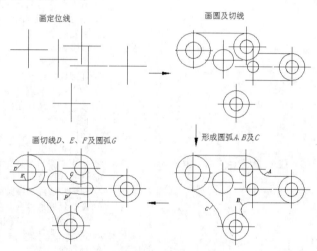

画定位线　　画圆及切线

画切线D、E、F及圆弧G　　形成圆弧A、B及C

图 2-32 绘图过程

2.2.2 用 LINE 及 XLINE 命令绘制任意角度斜线

用户可以用以下两种方法绘制倾斜线段。

（1）用 LINE 命令沿某一方向绘制任意长度的线段。启动该命令，当 AutoCAD 提示输入点时，输入一个小于号 "<" 及角度值，该角度表明了绘制线的方向，AutoCAD 将把鼠标光标锁定在此方向上。移动鼠标光标，线段的长度就发生变化，获取适当长度后，单击鼠标左键结束，这种画线方式称为角度覆盖。

（2）用 XLINE 命令绘制任意角度斜线。XLINE 命令可以绘制无限长的构造线，利用它能直接绘制出水平方向、竖直方向及倾斜方向的直线。作图过程中采用此命令绘制定位线或绘图辅助线是很方便的。

1. 命令启动方法

· 菜单命令：【绘图】/【构造线】。

- 面板：【默认】选项卡中【绘图】面板上的 按钮。
- 命令：XLINE 或简写 XL。

【练习 2-15】 打开素材文件"dwg\ 第 2 章 \2-15.dwg"，如图 2-33（a）所示，用 LINE、XLINE、TRIM 等命令将其修改为图 2-33（b）所示的图形。

练习 2-15　用 LINE
及 XLINE 命令绘制
任意角度斜线

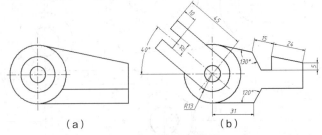

图 2-33　绘制任意角度斜线

（1）用 XLINE 命令绘制直线 *G*、*H*、*I*，用 LINE 命令绘制斜线 *J*，如图 2-34（a）所示。

命令：_xline 指定点或 ［水平 (H)／垂直 (V)／角度 (A)／二等分 (B)／偏移 (O)］: v	// 使用"垂直 (V)"选项
指定通过点：ext	// 捕捉延伸点 *B*
于 24	// 输入点 *B* 与点 *A* 的距离
指定通过点：	// 按 Enter 键结束
命令：	// 重复命令
XLINE 指定点或 ［水平 (H)／垂直 (V)／角度 (A)／二等分 (B)／偏移 (O)］: h	// 使用"水平 (H)"选项
指定通过点：ext	// 捕捉延伸点 *C*
于 5	// 输入点 *C* 与点 *A* 的距离
指定通过点：	// 按 Enter 键结束
命令：	// 重复命令
XLINE 指定点或 ［水平 (H)／垂直 (V)／角度 (A)／二等分 (B)／偏移 (O)］: a	// 使用"角度 (A)"选项
输入构造线的角度 (0) 或 ［参照 (R)］: r	// 使用"参照 (R)"选项
选择直线对象：	// 选择段段 *AB*
输入构造线的角度 <0>: 130	// 输入构造线与线段 *AB* 的夹角
指定通过点：ext	// 捕捉延伸点 *D*
于 39	// 输入点 *D* 与点 *A* 的距离
指定通过点：	// 按 Enter 键结束
命令：_line 指定第一点：ext	// 捕捉延伸点 *F*
于 31	// 输入 *F* 点与 *E* 点的距离
指定下一点或 ［放弃 (U)］: <60	// 设定画线的角度
指定下一点或 ［放弃 (U)］:	// 沿 60° 方向移动鼠标光标
指定下一点或 ［放弃 (U)］:	// 单击一点结束

结果如图 2-34（a）所示。修剪多余线条，结果如图 2-34（b）所示。

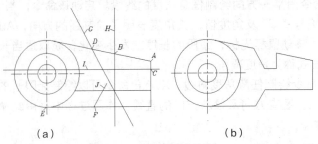

图 2-34　绘制斜线及修剪线条

（2）用 XLINE、OFFSET、TRIM 等命令绘制图形的其余部分。

2. 命令选项

- 水平（H）：绘制水平方向直线。
- 垂直（V）：绘制竖直方向直线。
- 角度（A）：通过某点绘制一条与已知直线成一定角度的直线。
- 二等分（B）：绘制一条平分已知角度的直线。
- 偏移（O）：可输入一个偏移距离来绘制平行线，或者指定直线通过的点来创建新平行线。

2.2.3　绘制切线、圆及圆弧连接

用户可利用 LINE 命令并结合切点捕捉"TAN"来绘制切线。

用户可用 CIRCLE 命令绘制圆及圆弧连接。默认绘制圆的方法是指定圆心和半径，此外，还可通过两点或 3 点来绘制圆。

1. 命令启动方法

- 菜单命令：【绘图】/【圆】。
- 面板：【默认】选项卡中【绘图】面板上的◎按钮。
- 命令：CIRCLE 或简写 C。

【练习 2-16】　打开素材文件"dwg\ 第 2 章 \2-16.dwg"，如图 2-35（a）所示，用 LINE、CIRCLE 等命令将其修改为图 2-35（b）所示的图形。

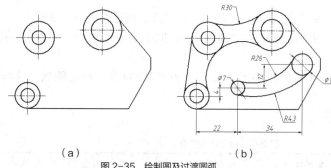

（a）　　　　　　　　　　（b）

图 2-35　绘制圆及过渡圆弧

（1）绘制切线及过渡圆弧，如图 2-36 所示。

```
命令：_line 指定第一点：tan 到                    // 捕捉切点 A
指定下一点或 [放弃(U)]：tan 到                   // 捕捉切点 B
指定下一点或 [放弃(U)]：                         // 按 Enter 键结束
命令：_circle 指定圆的圆心或 [三点(3P)/两点(2P)/相切、相切、半径(T)]：3p
                                              // 使用"三点(3P)"选项
指定圆上的第一点：tan 到                         // 捕捉切点 D
指定圆上的第二点：tan 到                         // 捕捉切点 E
指定圆上的第三点：tan 到                         // 捕捉切点 F
命令：                                         // 重复命令
CIRCLE 指定圆的圆心或 [三点(3P)/两点(2P)/相切、相切、半径(T)]：t
                                              // 利用"相切、相切、半径(T)"选项
指定对象与圆的第一个切点：                        // 捕捉切点 G
指定对象与圆的第二个切点：                        // 捕捉切点 H
指定圆的半径 <10.8258>:30                       // 输入圆半径
命令：                                         // 重复命令
命令：CIRCLE 指定圆的圆心或 [三点(3P)/两点(2P)/相切、相切、半径(T)]：from
                                              // 使用正交偏移捕捉
基点：int 于                                   // 捕捉交点 C
```

```
<偏移>: @22,4                              // 输入相对坐标
指定圆的半径或 [直径 (D)] <30.0000>: 3.5      // 输入圆半径
```

结果如图 2-36（a）所示。修剪多余线条，结果如图 2-36（b）所示。

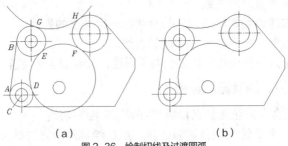

（a）   （b）

图 2-36　绘制切线及过渡圆弧

（2）用 LINE、CIRCLE、TRIM 等命令绘制图形的其余部分。

2. 命令选项

- 三点（3P）：输入 3 个点绘制圆。
- 两点（2P）：指定直径的两个端点绘制圆。
- 相切、相切、半径（T）：选取与圆相切的两个对象，然后输入圆半径。

2.2.4　倒圆角及倒角

FILLET 命令用于倒圆角，操作的对象包括直线、多段线、样条线、圆及圆弧等。

CHAMFE 命令用于倒角，倒角时用户可以输入每条边的倒角距离，也可以指定某条边上倒角的长度及与此边的夹角。

用 FILLET 及 CHAMFER 命令倒圆角和倒角时，AutoCAD 将显示预览图像，这样可直观感受到操作后的效果。

命令启动方法如表 2-2 所示。

表 2-2　命令启动方法

方式	倒圆角	倒角
菜单命令	【修改】/【圆角】	【修改】/【倒角】
面板	【默认】选项卡中【修改】面板上的 ⌒ 按钮	【默认】选项卡中【修改】面板上的 ⌒ 按钮
命令	FILLET 或简写 F	CHAMFER 或简写 CHA

【练习 2-17】打开素材文件"dwg\ 第 2 章 \2-17.dwg"，如图 2-37（a）所示，用 FILLET 及 CHAMFER 命令将其修改为图 2-37（b）所示的图形。

练习 2-17　倒圆角及倒角

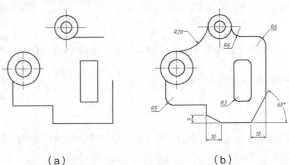

（a）   （b）

图 2-37　倒圆角及倒角

（1）倒圆角，圆角半径为 5，如图 2-38 所示。

```
命令: _fillet
选择第一个对象或 [放弃(U)/多段线(P)/半径(R)/修剪(T)/多个(M)]: r
                                                    // 设置圆角半径
指定圆角半径 <3.0000>: 5                              // 输入圆角半径值
选择第一个对象或 [放弃(U)/多段线(P)/半径(R)/修剪(T)/多个(M)]:    // 选择线段 A
选择第二个对象，或按住 [Shift] 键选择要应用角点的对象:        // 选择线段 B
```

结果如图 2-38 所示。

（2）倒角，倒角距离分别为 5 和 10，如图 2-38 所示。

```
命令: _chamfer
选择第一条直线 [放弃(U)/多段线(P)/距离(D)/角度(A)/修剪(T)/方式(E)/多个(M)]: d
                                                    // 设置倒角距离
指定第一个倒角距离 <3.0000>: 5                        // 输入第一个边的倒角距离
指定第二个倒角距离 <5.0000>: 10                       // 输入第二个边的倒角距离
选择第一条直线或 [放弃(U)/多段线(P)/距离(D)/角度(A)/修剪(T)/方式(E)/多个(M)]:
                                                    // 选择线段 C
选择第二条直线，或按住 [Shift] 键选择要应用角点的直线:       // 选择线段 D
```

结果如图 2-38 所示。

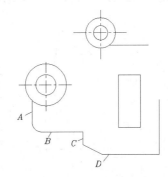

图 2-38　倒圆角及倒角

（3）创建其余圆角及斜角，结果如图 2-37（b）所示。

常用的命令选项及功能如表 2-3 所示。

表 2-3　常用的命令选项及功能

命令	选项	功能
FILLET	多段线(P)	对多段线的每个顶点进行倒圆角操作
	半径(R)	设定圆角半径。若圆角半径为 0，则被倒圆角的两个对象交于一点
	修剪(T)	指定倒圆角操作后是否修剪对象
	多个(M)	可一次创建多个圆角
	按住 Shift 键选择要应用角点的对象	按住 Shift 键选择第二个圆角对象，则以 0 值替代当前的圆角半径
CHAMFER	多段线(P)	对多段线的每个顶点执行倒角操作
	距离(D)	设定倒角距离。若倒角距离为 0，则被倒角的两个对象交于一点
	角度(A)	指定倒角距离及倒角角度
	修剪(T)	设置倒角时是否修剪对象
	多个(M)	可一次创建多个倒角
	按住 Shift 键选择要应用角点的直线	按住 Shift 键选择第二个倒角对象，则以 0 值替代当前的倒角距离

2.2.5 移动及复制对象

移动及复制图形的命令分别是 MOVE 和 COPY，这两个命令的使用方法相似。启动 MOVE 或 COPY 命令后，首先选择要移动或复制的对象，然后通过两点或直接输入位移值指定对象移动或复制的距离和方向，AutoCAD 就将图形元素从原位置移动或复制到新位置。

命令启动方法如表 2-4 所示。

表 2-4 命令启动方法

方式	移动	复制
菜单命令	【修改】/【移动】	【修改】/【复制】
面板	【默认】选项卡中【修改】面板上的✥按钮	【默认】选项卡中【修改】面板上的按钮
命令	MOVE 或简写 M	COPY 或简写 CO

【练习 2-18】 打开素材文件“dwg\第 2 章\2-18.dwg”，如图 2-39（a）所示，用 MOVE、COPY 等命令将其修改为图 2-39（b）所示的图形。

练习 2-18 移动及复制对象

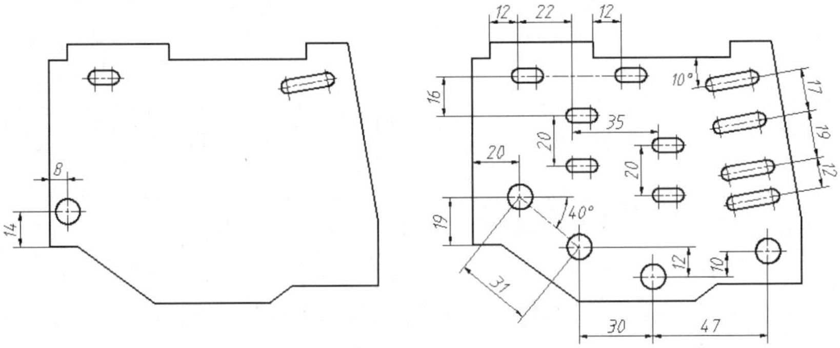

（a）　（b）

图 2-39 移动及复制对象

（1）移动及复制对象，如图 2-40（a）所示。

```
命令: _move                                          //启动移动命令
选择对象: 指定对角点: 找到 3 个                        //选择对象 A
选择对象:                                             //按 Enter 键确认
指定基点或 [位移(D)] <位移>: 12,5                     //输入沿 x、y 轴移动的距离
指定第二个点或 <使用第一个点作为位移>:                  //按 Enter 键结束
命令: _copy                                          //启动复制命令
选择对象: 指定对角点: 找到 7 个                        //选择对象 B
选择对象:                                             //按 Enter 键确认
指定基点或 [位移(D)/模式(O)] <位移>:                   //捕捉交点 C
指定第二个点或 [阵列(A)] <使用第一个点作为位移>:         //捕捉交点 D
指定第二个点或 [阵列(A) /退出(E)/放弃(U)] <退出>:      //按 Enter 键结束
命令: _copy                                          //重复命令
选择对象: 指定对角点: 找到 7 个                        //选择对象 E
选择对象:                                             //按 Enter 键
指定基点或 [位移(D)/模式(O)] <位移>: 17<-80            //指定复制的距离及方向
指定第二个点或 [阵列(A)] <使用第一个点作为位移>:         //按 Enter 键结束
```

结果如图 2-40（b）所示。

（2）绘制图形的其余部分。

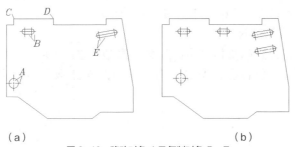

（a）　　　　　　　　　　　　　（b）

图 2-40　移动对象 A 及复制对象 B、E

使用 MOVE 或 COPY 命令时，用户可通过以下方式指明对象移动或复制的距离和方向。

• 在屏幕上指定两个点，这两点的距离和方向代表了实体移动的距离和方向。当 AutoCAD 提示"指定基点"时，指定移动的基准点。在 AutoCAD 提示"指定第二个点"时，捕捉第二点或输入第二点相对于基准点的相对直角坐标或极坐标。

• 以"X，Y"方式输入对象沿 x、y 轴移动的距离，或者用"距离＜角度"方式输入对象位移的距离和方向。当 AutoCAD 提示"指定基点"时，输入位移值。在 AutoCAD 提示"指定第二个点"时，按 Enter 键确认，这样 AutoCAD 就以输入的位移值来移动图形对象。

• 打开正交或极轴追踪功能，就能方便地将实体只沿 x 轴或 y 轴方向移动。当 AutoCAD 提示"指定基点"时，单击一点并把实体向水平或竖直方向移动，然后输入位移的数值。

• 使用"位移（D）"选项。启动该选项后，AutoCAD 提示"指定位移"，此时，以"X，Y"方式输入对象沿 x、y 轴移动的距离，或者以"距离＜角度"方式输入对象位移的距离和方向。

2.2.6　复制及阵列对象

使用 COPY 命令的"阵列（A）"选项可在复制对象的同时阵列对象。启动该命令，指定复制的距离、方向及沿复制方向上的阵列数目，就创建出线性阵列，如图 2-41 所示。操作时，可设定两个对象间的距离，也可设定阵列的总距离值。

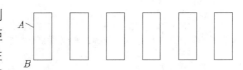

图 2-41　复制及阵列对象

【练习 2-19】 利用 COPY 命令阵列对象，如图 2-41 所示。

打开极轴追踪、对象捕捉及自动追踪功能。

```
命令：_copy
选择对象：找到 1 个                                        // 选择矩形 A，如图 2-41 所示
选择对象：                                                // 按 Enter 键
指定基点或 [位移 (D) / 模式 (O)] ＜位移＞：                  // 捕捉点 B
指定第二个点或 [阵列 (A)] ＜使用第一个点作为位移＞：a          // 选取"阵列 (A)"选项
输入要进行阵列的项目数：6                                   // 输入阵列数目
指定第二个点或 [布满 (F)]：16                               // 输入对象间的距离
指定第二个点或 [阵列 (A) / 退出 (E) / 放弃 (U)] ＜退出＞：      // 按 Enter 键结束
```

结果如图 2-41 所示。

2.2.7　旋转对象

ROTATE 命令可以旋转图形对象，改变图形对象的方向。使用此命令时，用户指定旋转基点并输入旋转角度就可以转动图形对象，此外，用户也可以某个方位作为参照位置，然后选择一个新对象或输入一个新角度值来指明要旋转到的位置。

练习 2-19　利用 COPY 命令阵列对象

1. 命令启动方法

• 菜单命令：【修改】/【旋转】。

- 面板:【默认】选项卡中【修改】面板上的 ○ 按钮。
- 命令: ROTATE 或简写 RO。

【练习2-20】 打开素材文件"dwg\ 第 2 章 \2-20.dwg",如图 2-42(a)所示,用 LINE、CIRCLE、ROTATE 等命令将其修改为图 2-42(b)所示的图形。

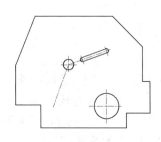

(a)

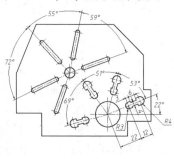

(b)

图 2-42 旋转对象

(1)用 ROTATE 命令旋转对象 A,如图 2-43 所示。

```
命令: _rotate
选择对象: 指定对角点: 找到 7 个                    // 选择图形对象 A,如图 2-43(a)所示
选择对象:                                        // 按 Enter 键
指定基点:                                        // 捕捉圆心 B
指定旋转角度,或 [复制 (C)/参照 (R)] <70>:  c    // 使用"复制 (C)"选项
指定旋转角度,或 [复制 (C)/参照 (R)] <70>:  59   // 输入旋转角度
命令:ROTATE                                      // 重复命令
选择对象: 指定对角点: 找到 7 个                    // 选择图形对象 A
选择对象:                                        // 按 Enter 键
指定基点:                                        // 捕捉圆心 B
指定旋转角度,或 [复制 (C)/参照 (R)] <59>:  c    // 使用"复制 (C)"选项
指定旋转角度,或 [复制 (C)/参照 (R)] <59>:  r    // 使用"参照 (R)"选项
指定参照角 <0>:                                  // 捕捉点 B
指定第二点:                                      // 捕捉点 C
指定新角度或 [点 (P)] <0>:                       // 捕捉点 D
```

结果如图 2-43(b)所示。

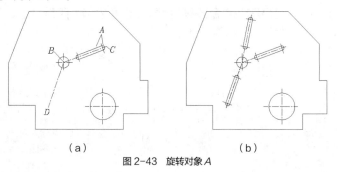

(a)

(b)

图 2-43 旋转对象 A

(2)绘制图形的其余部分。

2. 命令选项

- 指定旋转角度:指定旋转基点并输入绝对旋转角度来旋转实体。旋转角度是基于当前用户坐标系测量的。如果输入负的旋转角度,则选定的对象顺时针旋转;否则,将逆时针旋转。
- 复制(C):旋转对象的同时复制对象。
- 参照(R):指定某个方向作为起始参照角,然后拾取一个点或两个点来指定原对象要旋转到的位置,也可以输入新角度值来指明要旋转到的位置。

2.2.8　上机练习——绘制圆弧连接及倾斜图形

【练习2-21】用LINE、CIRCLE、OFFSET、TRIM等命令绘制图2-44所示的图形。

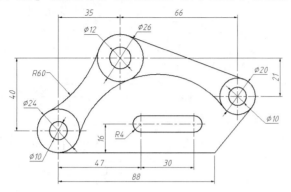

练习2-21　绘制包含
圆、过渡圆弧及切线
的平面图形

图2-44　用LINE、CIRCLE等命令绘图

（1）创建两个图层。

名称	颜色	线型	线宽
轮廓线层	白色	Continuous	0.5
中心线层	红色	CENTER	默认

（2）通过【线型控制】下拉列表打开【线型管理器】对话框，在此对话框中设定线型全局比例因子为"0.2"。

（3）打开极轴追踪、对象捕捉及自动追踪功能。指定极轴追踪角度增量为"90"，设定对象捕捉方式为"端点""交点"。

（4）设定绘图区域大小为100×100。单击导航栏上的 按钮，使绘图区域充满整个图形窗口显示出来。

（5）切换到中心线层，用LINE命令绘制圆的定位线A、B，其长度约为35，再用OFFSET及LENGTHEN命令形成其他定位线，结果如图2-45所示。

（6）切换到轮廓线层，绘制圆、过渡圆弧及切线，结果如图2-46所示。

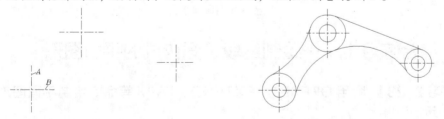

图2-45　绘制圆的定位线　　　　　　　　　图2-46　绘制圆、过渡圆弧及切线

（7）用LINE命令绘制线段C、D，再用OFFSET及LENGTHEN命令形成定位线E、F等，如图2-47（a）所示。绘制线框G，结果如图2-47（b）所示。

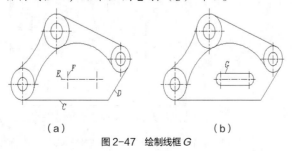

　　　　（a）　　　　　　　　　　　　　　　（b）

图2-47　绘制线框G

【练习2-22】 用 LINE、CIRCLE、XLINE、OFFSET、TRIM 等命令绘制图 2-48 所示的图形。

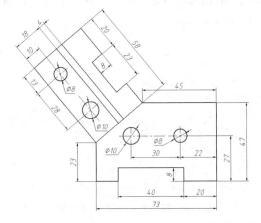

图 2-48　用 LINE、OFFSET 等命令绘图

主要作图步骤如图 2-49 所示。

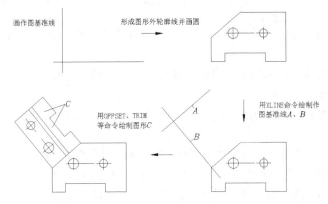

图 2-49　作图步骤

2.3 综合练习1——绘制线段、圆构成的平面图形

【练习2-23】 利用 OFFSET、EXTEND、TRIM 等命令绘制平面图形，如图 2-50 所示。

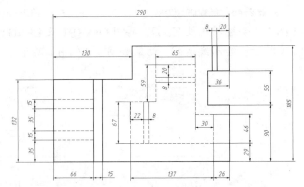

图 2-50　利用 OFFSET、EXTEND、TRIM 等命令绘图

【练习 2-24】 用 LINE、CIRCLE、COPY、ROTATE 等命令绘制图 2-51 所示的图形。

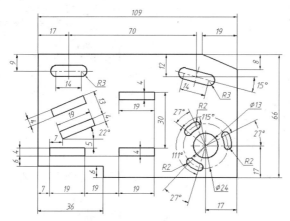

练习 2-24　用 COPY、
ROTATE 等命令
绘制平面图形

图 2-51　用 COPY、ROTATE 等命令绘图

2.4　综合练习 2 ——绘制三视图

【练习 2-25】 根据轴测图及视图轮廓绘制完整视图，如图 2-52 所示。

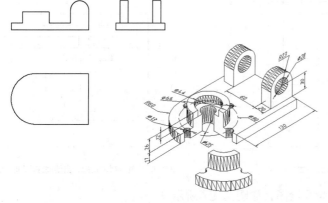

练习 2-25　根据轴测图
绘制组合体三视图（1）

图 2-52　绘制三视图（1）

要点提示

绘制主视图及俯视图后，可将俯视图复制到新位置并旋转 90°，如图 2-53 所示，然后用
XLINE 命令绘制水平及竖直投影线，利用这些线条形成左视图的主要轮廓。

【练习 2-26】 根据轴测图绘制完整三视图，如图 2-54 所示。

练习 2-26　根据轴测图
绘制组合体三视图（2）

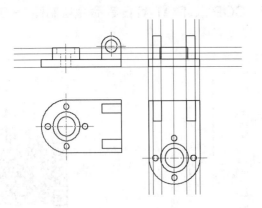

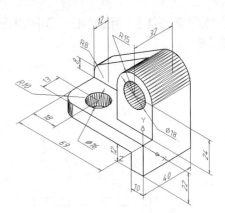

图 2-53　绘制水平及竖直投影线　　　　图 2-54　绘制三视图（2）

习题

1. 利用点的相对坐标画线，如图 2-55 所示。
2. 打开极轴追踪、对象捕捉及自动追踪功能画线，如图 2-56 所示。

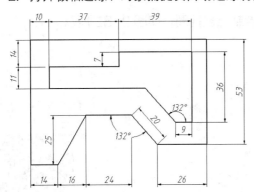

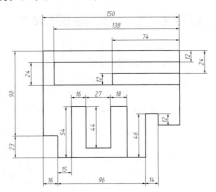

图 2-55　利用点的相对坐标画线　　　　图 2-56　利用极轴追踪、自动追踪等功能画线

3. 用 OFFSET 及 TRIM 命令绘图，如图 2-57 所示。
4. 绘制图 2-58 所示的图形。

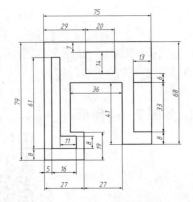

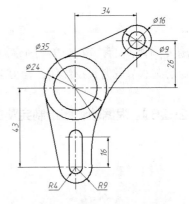

图 2-57　用 OFFSET 及 TRIM 命令绘图　　　　图 2-58　绘制圆、切线及过渡圆弧等

5. 绘制图 2-59 所示的图形。

6. 根据轴测图绘制三视图，如图 2-60 所示。

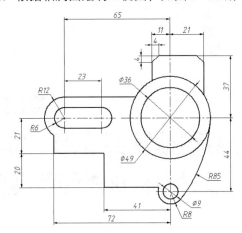

图 2-59　用 LINE、CIRCLE 及 OFFSET 等命令绘图

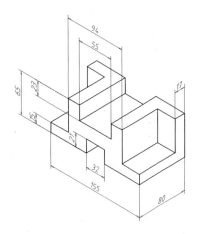

图 2-60　绘制三视图（1）

7. 根据轴测图绘制三视图，如图 2-61 所示。

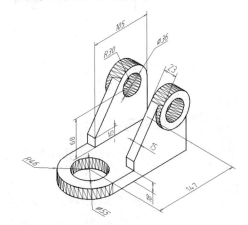

图 2-61　绘制三视图（2）

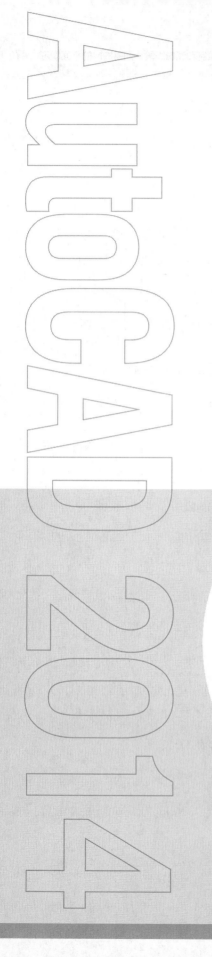

Chapter

3

第3章
绘制和编辑多边形、椭圆
等对象构成的平面图形

通过本章的学习，读者要学会创建多边形、椭圆、断裂线及填充剖面图案，掌握阵列和镜像对象的方法，并能够灵活运用相应命令绘制简单图形。

学习目标

● 熟练绘制矩形、正多边形及椭圆。
● 掌握矩形及环形阵列的方法，了解怎样沿路径阵列对象。
● 掌握镜像、对齐及拉伸图形的方法。
● 学会如何按比例缩放图形。
● 能够绘制断裂线及填充剖面图案。

3.1 绘制矩形、多边形及椭圆

本节主要介绍矩形、正多边形及椭圆等的绘制方法。

3.1.1 课堂实训——绘制圆及多边形等构成的平面图形

实训的任务是绘制图 3-1 所示的平面图形，该图形由线段、圆弧及多边形组成。首先画出图形的外轮廓线，然后绘制内部细节。对于倾斜方向的多边形，可采用输入多边形顶点或旋转多边形的方式绘制。

【练习 3-1】 用 LINE、CIRCLE、RECTANG 及 POLYGON 等命令绘制平面图形，如图 3-1 所示。

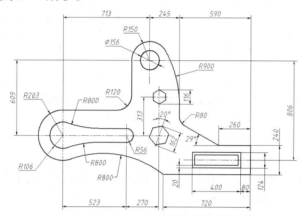

练习 3-1 绘制包含圆、多边形等对象的平面图形

图 3-1　绘制矩形、正多边形及椭圆

主要绘图过程如图 3-2 所示。

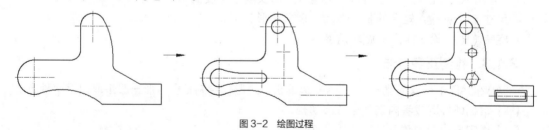

图 3-2　绘图过程

3.1.2 绘制矩形

RECTANG 命令用于绘制矩形，用户只需指定矩形对角线的两个端点就能画出矩形。绘制时，可指定顶点处的倒角距离及圆角半径。

1. 命令启动方法

- 菜单命令：【绘图】/【矩形】。
- 面板：【默认】选项卡中【绘图】面板上的 □ 按钮。
- 命令：RECTANG 或简写 REC。

练习 3-2 绘制矩形

【练习 3-2】 打开素材文件"\dwg\ 第 3 章 \3-2.dwg"，如图 3-3（a）所示，用 RECTANG 和 OFFSET 命令将其修改为图 3-3（b）所示图形。

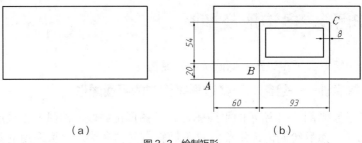

（a）　　　　　　　　　　　　　（b）

图3-3　绘制矩形

```
命令：_rectang
指定第一个角点或 [倒角(C)/标高(E)/圆角(F)/厚度(T)/宽度(W)]：from
                                              // 使用正交偏移捕捉
基点：int 于                                    // 捕捉点 A
<偏移>：@60,20                                  // 输入点 B 的相对坐标
指定另一个角点或 [面积(A)/尺寸(D)/旋转(R)]：@93,54    // 输入点 C 的相对坐标
```

用 OFFSET 命令将矩形向内偏移，偏移距离为 8，结果如图 3-3（b）所示。

2. 命令选项

• 指定第一个角点：在此提示下，用户指定矩形的一个角点。拖动鼠标光标时，屏幕上显示出一个矩形。

• 指定另一个角点：在此提示下，用户指定矩形的另一角点。

• 倒角（C）：指定矩形各顶点倒角的大小。

• 标高（E）：确定矩形所在的平面高度。默认情况下，矩形是在 xy 平面（z 坐标值为 0）内。

• 圆角（F）：指定矩形各顶点的倒圆角半径。

• 厚度（T）：设置矩形的厚度，在三维绘图时常使用该选项。

• 宽度（W）：该选项使用户可以设置矩形边的宽度。

• 面积（A）：先输入矩形面积，再输入矩形长度或宽度值创建矩形。

• 尺寸（D）：输入矩形的长、宽尺寸创建矩形。

• 旋转（R）：设定矩形的旋转角度。

3.1.3　绘制正多边形

在 AutoCAD 中可以创建 3～1024 条边的正多边形，绘制正多边形一般采取以下两种方法。

（1）根据外接圆或者内切圆生成多边形。

（2）指定多边形边数及某一边的两个端点。

1. 命令启动方法

• 菜单命令：【绘图】/【正多边形】。

• 面板：【默认】选项卡中【绘图】面板上的◯按钮。

• 命令：POLYGON 或简写 POL。

练习3-3　绘制正多边形

【**练习 3-3**】　打开素材文件 "\dwg\ 第 3 章 \3-3.dwg"，该文件包含一个大圆和一个小圆，下面用 POLYGON 命令绘制出圆的内接多边形和外切多边形，如图 3-4 所示。

```
命令：_polygon 输入侧面数 <4>：5           // 输入多边形的边数
指定正多边形的中心点或 [边(E)]：cen 于  // 捕捉大圆的圆心，如图 3-4（a）所示
输入选项 [内接于圆(I)/外切于圆(C)] <I>：I// 采用内接于圆的方式绘制多边形
指定圆的半径：50                          // 输入半径值
命令：                                    // 重复命令
```

```
POLYGON 输入边的数目 <5>:              // 按 Enter 键接受默认值
指定正多边形的中心点或 [边 (E)]: cen 于    // 捕捉小圆的圆心, 如图 3-4 (b) 所示
输入选项 [内接于圆 (I) / 外切于圆 (C)] <I>: c   // 采用外切于圆的方式绘制多边形
指定圆的半径: @40<65                    // 输入点 A 的相对坐标
```
结果如图 3-4 所示。

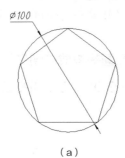
（a）

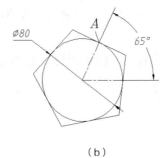
（b）

图 3-4　绘制正多边形

2. 命令选项

- 指定正多边形的中心点: 用户输入多边形边数后, 再拾取多边形中心点。
- 内接于圆 (I): 根据外接圆生成正多边形。
- 外切于圆 (C): 根据内切圆生成正多边形。
- 边 (E): 输入多边形边数后, 再指定某条边的两个端点即可绘制出多边形。

3.1.4　绘制椭圆

椭圆包含椭圆中心、长轴及短轴等几何特征。绘制椭圆的默认方法是指定椭圆第一根轴线的两个端点及另一轴长度的一半。另外, 也可通过指定椭圆中心、第一轴的端点及另一轴线的半轴长度来创建椭圆。

1. 命令启动方法

- 菜单命令:【绘图】/【椭圆】。
- 面板:【默认】选项卡中【绘图】面板上的 ⬭ 按钮。
- 命令: ELLIPSE 或简写 EL。

【练习 3-4】 利用 ELLIPSE 命令绘制平面图形, 如图 3-5 所示。

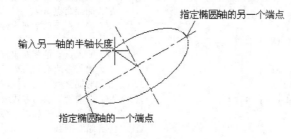

练习 3-4　绘制椭圆

图 3-5　绘制椭圆

```
命令: _ellipse
指定椭圆的轴端点或 [圆弧 (A) / 中心点 (C)]:      // 拾取椭圆轴的一个端点, 如图 3-5 所示
指定轴的另一个端点: @500<30                    // 输入椭圆轴另一端点的相对坐标
指定另一条半轴长度或 [旋转 (R)]: 130            // 输入另一轴的半轴长度
```
结果如图 3-5 所示。

2．命令选项

• 圆弧（A）：该选项使用户可以绘制一段椭圆弧。过程是先绘制一个完整的椭圆，随后系统提示用户指定椭圆弧的起始角及终止角。

• 中心点（C）：通过椭圆中心点、长轴及短轴来绘制椭圆。

• 旋转（R）：按旋转方式绘制椭圆，即将圆绕直径转动一定角度后，再投影到平面上形成椭圆。

3.1.5 上机练习——绘制矩形、正多边形及椭圆等构成的图形

【练习3-5】 用 LINE、RECTANG、POLYGON、ELLIPSE 等命令绘制平面图形，如图 3-6 所示。

练习 3-5 绘制包含椭圆、多边形等对象的平面图形（1）

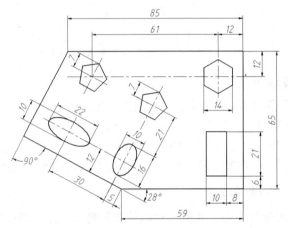

图 3-6 绘制矩形、正多边形及椭圆等

（1）打开极轴追踪、对象捕捉及自动追踪功能。设置极轴追踪角度增量为"90"，设置对象捕捉方式为"端点""交点"。

（2）用 LINE、OFFSET、LENGTHEN 等命令绘制外轮廓线、正多边形和椭圆的定位线，如图 3-7（a）所示，然后绘制矩形、五边形及椭圆。

```
命令：_rectang                                      // 绘制矩形
指定第一个角点或 [倒角 (C) / 标高 (E) / 圆角 (F) / 厚度 (T) / 宽度 (W)]: from
                                                   // 使用正交偏移捕捉
基点：                                              // 捕捉交点 A
< 偏移 >: @-8,6                                      // 输入点 B 的相对坐标
指定另一个角点或 [面积 (A) / 尺寸 (D) / 旋转 (R)]: @-10,21
                                                   // 输入点 C 的相对坐标
命令：_polygon 输入边的数目 <4>: 5                    // 输入多边形的边数
指定正多边形的中心点或 [边 (E)]:                       // 捕捉交点 D
输入选项 [内接于圆 (I) / 外切于圆 (C)] <I>: i          // 按内接于圆的方式画多边形
指定圆的半径：@7<62                                  // 输入点 E 的相对坐标
命令：_ellipse                                       // 绘制椭圆
指定椭圆的轴端点或 [圆弧 (A) / 中心点 (C)]: c           // 使用"中心点 (C)"选项
指定椭圆的中心点：                                    // 捕捉点 F
指定轴的端点：@8<62                                  // 输入点 G 的相对坐标
指定另一条半轴长度或 [旋转 (R)]: 5                     // 输入另一半轴长度
```

结果如图 3-7（b）所示。

（3）绘制图形的其余部分，然后修改定位线所在的图层。

【练习 3-6】 用 LINE、ELLIPSE、POLYGON 等命令绘制出图 3-8 所示的图形。

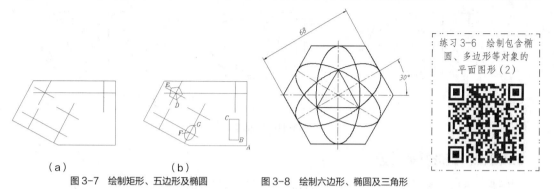

（a）　　　　　　（b）

图 3-7　绘制矩形、五边形及椭圆　　　图 3-8　绘制六边形、椭圆及三角形

练习 3-6　绘制包含椭圆、多边形等对象的平面图形（2）

主要作图步骤如图 3-9 所示。

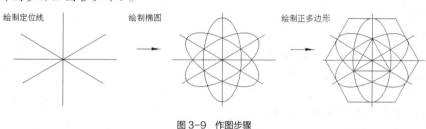

绘制定位线　　　　　　绘制椭圆　　　　　　绘制正多边形

图 3-9　作图步骤

3.2 阵列及镜像对象

本节介绍阵列及镜像对象的方法。

3.2.1　课堂实训——创建矩形阵列及环形阵列

实训的任务是绘制图 3-10 所示的平面图形，该图形包含对象的矩形阵列及环形阵列。倾斜方向的矩形阵列可以采用两种方法绘制：一种是先在水平方向阵列对象，然后将矩形阵列旋转到倾斜位置；另一种是绘制一条倾斜的阵列路径，然后沿此路径阵列对象。

【练习 3-7】 用 LINE、CIRCLE、OFFSET、ARRAY 等命令绘制平面图形，如图 3-10 所示。

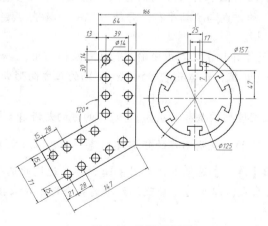

练习 3-7　创建矩形阵列及环形阵列

图 3-10　绘制平面图形

主要绘图过程如图 3-11 所示。

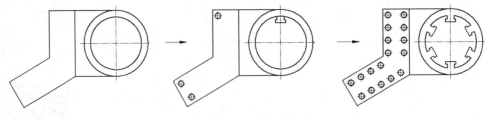

图 3-11　绘图过程

3.2.2　矩形阵列对象

ARRAYRECT 命令用于创建矩形阵列。矩形阵列是指将对象按行、列方式进行排列。操作时，用户一般应提供阵列的行数、列数、行间距及列间距等，如果要沿倾斜方向生成矩形阵列，还应输入阵列的倾斜角度。

命令启动方法如下。

- 菜单命令：【修改】/【阵列】/【矩形阵列】。
- 面板：【修改】面板上的 ⊞ 按钮。
- 命令：ARRAYRECT 或简写 AR(ARRAY)。

【练习 3-8】 打开素材文件"dwg\ 第 3 章 \3-8.dwg"，如图 3-12（a）所示，用 ARRAYRECT 命令将其修改为图 3-12（b）所示的图形。

（1）启动矩形阵列命令，选择要阵列的图形对象 A，按 Enter 键后，弹出【阵列创建】选项卡，如图 3-13 所示。

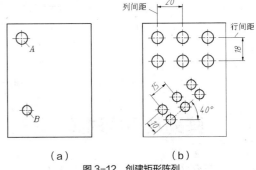

（a）　　　　　　（b）

图 3-12　创建矩形阵列

练习 3-8　矩形阵列对象

图 3-13　【阵列创建】选项卡

（2）分别在【行数】、【列数】文本框中输入阵列的行数及列数，如图 3-13 所示。"行"的方向与坐标系的 x 轴平行，"列"的方向与 y 轴平行。每输入完一个数值，按 Enter 键或单击其他文本框，系统显示预览效果图片。

（3）分别在【列】、【行】面板的【介于】文本框中输入行间距及列间距，如图 3-13 所示。行、列间距的数值可为正或负。若是正值，则 AutoCAD 沿 x、y 轴的正方向形成阵列；否则，沿反方向形成阵列。

（4）【层级】面板的参数用于设定阵列的层数及层高，"层"的方向是沿着 z 轴方向。

（5）默认情况下， ⊞ 按钮是按下的，表明创建的矩形阵列是一个整体对象（否则每个项目为单独对象）。选中该对象，弹出【阵列】选项卡，如图 3-14 所示。通过此选项卡可编辑阵列参数。此外，还可重新设定阵列基点，以及通过修改阵列中的某个图形对象使所有阵列对象发生变化。

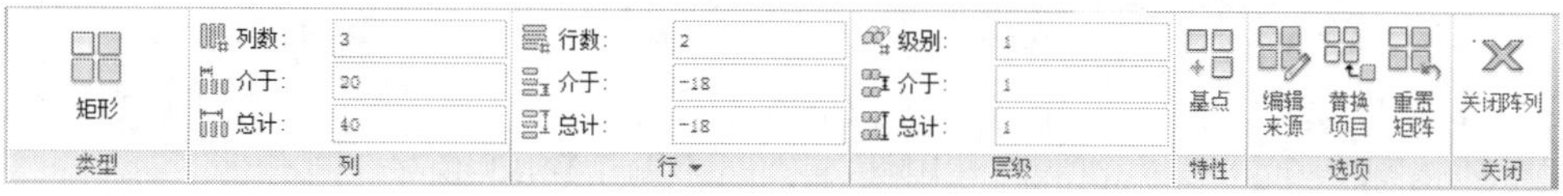

	列数：	3		行数：	2		级别：	1					
矩形	介于：	20		介于：	-18		介于：	1	基点	编辑来源	替换项目	重置矩阵	关闭阵列
	总计：	40		总计：	-18		总计：	1					
类型	列			行 ▾			层级		特性	选项			关闭

图 3-14　【阵列】选项卡

（6）创建图形对象 B 的矩形阵列，如图 3-15（a）所示。阵列参数为行数"2"、列数"3"、行间距"–10"、列间距"15"。创建完成后，使用 ROTATE 命令将该阵列旋转到指定的倾斜方向，如图 3-15（b）所示。

（7）选中阵列对象，将鼠标光标移动到箭头形状的关键点处，出现快捷菜单，如图 3-15（c）所示。利用【轴角度】命令可以设定行、列两个方向间的夹角。设置完成后，鼠标光标所在处的阵列方向将变动，而另一方向不变。

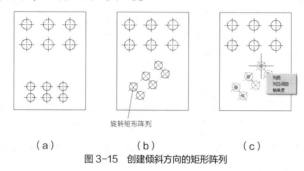

（a）　　　　　　　（b）　　　　　　　（c）

图 3-15　创建倾斜方向的矩形阵列

3.2.3　环形阵列对象

ARRAYPOLAR 命令用于创建环形阵列。环形阵列是指把对象绕阵列中心等角度均匀分布。决定环形阵列的主要参数有阵列中心、阵列总角度及阵列数目。此外，用户也可通过输入阵列总数及每个对象间的夹角来生成环形阵列。

命令启动方法如下。

• 菜单命令：【修改】/【阵列】/【环形阵列】。

• 面板：【修改】面板上的 ⊞ 按钮。

• 命令：ARRAYPOLAR 或简写 AR。

【练习 3-9】　打开素材文件"dwg\ 第 3 章 \3-9.dwg"，如图 3-16（a）所示，用 ARRAYPOLAR 命令将其修改为图 3-16（b）所示的图形。

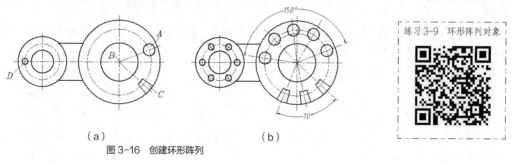

（a）　　　　　　　　　　　（b）

图 3-16　创建环形阵列

（1）启动环形阵列命令，选择要阵列的图形对象 A，再指定阵列中心点 B，弹出【阵列创建】选项卡，如图 3-17 所示。

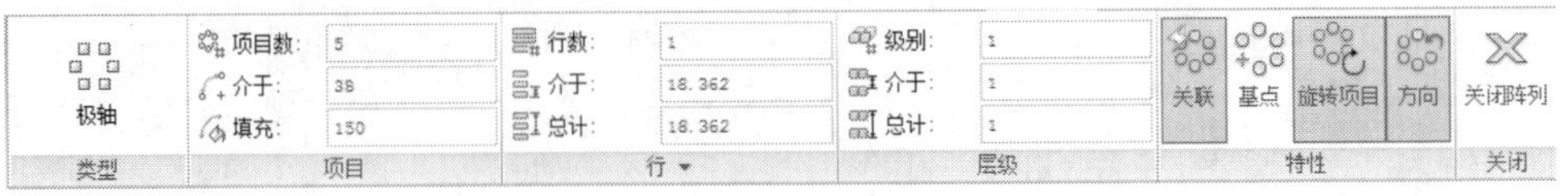

图 3-17　创建环形阵列

（2）在【项目数】及【填充】文本框中输入阵列的数目及阵列分布的总角度值，也可在【介于】文本框中输入阵列项目间的夹角，如图 3-17 所示。

（3）单击 按钮，设定环形阵列沿顺时针或逆时针方向。

（4）在【行】面板中可以设定环形阵列沿径向分布的数目及间距；在【层级】面板中可以设定环形阵列沿 z 轴方向阵列的数目及间距。

（5）继续创建对象 C、D 的环形阵列，结果如图 3-16（b）所示。

（6）默认情况下，环形阵列中的项目是关联的，表明创建的阵列是一个整体对象（否则每个项目为单独对象）。选中该对象，弹出【阵列】选项卡，可编辑阵列参数。此外，还可通过修改阵列中的某个图形对象使得所有阵列对象发生变化。

3.2.4　沿路径阵列对象

ARRAYPATH 命令用于沿路径阵列对象。沿路径阵列是指将对象沿路径均匀分布或按指定的距离进行分布。路径对象可以是直线、多段线、样条曲线、圆弧及圆等。创建路径阵列时可指定阵列对象间和路径是否关联，还可设置对象在阵列时的方向及是否与路径对齐。

1. 命令启动方法

- 菜单命令：【修改】/【阵列】/【路径阵列】。
- 面板：【修改】面板上的 按钮。
- 命令：ARRAYPATH 或简写 AR。

【练习 3-10】　绘制圆、矩形及阵列路径直线和圆弧，将圆和矩形分别沿直线和圆弧阵列，如图 3-18 所示。

图 3-18　沿路径阵列对象

（1）启动路径阵列命令，选择阵列对象"圆"，按 Enter 键，再选择阵列路径"直线"，弹出【阵列创建】选项卡，如图 3-19 所示。

图 3-19　【阵列创建】选项卡

（2）单击 按钮，再在【项目数】文本框中输入阵列数目，按 Enter 键预览阵列效果。

（3）用同样的方法将矩形沿圆弧均布阵列，阵列数目为"8"。在【阵列创建】选项卡中单击 按钮，设定矩形底边中点为阵列基点；再单击 按钮指定矩形底边为切线方向。

（4）![工具图标]工具用于观察阵列时对齐的效果。若是单击该按钮，则每个矩形底边都与圆弧的切线方向一致。

（5）若选择"关联"选项，则创建的阵列是一个整体对象（否则每个项目为单独对象）。选中该对象，弹出【阵列】选项卡，可编辑阵列参数及路径。此外，还可通过修改阵列中的某个图形对象，使得所有阵列对象发生变化。

3.2.5 沿倾斜方向阵列对象的方法

沿倾斜方向阵列对象的情况如图 3-20 所示，对于此类形式的阵列可采取以下方法进行绘制。

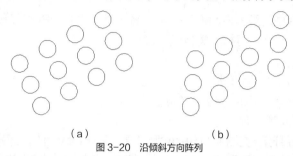

（a）　　　　　　　　　　　　（b）

图 3-20　沿倾斜方向阵列

（1）沿倾斜方向阵列图 3-20（a）

阵列图 3-20（a）的绘制过程如图 3-21 所示。先沿水平、竖直方向阵列对象，然后利用旋转命令将阵列旋转到倾斜位置。

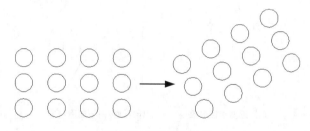

图 3-21　阵列及旋转（1）

（2）沿倾斜方向阵列图 3-20（b）

阵列图 3-20（b）的绘图过程如图 3-22 所示。沿水平、竖直方向阵列对象，然后选中阵列，将鼠标光标移动到箭头形状的关键点处，出现快捷菜单，利用【轴角度】命令设定行、列两个方向间的夹角。设置完成后，利用旋转命令将阵列旋转到倾斜位置。

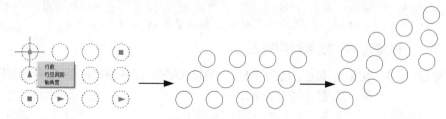

图 3-22　阵列及旋转（2）

阵列图 3-20（a）、（b）还可采用沿路径阵列命令进行绘制，下面以图 3-20（b）所示为例进行介绍。如图 3-23 所示，首先绘制阵列路径，然后沿路径阵列对象。路径长度等于行、列的总间距值，阵列完成后，删除路径线段。

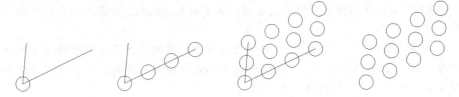

图 3-23 沿路径阵列

3.2.6 镜像对象

对于对称图形，用户只需画出图形的一半，另一半可由 MIRROR 命令镜像出来。操作时，用户需先指定要镜像的对象，再指定镜像线的位置。

命令启动方法如下。

- 菜单命令：【修改】/【镜像】。
- 面板：【默认】选项卡中【修改】面板上的 ⚠ 按钮。
- 命令：MIRROR 或简写 MI。

【练习 3-11】 打开素材文件"dwg\第 3 章 \3-11.dwg"，如图 3-24（a）所示，用 MIRROR 命令将其修改为图 3-24（b）、图 3-24（c）所示的图形。

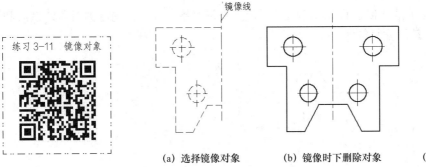

（a）选择镜像对象　　　　（b）镜像时下删除对象　　　　（c）镜像时删除源对象

图 3-24 镜像对象

```
命令：_mirror                                    // 启动镜像命令
选择对象：指定对角点：找到 13 个                  // 选择镜像对象
选择对象：                                       // 按 Enter 键
指定镜像线的第一点：                             // 拾取镜像线上的第一点
指定镜像线的第二点：                             // 拾取镜像线上的第二点
要删除源对象吗？[ 是 (Y)/ 否 (N)] <N>：          // 按 Enter 键，默认镜像时不删除源对象
```

结果如图 3-24（b）所示。如果删除源对象，则结果如图 3-24（c）所示。

3.2.7 上机练习——绘制对称图形

【练习 3-12】 利用 LINE、OFFSET、ARRAY、MIRROR 等命令绘制平面图形，如图 3-25 所示。

主要作图步骤如图 3-26 所示。

【练习 3-13】 利用 LINE、OFFSET、ARRAY、MIRROR 等命令绘制平面图形，如图 3-27 所示。

练习 3-12　绘制对称图形（1）

练习 3-13　绘制对称图形（2）

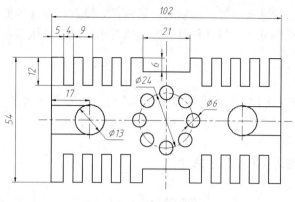

图 3-25　绘制对称图形（1）

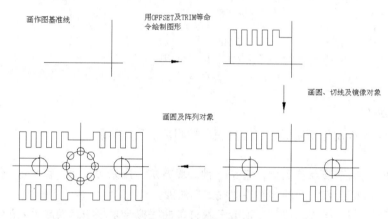

图 3-26　主要作图步骤

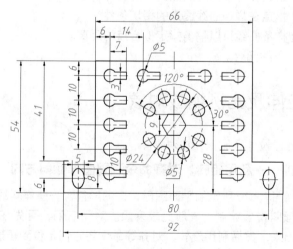

图 3-27　绘制对称图形（2）

3.3 绘制样条曲线

用户可用 SPLINE 命令绘制光滑曲线，此线是非均匀有理 B 样条线，AutoCAD 通过拟合给定的一系列数据点形成这条曲线。绘制时，用户可以设定样条线的拟合公差，拟合公差控制着样条曲线与指定拟合点间的接近程度。公差值越小，样条曲线与拟合点越接近。若公差值为 0，则样条线通过拟合点。

1. 命令启动方法

- 菜单命令：【绘图】/【样条曲线】/【拟合点】或【绘图】/【样条曲线】/【控制点】。
- 面板：【默认】选项卡中【绘图】面板上的或按钮。
- 命令：SPLINE 或简写 SPL。

【练习 3-14】 练习 SPLINE 命令。

单击【绘图】面板上的按钮。

```
指定第一个点或 [ 方式 (M) / 节点 (K) / 对象 (O)]：          // 拾取点 A，如图 3-28 所示
输入下一个点或 [ 起点切向 (T) / 公差 (L)]：               // 拾取点 B
输入下一个点或 [ 端点相切 (T) / 公差 (L) / 放弃 (U)]：        // 拾取点 C
输入下一个点或 [ 端点相切 (T) / 公差 (L) / 放弃 (U) / 闭合 (C)]：  // 拾取点 D
输入下一个点或 [ 端点相切 (T) / 公差 (L) / 放弃 (U) / 闭合 (C)]：  // 拾取点 E
输入下一个点或 [ 端点相切 (T) / 公差 (L) / 放弃 (U) / 闭合 (C)]：
                                                    // 按 Enter 键结束命令
```

结果如图 3-28 所示。

2. 命令选项

- 方式（M）：控制是使用拟合点还是使用控制点来创建样条曲线。

- 节点（K）：指定节点参数化，它是一种计算方法，用来确
定样条曲线中连续拟合点之间的零部件曲线如何过渡。

图 3-28 绘制样条曲线

- 对象（O）：将二维或三维的二次或三次样条曲线拟合多段线转换成等效的样条曲线。
- 起点切向（T）：指定在样条曲线起点的相切条件。
- 端点相切（T）：指定在样条曲线终点的相切条件
- 公差（L）：指定样条曲线可以偏离指定拟合点的距离。
- 闭合（C）：使样条线闭合。

3.4 对齐、拉伸及比例缩放对象

本节主要介绍对齐、拉伸及比例缩放对象。

3.4.1 课堂实训——利用旋转、对齐命令调整图形倾斜方向

实训的任务是绘制图 3-29 所示的平面图形，该图形包含一些倾斜的图形对象，这些倾斜的图形对象若直接在倾斜位置绘制，一般比较麻烦。对于它们，可先在水平或竖直位置绘制出来，然后利用旋转、对齐等命令将它们定位到正确的位置。

练习 3-15 利用旋转、对齐命令调整图形倾斜方向

【练习 3-15】 使用 LINE、OFFSET、ROTATE 及 ALIGN 等命令绘制图 3-29 所示的图形。

主要作图步骤如图 3-30 所示。

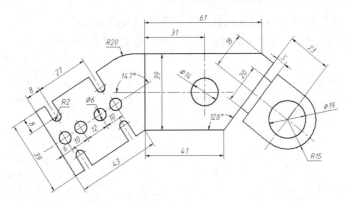

图 3-29　利用 COPY、ROTATE 及 ALIGN 等命令绘图

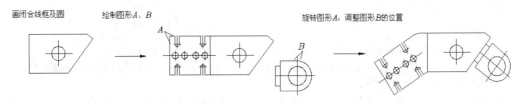

图 3-30　主要作图步骤

3.4.2　对齐对象

使用 ALIGN 命令可以同时移动、旋转一个对象使之与另一对象对齐。例如，用户可以使图形对象中的某点、某条直线或某一个面（三维实体）与另一实体的点、线或面对齐。操作过程中，用户只需按照系统提示指定源对象与目标对象的 1 点、两点或 3 点对齐就可以了。

命令启动方法如下。

- 菜单命令：【修改】/【三维操作】/【对齐】。
- 面板：【默认】选项卡中【修改】面板上的■按钮。
- 命令：ALIGN 或简写 AI。

【练习 3-16】 用 LINE、CIRCLE、ALIGN 等命令绘制平面图形，如图 3-31 所示。

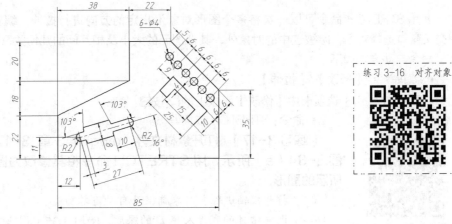

练习 3-16　对齐对象

图 3-31　对齐图形

（1）绘制轮廓线及图形 E，再用 XLINE 命令绘制定位线 C、D，如图 3-32（a）所示，然

后用 ALIGN 命令将图形 E 定位到正确的位置，如图 3-32（b）所示。

```
命令： _xline 指定点或 [水平 (H)/垂直 (V)/角度 (A)/二等分 (B)/偏移 (O)]: from        // 使用正交偏移捕捉
基点：                                                                            // 捕捉基点 A
<偏移>: @12,11                                                                    // 输入点 B 的相对坐标
指定通过点：<16                                                                   // 设定画线 D 的角度
指定通过点：                                                                      // 单击一点
指定通过点：<106                                                                  // 设定画线 C 的角度
指定通过点：                                                                      // 单击一点
指定通过点：                                                                      // 按 Enter 键结束
命令： align                                                                      // 启动对齐命令
选择对象：指定对角点：找到 15 个                                                   // 选择图形 E
选择对象：                                                                        // 按 Enter 键
指定第一个源点：                                                                  // 捕捉第一个源点 F
指定第一个目标点：                                                                // 捕捉第一个目标点 B
指定第二个源点：                                                                  // 捕捉第二个源点 G
指定第二个目标点：nea 到                                                          // 在直线 D 上捕捉一点
指定第三个源点或 <继续>:                                                          // 按 Enter 键
是否基于对齐点缩放对象？[是 (Y)/否 (N)] <否>:                                     // 按 Enter 键不缩放源对象
```

结果如图 3-32（b）所示。

（2）绘制定位线 H、I 及图形 J，如图 3-33（a）所示。用 ALIGN 命令将图形 J 定位到正确的位置，结果如图 3-33（b）所示。

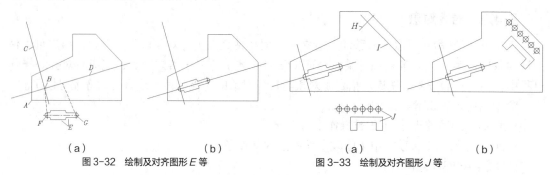

（a）　　　　　　　　　　（b）　　　　　　　　　　（a）　　　　　　　　　　（b）

图 3-32　绘制及对齐图形 E 等　　　　　　　图 3-33　绘制及对齐图形 J 等

3.4.3　拉伸对象

利用 STRETCH 命令可以一次将多个图形对象沿指定的方向进行拉伸。编辑过程中必须用交叉窗口选择对象，除被选中的对象外，其他图元的大小及相互间的几何关系将保持不变。

命令启动方法如下。

· 菜单命令：【修改】/【拉伸】。

· 面板：【默认】选项卡中【修改】面板上的 按钮。

· 命令：STRETCH 或简写 S。

练习 3-17　拉伸对象

【练习 3-17】 打开素材文件"dwg\ 第 3 章 \3-17.dwg"，如图 3-34（a）所示，用 STRETCH 命令将其修改为图 3-34（b）所示的图形。

（1）打开极轴追踪、对象捕捉及自动追踪功能。

（2）调整槽 A 的宽度及槽 D 的深度，如图 3-35（a）所示。

```
命令： _stretch                                                                  // 启动拉伸命令
选择对象：                                                                        // 单击点 B，如图 3-35（a）所示
指定对角点：找到 17 个                                                            // 单击点 C
```

选择对象：	// 按 Enter 键
指定基点或 [位移 (D)] < 位移 >：	// 单击一点
指定第二个点或 < 使用第一个点作位移 >： 10	// 向右追踪并输入追踪距离
命令：STRETCH	// 重复命令
选择对象：	// 单击点 E
指定对角点：找到 5 个	// 单击点 F
选择对象：	// 按 Enter 键
指定基点或 [位移 (D)] < 位移 >： 10<-60	// 输入拉伸的距离及方向
指定第二个点或 < 使用第一个点作为位移 >：	// 按 Enter 键结束

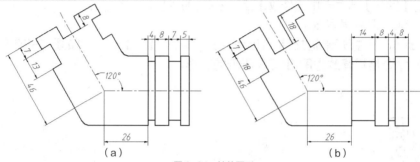

图 3-34 拉伸图形

结果如图 3-35（b）所示。

（3）用 STRETCH 命令修改图形的其他部分。

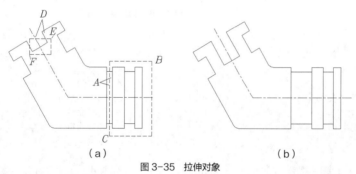

图 3-35 拉伸对象

使用 STRETCH 命令时，首先应利用交叉窗口选择对象，然后指定对象拉伸的距离和方向。凡在交叉窗口中的对象顶点都被移动，而与交叉窗口相交的对象将被延伸或缩短。

设定拉伸距离和方向的方式如下。

• 在屏幕上指定两个点，这两点的距离和方向代表了拉伸实体的距离和方向。

当 AutoCAD 提示"指定基点"时，指定拉伸的基准点。当 AutoCAD 提示"指定第二个点"时，捕捉第二点或输入第二点相对于基准点的相对直角坐标或极坐标。

• 以"X，Y"方式输入对象沿 x、y 轴拉伸的距离，或者用"距离 < 角度"方式输入拉伸的距离和方向。

当 AutoCAD 提示"指定基点"时，输入拉伸值。在 AutoCAD 提示"指定第二个点"时，按 Enter 键确认，这样 AutoCAD 就以输入的拉伸值来拉伸对象。

• 打开正交或极轴追踪功能，就能方便地将实体只沿 x 轴或 y 轴方向拉伸。

当 AutoCAD 提示"指定基点"时，单击一点并把实体向水平或竖直方向拉伸，然后输入拉伸值。

• 使用"位移（D）"选项。选择该选项后，AutoCAD 提示"指定位移"，此时，以"X，Y"方式输入沿 x、y 轴拉伸的距离，或者以"距离 < 角度"方式输入拉伸的距离和方向。

3.4.4 按比例缩放对象

SCALE 命令可将对象按指定的比例因子相对于基点放大或缩小，也可把对象缩放到指定的尺寸。

1. 命令启动方法

• 菜单命令:【修改】/【缩放】。
• 面板:【默认】选项卡中【修改】面板上的□按钮。
• 命令: SCALE 或简写 SC。

【练习 3-18】 打开素材文件"dwg\ 第 3 章 \3-18.dwg"，如图 3-36（a）所示，用 SCALE 命令将其修改为图 3-36 所示的图形。

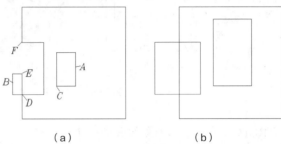

（a） （b）

图 3-36 按比例缩放图形

```
命令：_scale                                    // 启动比例缩放命令
选择对象：找到 1 个                              // 选择矩形 A，如图 3-36（a）所示
选择对象：                                       // 按 Enter 键
指定基点：                                       // 捕捉交点 C
指定比例因子或 [ 复制 (C)/ 参照 (R)] <1.0000>: 2  // 输入缩放比例因子
命令：_SCALE                                    // 重复命令
选择对象：找到 4 个                              // 选择线框 B
选择对象：                                       // 按 Enter 键
指定基点：                                       // 捕捉交点 D
指定比例因子或 [ 复制 (C)/ 参照 (R)] <2.0000>: r  // 使用"参照 (R)"选项
指定参照长度 <1.0000>:                           // 捕捉交点 D
指定第二点：                                     // 捕捉交点 E
指定新的长度或 [ 点 (P)] <1.0000>:               // 捕捉交点 F
```

结果如图 3-36（b）所示。

2. 命令选项

• 指定比例因子：直接输入缩放比例因子，AutoCAD 根据此比例因子缩放图形。若比例因子小于 1，则缩小对象；否则，放大对象。
• 复制（C）：缩放对象的同时复制对象。
• 参照（R）：以参照方式缩放图形。用户输入参考长度及新长度，AutoCAD 把新长度与参考长度的比值作为缩放比例因子进行缩放。
• 点（P）：使用两点来定义新的长度。

3.4.5 上机练习——利用旋转、拉伸及对齐命令绘图

【练习 3-19】 利用 LINE、CIRCLE、COPY、ROTATE、ALIGN 等命令绘制平面图形，如图 3-37 所示。

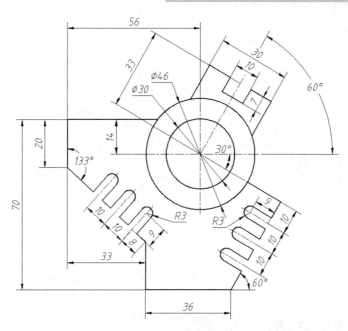

图 3-37　利用 COPY、ROTATE、ALIGN 等命令绘图

主要作图步骤如图 3-38 所示。

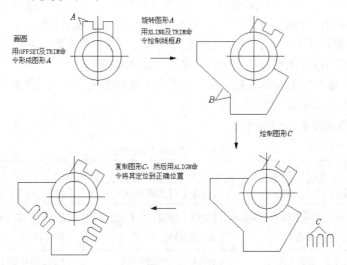

图 3-38　主要作图步骤

【练习 3-20】　利用 LINE、OFFSET、COPY、STRETCH 等命令绘制平面图形，如图 3-39 所示。

练习 3-20　利用复制及拉伸命令绘图

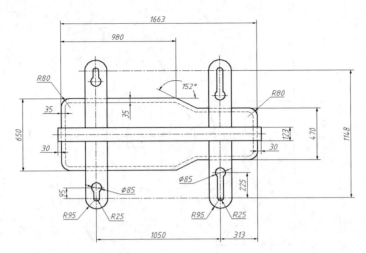

图 3-39　利用 LINE、OFFSET、COPY、STRETCH 等命令绘图

3.5 画断裂线及填充剖面图案

用户可用 SPLINE 命令绘制光滑曲线，该线是样条线，AutoCAD 通过拟合给定的一系列数据点形成这条曲线。绘制工程图时，可利用 SPLINE 命令形成断裂线。

BHATCH 命令可在闭合的区域内生成填充图案。启动该命令后，用户选择图案类型，再指定填充比例、图案旋转角度及填充区域，就可生成图案填充。

HATCHEDIT 命令用于编辑填充图案，如改变图案的角度、比例或用其他样式的图案填充图形等，其用法与 BHATCH 命令类似。

启动命令的方法如表 3-1 所示。

表 3-1　启动命令的方法

方式	样条曲线	填充图案	编辑图案
菜单命令	【绘图】/【样条曲线】	【绘图】/【图案填充】	【修改】/【对象】/【图案填充】
面板	【默认】选项卡中【绘图】面板上的 按钮	【默认】选项卡中【绘图】面板上的 按钮	【默认】选项卡中【修改】面板上的 按钮
命令	SPLINE 或简写 SPL	BHATCH 或简写 BH	HATCHEDIT 或简写 HE

【练习 3-21】 打开素材文件"dwg\ 第 3 章 \3-21.dwg"，如图 3-40（a）所示，用 SPLINE、BHATCH 等命令将其修改为图 3-40（b）所示的图形。

练习 3-21　画断裂线及填充剖面图案

（1）绘制断裂线，如图 3-41（a）所示。

```
命令：_spline                                          // 绘制样条曲线
指定第一个点或 [方式 (M) / 节点 (K) / 对象 (O)]：        // 单击点 A
输入下一个点或 [起点切向 (T) / 公差 (L)]：              // 单击点 B
输入下一个点或 [端点相切 (T) / 公差 (L) / 放弃 (U)]：// 单击点 C
输入下一个点或 [端点相切 (T) / 公差 (L) / 放弃 (U) / 闭合 (C)]：// 单击点 D
输入下一个点或 [端点相切 (T) / 公差 (L) / 放弃 (U) / 闭合 (C)]：
                                                // 按 Enter 键结束
```

修剪多余线条，结果如图 3-41（b）所示。

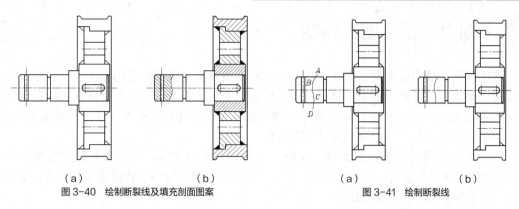

（a）　　　　　　　（b）　　　　　　　（a）　　　　　　　（b）

图 3-40　绘制断裂线及填充剖面图案　　　　图 3-41　绘制断裂线

（2）启动图案填充命令，打开【图案填充创建】选项卡，在【图案】面板上选择剖面图案【ANSI31】，在【特性】面板上的【角度】栏中输入图案旋转角度值"90"，在【比例】栏中输入"1.5"，如图 3-42 所示。

图 3-42　【图案填充创建】选项卡

（3）单击 按钮（拾取点），AutoCAD 提示"拾取内部点"，在想要填充的区域内单击点 E、点 F、点 G、点 H，系统显示填充效果，如图 3-43 所示。

 要点提示

在【特性】面板的【角度】栏中输入的数值并不是剖面线与 x 轴的倾斜角度，而是剖面线以初始方向为起始位置的转动角度。该值可正、可负，若是正值，则剖面线沿逆时针方向转动，否则，按顺时针方向转动。对于"ANSI31"图案，当分别输入角度值"-45""90""15"时，剖面线与 x 轴的夹角分别是 0°、135°、60°。

（4）观察填充的预览图，若满意，单击 按钮结束。

（5）编辑剖面图案。选择剖面图案，AutoCAD 打开【图案填充编辑器】选项卡，将该选项卡【比例】栏中的数值改为"0.5"，结果如图 3-44 所示，按 Esc 键退出【图案填充编辑器】。

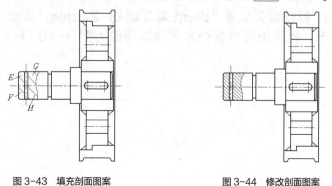

图 3-43　填充剖面图案　　　　　　图 3-44　修改剖面图案

（6）创建其余填充图案。

3.6 创建注释性填充图案

在工程图中填充图案时，要考虑打印比例对于最终图案疏密程度的影响。一般应设定图案填充比例为打印比例的倒数，这样打印出图后，图纸上图案的间距与最初系统的定义值一致。为实现这一目标，也可以采用另外一种方式，即创建注释性图案。在【图案填充创建】选项卡中按下 按钮，就生成注释性填充图案。

注释性图案具有注释比例属性，比例值为当前系统设置值，单击图形窗口状态栏上的 1:2 按钮，可以设定当前注释比例值。选择注释对象，通过右键快捷菜单上的【特性】命令可添加或去除注释对象的注释比例。

可以认为注释比例就是打印比例，只要使得注释对象的注释比例、系统当前注释比例与打印比例一致，就能保证出图后图案填充的间距与系统的原始定义值相同。

3.7 关键点编辑方式

关键点编辑方式是一种集成的编辑模式，该模式包含了拉伸、移动、旋转、比例缩放和镜像 5 种编辑方法。

默认情况下，AutoCAD 的关键点编辑方式是开启的。当用户选择实体后，实体上将出现若干方框，这些方框被称为关键点。把鼠标光标靠近并捕捉关键点，然后单击鼠标左键，激活关键点编辑状态，此时，AutoCAD 自动进入拉伸编辑方式，连续按下 Enter 键，就可以在所有的编辑方式间切换。此外，用户也可在激活关键点后，单击鼠标右键，弹出快捷菜单，如图 3-45 所示，通过此快捷菜单选择某种编辑方法。

在不同的编辑方式间切换时，AutoCAD 为每种编辑方法提供的选项基本相同，其中"基点（B）""复制（C）"选项是所有编辑方式所共有的。

• 基点（B）：使用该选项用户可以捡取某一个点作为编辑过程的基点。例如，当进入了旋转编辑模式要指定一个点作为旋转中心时，就使用"基点（B）"选项。默认情况下，编辑的基点是热关键点（选中的关键点）。

• 复制（C）：如果用户在编辑的同时还需复制对象，就选择此选项。

下面通过一个例子来熟悉关键点的各种编辑方式。

【练习 3-22】 打开素材文件"dwg\ 第 3 章 \3-22.dwg"，如图 3-46（a）所示，利用关键点编辑方式将其修改为图 3-46（b）所示的图形。

图 3-45 快捷菜单

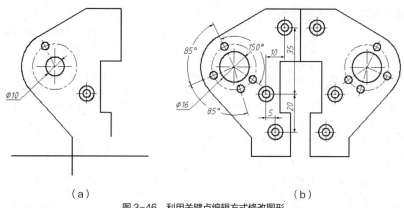

（a）　　　　　　　　　　　　　　　　　　（b）

图 3-46　利用关键点编辑方式修改图形

3.7.1　利用关键点拉伸对象

在拉伸编辑模式下，当热关键点是线段的端点时，用户可有效地拉伸或缩短对象。如果热关键点是线段的中点、圆或圆弧的圆心或者属于块、文字、尺寸数字等实体时，这种编辑方式就只移动对象。

利用关键点拉伸线段的操作如下。

打开极轴追踪、对象捕捉及自动追踪功能。设置极轴追踪角度增量为"90"，设置对象捕捉方式为"端点""圆心"及"交点"。

命令：	// 选择线段 A，如图 3-47（a）所示
命令：	// 选中关键点 B
** 拉伸 **	// 进入拉伸模式
指定拉伸点或 [基点 (B) / 复制 (C) / 放弃 (U) / 退出 (X)]：	// 向下移动鼠标光标并捕捉点 C

继续调整其他线段的长度，结果如图 3-47（b）所示。

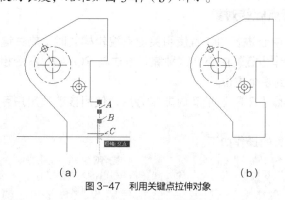

（a）　　　　　　　　　　　　　　　　（b）

图 3-47　利用关键点拉伸对象

 要点提示

打开正交状态后，用户就可利用关键点拉伸方式很方便地改变水平线段或竖直线段的长度。

3.7.2　利用关键点移动及复制对象

关键点移动模式可以编辑单一对象或一组对象，在此方式下使用"复制（C）"选项就能在移动实体的同时进行复制，这种编辑模式的使用与普通的 MOVE 命令很相似。

利用关键点复制对象的操作如下。

命令：	// 选择对象 D，如图 3-48（a）所示
命令：	// 选中一个关键点
** 拉伸 **	
指定拉伸点或 [基点 (B) / 复制 (C) / 放弃 (U) / 退出 (X)]：	// 进入拉伸模式
** 移动 **	// 按 Enter 键进入移动模式
指定移动点或 [基点 (B) / 复制 (C) / 放弃 (U) / 退出 (X)]：c	// 利用"复制 (C)"选项进行复制
** 移动（多重）**	
指定移动点或 [基点 (B) / 复制 (C) / 放弃 (U) / 退出 (X)]：b	// 使用"基点 (B)"选项
指定基点：	// 捕捉对象 D 的圆心
** 移动（多重）**	
指定移动点或 [基点 (B) / 复制 (C) / 放弃 (U) / 退出 (X)]：@10,35	// 输入相对坐标
** 移动（多重）**	
指定移动点或 [基点 (B) / 复制 (C) / 放弃 (U) / 退出 (X)]：@5,-20	// 输入相对坐标
指定移动点或 [基点 (B) / 复制 (C) / 放弃 (U) / 退出 (X)]：	// 按 Enter 键结束

结果如图 3-48（b）所示。

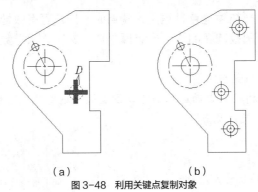

（a）　　　　　　　　　　　　（b）

图 3-48　利用关键点复制对象

3.7.3　利用关键点旋转对象

旋转对象是绕旋转中心进行的，当使用关键点编辑模式时，热关键点就是旋转中心，但用户也可以指定其他点作为旋转中心。这种编辑方法与 ROTATE 命令相似，它的优点在于一次可将对象旋转且复制到多个方位。

旋转操作中的"参照（R）"选项有时非常有用，使用该选项用户可以旋转图形实体，使其与某个新位置对齐。

利用关键点旋转对象的操作如下。

命令：	// 选择对象 E，如图 3-49（a）所示
命令：	// 选中一个关键点
** 拉伸 **	// 进入拉伸模式
指定拉伸点或 [基点 (B) / 复制 (C) / 放弃 (U) / 退出 (X)]：_rotate	
	// 单击鼠标右键，选择【旋转】命令
** 旋转 **	// 进入旋转模式
指定旋转角度或 [基点 (B) / 复制 (C) / 放弃 (U) / 参照 (R) / 退出 (X)]：c	
	// 利用"复制 (C)"选项进行复制
** 旋转（多重）**	
指定旋转角度或 [基点 (B) / 复制 (C) / 放弃 (U) / 参照 (R) / 退出 (X)]：b	
	// 使用"基点 (B)"选项
指定基点：	// 捕捉圆心 F
** 旋转（多重）**	
指定旋转角度或 [基点 (B) / 复制 (C) / 放弃 (U) / 参照 (R) / 退出 (X)]：85	// 输入旋转角度
** 旋转（多重）**	

```
指定旋转角度或 [基点 (B) / 复制 (C) / 放弃 (U) / 参照 (R) / 退出 (X)]: 170        // 输入旋转角度
** 旋转 (多重) **
指定旋转角度或 [基点 (B) / 复制 (C) / 放弃 (U) / 参照 (R) / 退出 (X)]: -150       // 输入旋转角度
** 旋转 (多重) **
指定旋转角度或 [基点 (B) / 复制 (C) / 放弃 (U) / 参照 (R) / 退出 (X)]:             // 按 Enter 键结束
```

结果如图 3-49（b）所示。

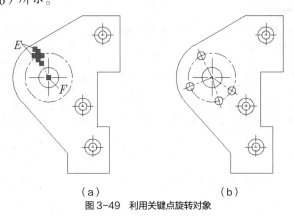

（a）   （b）

图 3-49 利用关键点旋转对象

3.7.4 利用关键点缩放对象

关键点编辑方式也提供了缩放对象的功能，当切换到缩放模式时，当前激活的热关键点是缩放的基点。用户可以输入比例系数对实体进行放大或缩小，也可利用"参照（R）"选项将实体缩放到某一尺寸。

利用关键点缩放模式缩放对象的操作如下。

```
命令:                                                    // 选择圆 G，如图 3-50 (a) 所示
命令:                                                    // 选中任意一个关键点
** 拉伸 **                                               // 进入拉伸模式
指定拉伸点或 [基点 (B) / 复制 (C) / 放弃 (U) / 退出 (X)]: _scale
                                                        // 单击鼠标右键，选择【缩放】命令
** 比例缩放 **                                           // 进入比例缩放模式
指定比例因子或 [基点 (B) / 复制 (C) / 放弃 (U) / 参照 (R) / 退出 (X)]: b
                                                        // 使用"基点 (B)"选项
指定基点:                                                 // 捕捉圆 G 的圆心
** 比例缩放 **
指定比例因子或 [基点 (B) / 复制 (C) / 放弃 (U) / 参照 (R) / 退出 (X)]: 1.6
                                                        // 输入缩放比例值
```

结果如图 3-50（b）所示。

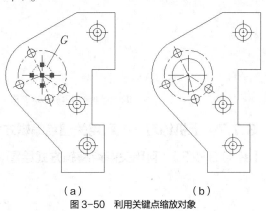

（a）   （b）

图 3-50 利用关键点缩放对象

3.7.5 利用关键点镜像对象

进入镜像模式后，AutoCAD 直接提示"指定第二点"。默认情况下，热关键点是镜像线的第一点，在拾取第二点后，此点便与第一点一起形成镜像线。如果用户要重新设定镜像线的第一点，就要利用"基点（B）"选项。

利用关键点镜像对象。

```
命令：                              // 选择要镜像的对象，如图 3-51（a）所示
命令：                              // 选中关键点 H
** 拉伸 **                         // 进入拉伸模式
指定拉伸点或 [基点 (B) / 复制 (C) / 放弃 (U) / 退出 (X)]: _mirror
                                   // 单击鼠标右键，选择【镜像】命令
** 镜像 **                         // 进入镜像模式
指定第二点或 [基点 (B) / 复制 (C) / 放弃 (U) / 退出 (X)]: c         // 镜像并复制
** 镜像 （多重）**
指定第二点或 [基点 (B) / 复制 (C) / 放弃 (U) / 退出 (X)]:          // 捕捉点 I
** 镜像 （多重）**
指定第二点或 [基点 (B) / 复制 (C) / 放弃 (U) / 退出 (X)]:          // 按 Enter 键结束
```

结果如图 3-51（b）所示。

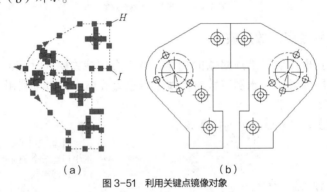

（a）　　　　　　　　　（b）

图 3-51　利用关键点镜像对象

3.7.6 利用关键点编辑功能改变线段、圆弧的长度

选中线段、圆弧等对象，出现关键点，将鼠标光标悬停在关键点上，弹出快捷菜单，如图 3-52 所示。选择【拉长】命令，执行相应功能，按 Ctrl 键切换执行【拉伸】功能。

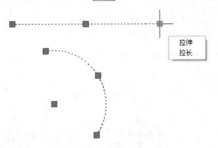

练习 3-23　利用关键点
编辑方式绘图（1）

图 3-52　关键点编辑功能扩展

3.7.7　上机练习——利用关键点编辑方式绘图

【练习 3-23】 利用关键点编辑方式绘图，如图 3-53 所示。

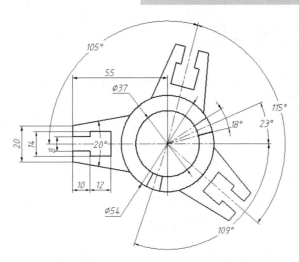

图 3-53　利用关键点编辑方式绘图（1）

主要作图步骤如图 3-54 所示。

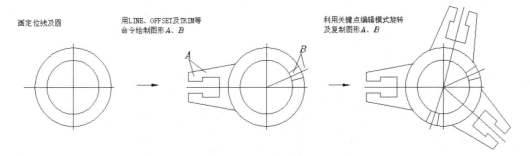

图 3-54　主要作图步骤

【练习 3-24 】 利用关键点编辑方式绘图，如图 3-55 所示。

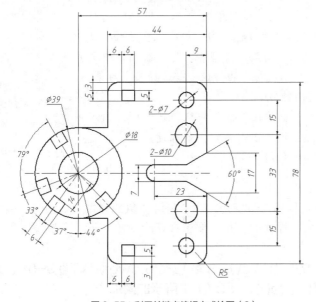

图 3-55　利用关键点编辑方式绘图（2）

3.8 编辑图形元素属性

在 AutoCAD 中，对象属性是指系统赋予对象的包括颜色、线型、图层、高度及文字样式等的特性，如直线和曲线包含图层、线型及颜色等属性项目，而文本则具有图层、颜色、字体及字高等特性。改变对象属性一般可通过 PROPERTIES 命令，使用该命令时，AutoCAD 打开【特性】对话框，该对话框列出所选对象的所有属性，用户通过此对话框就可以很方便地进行修改。

改变对象属性的另一种方法是采用 MATCHPROP 命令，该命令可以使被编辑对象的属性与指定的源对象的属性完全相同，即把源对象的属性传递给目标对象。

3.8.1 用 PROPERTIES 命令改变对象属性

下面通过修改非连续线当前线型比例因子的例子来说明 PROPERTIES 命令的用法。

【练习 3-25】 打开素材文件"dwg\ 第 3 章 \3-25.dwg"，如图 3-56（a）所示，用 PROPERTIES 命令将其修改为图 3-56（b）所示的图形。

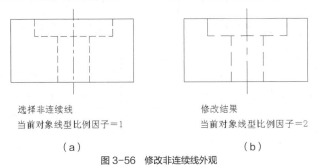

选择非连续线　　　　　　　　　　修改结果
当前对象线型比例因子＝1　　　　当前对象线型比例因子＝2

（a）　　　　　　　　　　　　（b）

图 3-56　修改非连续线外观

（1）选择要编辑的非连续线，如图 3-56（a）所示。

（2）单击鼠标右键，选择【特性】命令，或者输入 PROPERTIES 命令，AutoCAD 打开【特性】对话框，如图 3-57 所示。根据所选对象不同，【特性】对话框中显示的属性项目也不同，但有一些属性项目几乎是所有对象所拥有的，如颜色、图层、线型等。当在绘图区中选择单个对象时,【特性】对话框就显示此对象的特性。若选择多个对象，则【特性】窗口显示它们所共有的特性。

（3）单击【线型比例】文本框，该比例因子默认值是"1"，输入新线型比例因子"2"后，按 Enter 键，图形窗口中的非连续线立即更新，显示修改后的结果，如图 3-56（b）所示。

图 3-57　【特性】对话框

3.8.2 对象特性匹配

MATCHPROP 命令非常有用，用户可使用此命令将源对象的属性（如颜色、线型、图层及线型比例等）传递给目标对象。操作时，用户要选择两个对象，第 1 个是源对象，第 2 个是目标对象。

【练习 3-26】 打开素材文件"dwg\ 第 3 章 \3-26.dwg"，如图 3-58（a）所示，用 MATCHPROP 命令将其修改为图 3-58（b）所示的图形。

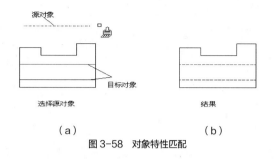

图 3-58　对象特性匹配

（1）单击【默认】选项卡中【剪贴板】面板上的![按钮]按钮，或者输入 MATCHPROP 命令，AutoCAD 提示如下。

```
命令：_matchprop
选择源对象：                                    // 选择源对象，如图 3-58（a）所示
选择目标对象或 [ 设置 (S)]：                      // 选择第 1 个目标对象
选择目标对象或 [ 设置 (S)]：                      // 选择第 2 个目标对象
选择目标对象或 [ 设置 (S)]：                      // 按 Enter 键结束
```

选择源对象后，鼠标光标变成类似"刷子"的形状，此时选择接受属性匹配的目标对象，结果如图 3-58（b）所示。

（2）如果用户仅想使目标对象的部分属性与源对象相同，可在选择源对象后，键入"S"，此时，AutoCAD 打开【特性设置】对话框，如图 3-59 所示。默认情况下，AuotCAD 选中该对话框中的所有源对象的属性进行复制，但用户也可指定仅将其中的部分属性传递给目标对象。

图 3-59　【特性设置】对话框

3.9 综合训练 1——巧用编辑命令绘图

【练习 3-27】 用 ROTATE、ALIGN 等命令及关键点编辑方式绘图，如图 3-60 所示。

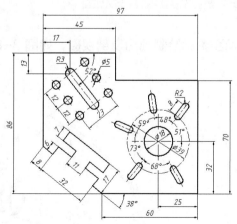

练习 3-27　用 ROTATE、ALIGN 等命令及关键点编辑方式绘图

图 3-60　利用关键点编辑方式绘图

主要作图步骤如图 3-61 所示。

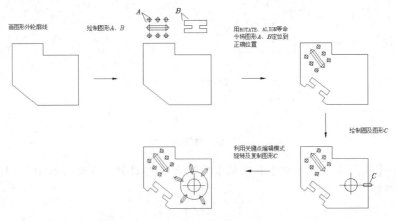

图 3-61　主要作图步骤

【练习 3-28】 利用 LINE、CIRCLE、ARRAY 等命令绘制平面图形，如图 3-62 所示。

练习 3-28　绘制包含
矩形阵列及环形
阵列的图形

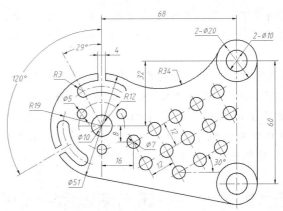

图 3-62　利用 LINE、CIRCLE、ARRAY 等命令绘图

3.10 综合训练 2——绘制视图及剖视图

【练习 3-29】 根据轴测图及视图轮廓绘制视图及剖视图，如图 3-63 所示。主视图采用全剖方式。

练习 3-29　根据轴测
图绘制组合体视图及
剖视图（1）

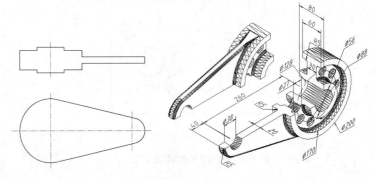

图 3-63　绘制视图及剖视图（1）

【练习 3-30】 据轴测图及视图轮廓绘制视图及剖视图，如图 3-64 所示。主视图采用阶梯剖方式。

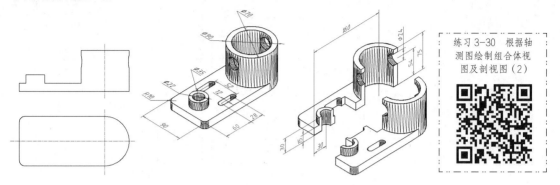

图 3-64　绘制视图及剖视图（2）

习题

1. 绘制图 3-65 所示的图形。

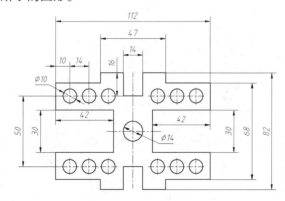

图 3-65　绘制对称图形

2. 绘制图 3-66 所示的图形。

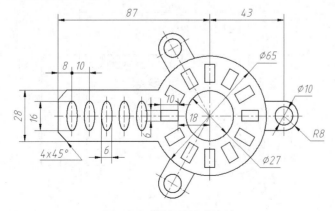

图 3-66　创建矩形及环形阵列

3. 绘制图 3-67 所示的图形。

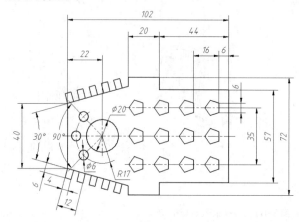

图 3-67　创建多边形及阵列对象

4. 绘制图 3-68 所示的图形。

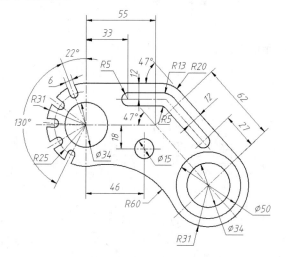

图 3-68　绘制圆、切线及阵列对象

5. 绘制图 3-69 所示的图形。

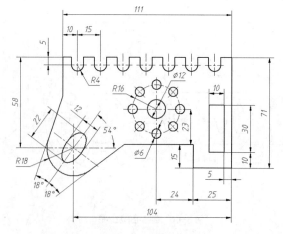

图 3-69　创建椭圆及阵列对象

6. 绘制图 3-70 所示的图形。

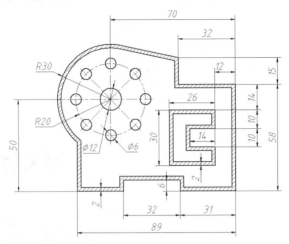

图 3-70　填充剖面图案及阵列对象

7. 根据轴测图绘制三视图，如图 3-71 所示。

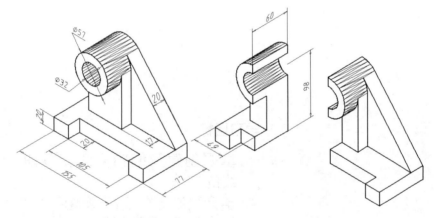

图 3-71　绘制三视图（1）

8. 根据轴测图绘制三视图，如图 3-72 所示。

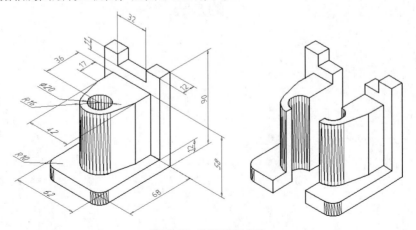

图 3-72　绘制三视图（2）

AutoCAD 2014

Chapter

4

第4章
高级绘图与编辑

通过本章的学习，读者要掌握创建多段线、
多线、点对象、圆环及面域等的方法。

学习目标

- 掌握创建及编辑多线和多段
  线的方法。
- 学会绘制等分点和测量点。
- 学会创建圆环及圆点。
- 了解利用面域对象构建图形
  的方法。

4.1 创建及编辑多段线

　　PLINE 命令用来创建二维多段线。多段线是由几段线段和圆弧构成的连续线条，它是一个单独的图形对象。二维多段线具有以下特点。

　　（1）能够设定多段线中线段及圆弧的宽度。

　　（2）可以利用有宽度的多段线形成实心圆、圆环或带锥度的粗线等。

　　（3）能一次对多段线的所有交点进行倒圆角或倒角处理。

　　在绘制图 4-1 所示图形的外轮廓时，可利用多段线构图。用户首先用 LINE、CIRCLE 等命令形成外轮廓线框，然后用 PEDIT 命令将此线框编辑成一条多段线，最后用 OFFSET 命令偏移多段线就形成了内轮廓线框。图中的长槽或箭头可使用 PLINE 命令一次绘制出来。

　　启动命令的方法如表 4-1 所示。

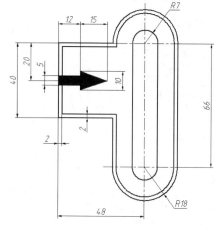

图 4-1　利用多段线构图

表 4-1　启动命令的方法

方式	多段线	编辑多段线
菜单命令	【绘图】/【多段线】	【修改】/【对象】/【多段线】
面板	【默认】选项卡中【绘图】面板上的 按钮	【默认】选项卡中【修改】面板上的 按钮
命令	PLINE 或简写 PL	PEDIT 或简写 PE

【练习 4-1】 用 LINE、PLINE、PEDIT 等命令绘制图 4-1 所示的图形。

（1）创建两个图层。

名称	颜色	线型	线宽
轮廓线层	白色	Continuous	0.5
中心线层	红色	Center	默认

　　（2）设定线型全局比例因子为 "0.2"，设定绘图区域大小为 100×100，然后单击【二维导航】面板上的 按钮，使绘图区域充满整个图形窗口显示出来。

　　（3）打开极轴追踪、对象捕捉及自动追踪功能。设置极轴追踪角度增量为 "90"，设置对象捕捉方式为 "端点" "交点"。

　　（4）用 LINE、CIRCLE、TRIM 等命令绘制定位中心线及闭合线框 A，如图 4-2 所示。

　　（5）用 PEDIT 命令将线框 A 编辑成一条多段线。

```
命令：pedit                                    // 启动编辑多段线命令
选择多段线或 [多条 (M)]:                        // 选择线框 A 中的一条线段
是否将其转换为多段线？<Y>                        // 按 Enter 键
输入选项 [闭合 (C)/合并 (J)/宽度 (W)/编辑顶点 (E)/拟合 (F)/样条曲线 (S)/非曲线化 (D)/
线型生成 (L)/放弃 (U)]:j                         // 使用 "合并 (J)" 选项
选择对象：总计 11 个                             // 选择线框 A 中的其余线条
选择对象：                                      // 按 Enter 键
输入选项 [打开 (O)/合并 (J)/宽度 (W)/编辑顶点 (E)/拟合 (F)/样条曲线 (S)/非曲线化 (D)/
线型生成 (L)/放弃 (U)]:                          // 按 Enter 键结束
```

（6）用 OFFSET 命令向内偏移线框 *A*，偏移距离为 2，结果如图 4-3 所示。

（7）用 PLINE 命令绘制长槽及箭头。

```
命令：_pline                                          // 启动绘制多段线命令
指定起点：7                                           // 从点 B 向右追踪并输入追踪距离
指定下一个点或 [圆弧 (A) / 半宽 (H) / 长度 (L) / 放弃 (U) / 宽度 (W)]:
                                                     // 从点 C 向上追踪并捕捉交点 D
指定下一点或 [圆弧 (A) / 闭合 (C) / 半宽 (H) / 长度 (L) / 放弃 (U) / 宽度 (W)]: a
                                                     // 使用“圆弧 (A)”选项
指定圆弧的端点或 [角度 (A) / 圆心 (CE) / 闭合 (CL) / 方向 (D) / 半宽 (H) / 直线 (L) / 半径 (R) / 第二个
点 (S) / 放弃 (U) / 宽度 (W)]: 14                     // 从点 D 向左追踪并输入追踪距离
指定圆弧的端点或 [角度 (A) / 圆心 (CE) / 闭合 (CL) / 方向 (D) / 半宽 (H) / 直线 (L) / 半径 (R) / 第二个
点 (S) / 放弃 (U) / 宽度 (W)]: l                      // 使用“直线 (L)”选项
指定下一点或 [圆弧 (A) / 闭合 (C) / 半宽 (H) / 长度 (L) / 放弃 (U) / 宽度 (W)]:
                                                     // 从点 E 向下追踪并捕捉交点 F
指定下一点或 [圆弧 (A) / 闭合 (C) / 半宽 (H) / 长度 (L) / 放弃 (U) / 宽度 (W)]: a
                                                     // 使用“圆弧 (A)”选项
指定圆弧的端点或 [角度 (A) / 圆心 (CE) / 闭合 (CL) / 方向 (D) / 半宽 (H) / 直线 (L) / 半径 (R) / 第二个
点 (S) / 放弃 (U) / 宽度 (W)]:                         // 从点 F 向右追踪并捕捉端点 C
指定圆弧的端点或 [角度 (A) / 圆心 (CE) / 闭合 (CL) / 方向 (D) / 半宽 (H) / 直线 (L) / 半径 (R) / 第二个
点 (S) / 放弃 (U) / 宽度 (W)]:                         // 按 Enter 键结束
命令：PLINE                                           // 重复命令
指定起点：20                                          // 从点 G 向下追踪并输入追踪距离
指定下一个点或 [圆弧 (A) / 半宽 (H) / 长度 (L) / 放弃 (U) / 宽度 (W)]: w
                                                     // 使用“宽度 (W)”选项
指定起点宽度 <0.0000>: 5                              // 输入多段线起点宽度值
指定端点宽度 <5.0000>:                                // 按 Enter 键
指定下一个点或 [圆弧 (A) / 半宽 (H) / 长度 (L) / 放弃 (U) / 宽度 (W)]: 12
                                                     // 向右追踪并输入追踪距离
指定下一点或 [圆弧 (A) / 闭合 (C) / 半宽 (H) / 长度 (L) / 放弃 (U) / 宽度 (W)]: w
                                                     // 使用“宽度 (W)”选项
指定起点宽度 <5.0000>: 10                             // 输入多段线起点宽度值
指定端点宽度 <10.0000>: 0                             // 输入多段线终点宽度值
指定下一点或 [圆弧 (A) / 闭合 (C) / 半宽 (H) / 长度 (L) / 放弃 (U) / 宽度 (W)]: 15
                                                     // 向右追踪并输入追踪距离
指定下一点或 [圆弧 (A) / 闭合 (C) / 半宽 (H) / 长度 (L) / 放弃 (U) / 宽度 (W)]:
                                                     // 按 Enter 键结束
```

结果如图 4-4 所示。

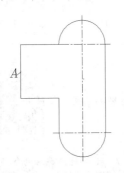
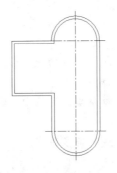
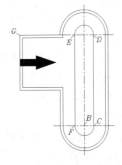

图 4-2　绘制定位中心线及闭合线框 *A*　　　　图 4-3　偏移线框　　　　图 4-4　绘制长槽及箭头

4.2　多线

在 AutoCAD 中，用户可以创建多线，如图 4-5 所示。

图 4-5　多线

4.2.1　创建多线样式及多线

MLINE 命令用于创建多线。多线是由多条平行直线组成的对象，其最多可包含 16 条平行线，线间的距离、线的数量、线条颜色及线型等都可以调整。该对象常用于绘制墙体、公路、管道等。

MLSTYLE 命令用于生成多线样式。多线的外观由多线样式决定，在多线样式中用户可以设定多线中线条的数量、每条线的颜色和线型、线间的距离等，还能指定多线两个端头的形式，如弧形端头、平直端头等。

启动命令的方法如表 4-2 所示。

表 4-2　启动命令的方法

方　式	多线样式	多线
菜单命令	【格式】/【多线样式】	【绘图】/【多线】
命令	MLSTYLE	MLINE 或简写 ML

【练习 4-2】　创建多线样式及多线。

（1）打开素材文件"dwg\ 第 4 章 \4-2.dwg"。

（2）启动 MLSTYLE 命令，弹出【多线样式】对话框，如图 4-6 所示。

（3）单击 ［新建(N)…］ 按钮，弹出【创建新的多线样式】对话框，如图 4-7 所示。在【新样式名】文本框中输入新样式的名称"样式 -240"，在【基础样式】下拉列表中选择样板样式，默认的样板样式是【STANDARD】。

练习 4-2　创建多线样式及多线

图 4-6　【多线样式】对话框

图 4-7　【创建新的多线样式】对话框

（4）单击 ［继续］ 按钮，弹出【新建多线样式】对话框，如图 4-8 所示。在该对话框中完成以下设置。

- 在【说明】文本框中输入关于多线样式的说明文字。
- 在【图元】列表框中选中"0.5"，然后在【偏移】文本框中输入数值"120"。
- 在【图元】列表框中选中"-0.5"，然后在【偏移】文本框中输入数值"-120"。

图4-8 【新建多线样式】对话框

（5）单击 确定 按钮，返回【多线样式】对话框，然后单击 置为当前(U) 按钮，使新样式成为当前样式。

（6）前面创建了多线样式，下面用 MLINE 命令生成多线。

```
命令：_mline
指定起点或 [对正(J)/比例(S)/样式(ST)]：s          // 选用"比例(S)"选项
输入多线比例 <20.00>：1                         // 输入缩放比例值
指定起点或 [对正(J)/比例(S)/样式(ST)]：j          // 选用"对正(J)"选项
输入对正类型 [上(T)/无(Z)/下(B)] <无>：z         // 设定对正方式为"无"
指定起点或 [对正(J)/比例(S)/样式(ST)]：           // 捕捉点 A，如图 4-9（b）所示
指定下一点：                                     // 捕捉点 B
指定下一点或 [放弃(U)]：                          // 捕捉点 C
指定下一点或 [闭合(C)/放弃(U)]：                   // 捕捉点 D
指定下一点或 [闭合(C)/放弃(U)]：                   // 捕捉点 E
指定下一点或 [闭合(C)/放弃(U)]：                   // 捕捉点 F
指定下一点或 [闭合(C)/放弃(U)]：c                  // 使多线闭合
命令：MLINE                                      // 重复命令
指定起点或 [对正(J)/比例(S)/样式(ST)]：           // 捕捉点 G
指定下一点：                                     // 捕捉点 H
指定下一点或 [放弃(U)]：                          // 按 Enter 键结束
命令：MLINE                                      // 重复命令
指定起点或 [对正(J)/比例(S)/样式(ST)]：           // 捕捉点 I
指定下一点：                                     // 捕捉点 J
指定下一点或 [放弃(U)]：                          // 按 Enter 键结束
```

结果如图 4-9（b）所示。保存文件，该文件在后面将继续使用。

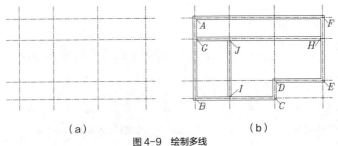

（a）   （b）

图4-9 绘制多线

【新建多线样式】对话框中的各选项介绍如下。

- 添加(A) 按钮：单击此按钮，系统在多线中添加一条新线，该线的偏移量可在【偏移】文本框中输入。

- 删除(D) 按钮：删除【图元】列表框中选定的线元素。

• 【颜色】下拉列表：通过此下拉列表修改【图元】列表框中选定线元素的颜色。

• ![线型(T)...] 按钮：指定【图元】列表框中选定线元素的线型。

• 【显示连接】：选中该复选项，则系统在多线拐角处显示连接线，如图 4-10（a）所示。

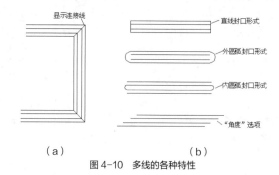

显示连接线

直线封口形式

外圆弧封口形式

内圆弧封口形式

"角度"选项

（a）　　　　　　　　　　　（b）

图 4-10　多线的各种特性

• 【直线】：在多线的两端产生直线封口形式，如图 4-10（b）所示。

• 【外圆弧】：在多线的两端产生外圆弧封口形式，如图 4-10（b）所示。

• 【内圆弧】：在多线的两端产生内圆弧封口形式，如图 4-10（b）所示。

• 【角度】：该角度是指多线某一端的端口连线与多线的夹角，如图 4-10（b）所示。

• 【填充颜色】下拉列表：通过此下拉列表设置多线的填充色。

MLINE 的命令选项介绍如下。

• 对正（J）：设定多线的对正方式，即多线中哪条线段的端点与鼠标光标重合并随之移动，该选项有以下 3 个子选项。

上（T）：若从左往右绘制多线，则对正点将在最顶端线段的端点处。

无（Z）：对正点位于多线中偏移量为 0 的位置处。多线中线条的偏移量可在多线样式中设定。

下（B）：若从左往右绘制多线，则对正点将在最底端线段的端点处。

• 比例（S）：指定多线宽度相对于定义宽度（在多线样式中定义）的比例因子，该比例不影响线型比例。

• 样式（ST）：该选项使用户可以选择多线样式，默认样式是"STANDARD"。

4.2.2　编辑多线

MLEDIT 命令用于编辑多线，其主要功能如下。

（1）改变两条多线的相交形式，如使它们相交成"十"字形或"T"字形。

（2）在多线中加入控制顶点或删除顶点。

（3）将多线中的线条切断或接合。

命令启动方法如下。

• 菜单命令：【修改】/【对象】/【多线】。

• 命令：MLEDIT。

继续前面的【练习 4-2】，下面用 MLEDIT 命令编辑多线。

（1）启动 MLEDIT 命令，打开【多线编辑工具】对话框，如图 4-11 所示。该对话框中的小型图片形

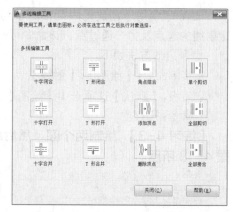

图 4-11　【多线编辑工具】对话框

象地说明了各项编辑功能。

（2）选择【T形合并】选项，AutoCAD 提示如下。

```
命令: _mledit
选择第一条多线:                          // 在点 A 处选择多线，如图 4-12（a）所示
选择第二条多线:                          // 在点 B 处选择多线
选择第一条多线 或 [放弃(U)]:             // 在点 C 处选择多线
选择第二条多线:                          // 在点 D 处选择多线
选择第一条多线 或 [放弃(U)]:             // 在点 E 处选择多线
选择第二条多线:                          // 在点 F 处选择多线
选择第一条多线 或 [放弃(U)]:             // 在点 G 处选择多线
选择第二条多线:                          // 在点 H 处选择多线
选择第一条多线 或 [放弃(U)]:             // 按 Enter 键结束
```

结果如图 4-12（b）所示。

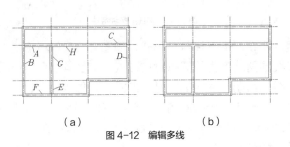

（a）　　　　　　　　　（b）

图 4-12　编辑多线

4.3 分解多线及多段线

EXPLODE 命令（简写 X）可将多线、多段线、块、标注及面域等复杂对象分解成 AutoCAD 基本图形对象。例如，连续的多段线是一个单独对象，用 EXPLODE 命令"炸开"后，多段线的每一段都是独立对象。

输入 EXPLODE 命令（简写 X）或单击【修改】面板上的 按钮，系统提示"选择对象"，用户选择图形对象后，AutoCAD 就对其进行分解。

4.4 绘制射线

RAY 命令用于创建无限延伸的单向射线。操作时，用户只需指定射线的起点及另一通过点，该命令可一次创建多条射线。

命令启动方法如下。

- 菜单命令:【绘图】/【射线】。
- 面板:【默认】选项卡中【绘图】面板上的 按钮。
- 命令: RAY。

【练习 4-3】　绘制两个圆，然后用 RAY 命令绘制射线，如图 4-13 所示。

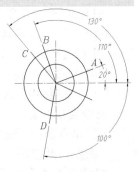

图 4-13　绘制射线

```
命令: _ray 指定起点: cen 于              // 捕捉圆心
指定通过点: <20                         // 设定画线角度
指定通过点:                             // 单击点 A
指定通过点: <110                        // 设定画线角度
```

指定通过点：	// 单击点 B
指定通过点：<130	// 设定画线角度
指定通过点：	// 单击点 C
指定通过点：<-100	// 设定画线角度
指定通过点：	// 单击点 D
指定通过点：	// 按 Enter 键结束

结果如图 4-13 所示。

4.5 点对象

在 AutoCAD 中可创建单独的点对象，点的外观由点样式控制。一般在创建点之前要先设置点的样式，但也可先绘制点，再设置点样式。

4.5.1 设置点样式

单击【默认】选项卡中【实用工具】面板上的 点样式 按钮或选取菜单命令【格式】/【点样式】，打开【点样式】对话框，如图 4-14 所示。该对话框提供了多种样式的点，用户可根据需要进行选择，此外，还能通过【点大小】文本框指定点的大小。点的大小既可相对于屏幕大小来设置，也可直接输入点的绝对尺寸。

图 4-14 【点样式】对话框

4.5.2 创建点

POINT 命令可创建点对象，此类对象可以作为绘图的参考点，节点捕捉 "NOD" 可以拾取该对象。

命令启动方法如下。

- 菜单命令：【绘图】/【点】/【多点】。
- 面板：【默认】选项卡中【绘图】面板上的 按钮。
- 命令：POINT 或简写 PO。

【练习 4-4】 练习 POINT 命令。

```
命令：_point
指定点：
// 输入点的坐标或在屏幕上拾取点，AutoCAD 在指定位置创建点对象，如图 4-15 所示
* 取消 *                                        // 按 Esc 键结束
```

图 4-15 创建点对象

 要点提示

若将点的尺寸设置成绝对数值，则缩放图形后将引起点的大小发生变化。而相对于屏幕大小设置点尺寸时，则不会出现这种情况（要用 REGEN 命令重新生成图形）。

4.5.3 画测量点

MEASURE 命令用于在图形对象上按指定的距离放置点对象（POINT 对象），这些点可用 "NOD" 进行捕捉。对于不同类型的图形元素，测量距离的起始点是不同的。若是线段或非闭合的多段线，则起点是离选择点最近的端点。若是闭合多段线，则起点是多段线的起点。如果是圆，则一般从 0° 开始进行测量。

1. 命令启动方法

- 菜单命令:【绘图】/【点】/【定距等分】。
- 面板:【默认】选项卡中【绘图】面板上的 按钮。
- 命令: MEASURE 或简写 ME。

【练习 4-5】 练习 MEASURE 命令。

打开素材文件 "dwg\ 第 4 章 \4-5.dwg"，如图 4-16 所示，用 MEASURE 命令创建两个测量点 *C*、*D*。

```
命令 : _measure
选择要定距等分的对象 :                      // 在 A 端附近选择对象，如图 4-16 所示
指定线段长度或 [ 块 (B)]: 160              // 输入测量长度
命令 :
MEASURE
选择要定距等分的对象 :                      // 重复命令
指定线段长度或 [ 块 (B)]: 160              // 在 B 端处选择对象
                                         // 输入测量长度
```

结果如图 4-16 所示。

2. 命令选项

块（B）: 按指定的测量长度在对象上插入图块（在第 8 章中将介绍块对象）。

图 4-16 测量对象

4.5.4 画等分点

DIVIDE 命令根据等分数目在图形对象上放置等分点，这些点并不分割对象，只是标明等分的位置。AutoCAD 中可等分的图形元素包括线段、圆、圆弧、样条线和多段线等。对于圆，等分的起始点位一般位于 0° 方向线与圆的交点处。

1. 命令启动方法

- 菜单命令:【绘图】/【点】/【定数等分】。
- 面板:【默认】选项卡中【绘图】面板上的 按钮。
- 命令: DIVIDE 或简写 DIV。

【练习 4-6】 练习 DIVIDE 命令。

打开素材文件 "dwg\ 第 4 章 \4-6.dwg"，如图 4-17 所示，用 DIVIDE 命令创建等分点。

```
命令 : DIVIDE
选择要定数等分的对象 :                      // 选择线段，如图 4-17（a）所示
输入线段数目或 [ 块 (B)]: 4                // 输入等分的数目
命令 :
DIVIDE                                   // 重复命令
选择要定数等分的对象 :                      // 选择圆弧，如图 4-17（b）所示
输入线段数目或 [ 块 (B)]: 5                // 输入等分数目
```

结果如图 4-17 所示。

2. 命令选项

块（B）: AutoCAD 在等分处插入图块。

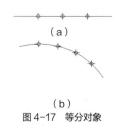

（a）

（b）

图 4-17 等分对象

4.6 绘制圆环及圆点

DONUT 命令用于创建填充圆环或实心填充圆。启动该命令后，用户依次输入圆环内径、外径及圆心，AutoCAD 就生成圆环。若要画实心圆，则指定内径为"0"即可。

命令启动方法如下。

- 菜单命令：【绘图】/【圆环】。
- 面板：【默认】选项卡中【绘图】面板上的◎按钮。
- 命令：DONUT 或简写 DO。

【练习 4-7】 练习 DONUT 命令的使用。

```
命令 : _donut                        // 启动创建圆环命令
指定圆环的内径 <2.0000>: 3            // 输入圆环内径
指定圆环的外径 <5.0000>: 6            // 输入圆环外径
指定圆环的中心点或 <退出 >:           // 指定圆心
指定圆环的中心点或 <退出 >:           // 按 Enter 键结束
```

结果如图 4-18 所示。

DONUT 命令生成的圆环实际上是具有宽度的多段线，用户可用 PEDIT 命令编辑该对象；此外，还可以设定是否对圆环进行填充。当把变量 FILLMODE 设置为"1"时，系统将填充圆环；否则，不填充。

图 4-18 绘制圆环

4.7 合并对象

JOIN 命令具有以下功能。

（1）把相连的直线及圆弧等对象合并为一条多段线。

（2）将共线的、断开的线段连接为一条线段。

（3）把重叠的直线或圆弧合并为单一对象。

命令启动方法如下。

- 菜单命令：【修改】/【合并】。
- 面板：【修改】面板上的 ➳ 按钮。
- 命令：JOIN。

4.8 清理重复对象

OVERKILL（ ⚠ ）命令用于删除重叠的线段、圆弧和多段线等对象。此外，对局部重叠或共线的连续对象进行合并。启动该命令，选择对象后按 Enter 键，弹出【删除重复对象】对话框，如图 4-19 所示。通过此对话框控制 OVERKILL 处理重复对象的方式。

图 4-19 【删除重复对象】对话框

4.9 面域造型

域（REGION）是指二维的封闭图形，它可由直线、多段线、圆、圆弧及样条曲线等对象围成，但应保证相邻对象间共享连接的端点，否则将不能创建域。域是一个单独的实体，具有面积、周长、形心等几何特征，使用它作图与用传统的作图方法截然不同，此时可采用"并""交""差"等布尔运算来构造不同形状的图形。图4-20 所示为 3 种布尔运算的结果。

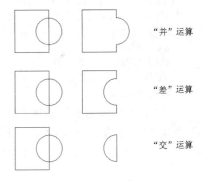

"并"运算

"差"运算

"交"运算

图 4-20 布尔运算

4.9.1 创建面域

REGION 命令用于生成面域。启动该命令后，用户选择一个或多个封闭图形，就能创建出面域。

【练习 4-8】 打开素材文件 "dwg\ 第 4 章 \4-8.dwg"，如图 4-21 所示，用 REGION 命令将该图创建成面域。

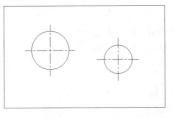

图 4-21 创建面域

单击【绘图】面板上的 ⊚ 按钮或输入命令代号 REGION，启动创建面域命令。

```
命令：_region
选择对象：找到 7 个                    // 选择矩形及两个圆，如图 4-21 所示
选择对象：                            // 按 Enter 键结束
```

图 4-21 中包含了 3 个闭合区域，因而 AutoCAD 创建了 3 个面域。

面域以线框的形式显示出来，用户可以对面域进行移动、复制等操作，还可用 EXPLODE

命令分解面域，使其还原为原始图形对象。

4.9.2　并运算

并运算用于将所有参与运算的面域合并为一个新面域。

【练习4-9】 打开素材文件"dwg\第 4 章 \4-9.dwg"，如图 4-22（a）所示，用 UNION 命令将左图修改为右图。

选择菜单命令【修改】/【实体编辑】/【并集】或输入命令代号 UNION，启动并运算命令。

```
命令：UNION
选择对象：找到 7 个                // 选择 5 个面域，如图 4-22（a）所示
选择对象：                        // 按 Enter 键结束
```

结果如图 4-22（b）所示。

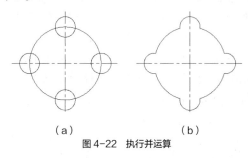

（a）　　　　（b）

图 4-22　执行并运算

4.9.3　差运算

用户可利用差运算从一个面域中去掉一个或多个面域，从而形成一个新面域。

【练习4-10】 打开素材文件"dwg\第 4 章 \4-10.dwg"，如图 4-23（a）所示，用 SUBTRACT 命令将其修改为图 4-23（b）所示的图形。

选择菜单命令【修改】/【实体编辑】/【差集】或输入命令代号 SUBTRACT，启动差运算命令。

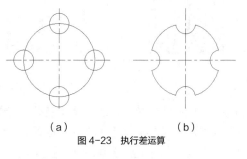

（a）　　　　　　（b）

图 4-23　执行差运算

```
命令：subtract
选择对象：找到 1 个                // 选择大圆面域，如图 4-23（a）所示
选择对象：                        // 按 Enter 键
选择对象：总计 4 个               // 选择 4 个小圆面域
选择对象                          // 按 Enter 键结束
```

结果如图 4-23（b）所示。

4.9.4　交运算

交运算可以求出各个相交面域的公共部分。

【练习4-11】 打开素材文件"dwg\第 4 章 \4-11.dwg"，如图 4-24（a）所示，用 INTERSECT 命令将其修改为图 4-24（b）所示的图形。

选择菜单命令【修改】/【实体编辑】/【交集】或输入命令代号 INTERSECT，启动交运算命令。

```
命令：INTERSECT
选择对象：找到 2 个                // 选择圆面域及矩形面域，如图 4-24（a）所示
选择对象：                        // 按 Enter 键结束
```

结果如图 4-24（b）所示。

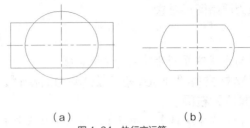

（a）　　　　　　　　　（b）

图4-24　执行交运算

4.9.5　面域造型应用实例

面域造型的特点是通过面域对象的并、交或差运算来创建图形。当图形边界比较复杂时，这种作图法的效率是很高的。要采用这种方法作图，首先必须对图形进行分析，以确定应生成哪些面域对象，然后考虑如何进行布尔运算形成最终的图形。例如，图4-25所示的图形可以看成是由一系列矩形面域组成的，对这些面域进行并运算就形成了所需的图形。

【练习4-12】　利用面域造型法绘制图4-25所示的图形。

（1）绘制两个矩形并将它们创建成面域，如图4-26所示。

练习4-12　利用面域造型法绘制平面图形

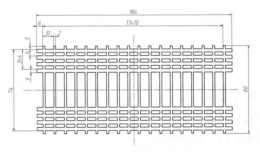

图4-25　面域及布尔运算　　　　　图4-26　创建面域

（2）阵列矩形，再进行镜像操作，结果如图4-27所示。

（3）对所有矩形面域执行并运算，结果如图4-28所示。

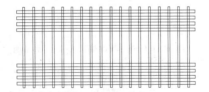

图4-27　阵列面域

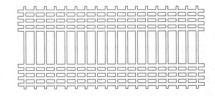

图4-28　执行并运算

4.10 综合训练1——创建多段线、圆点及面域

练习4-13　绘制包含多段线的平面图形

【练习4-13】　利用 LINE、CIRCLE、PEDIT 等命令绘制平面图形，如图4-29所示。

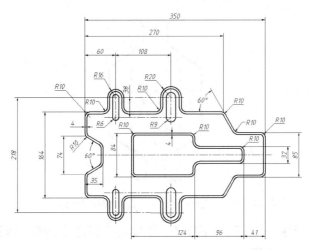

图 4-29 用 LINE、CIRCLE、PEDIT 等命令绘图

 要点提示

绘制图形外轮廓后，将其编辑成多段线，然后偏移它。

【练习 4-14】 利用 LINE、PLINE、DONUT 等命令绘制平面图形，如图 4-30 所示。

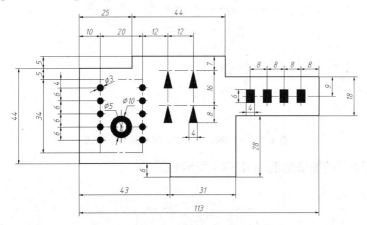

图 4-30 用 LINE、PLINE、DONUT 等命令绘图

练习 4-14 绘制包含原点、箭头等对象的图形（1）

 要点提示

图中箭头及实心矩形用 PLINE 命令绘制。

【练习 4-15】 利用 LINE、PLINE、DONUT 等命令绘制平面图形，尺寸自定，如图 4-31 所示。图形轮廓及箭头都是多段线。

练习 4-15 绘制包含原点、箭头等对象的图形（2）

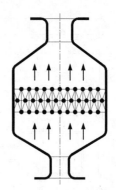

图 4-31 用 LINE、PLINE、DONUT 等命令绘图

【练习 4-16】 利用 LINE、PEDIT、DIVIDE 等命令绘制平面图形，如图 4-32 所示。图中的中心线是多段线。

练习 4-16 等分多段线

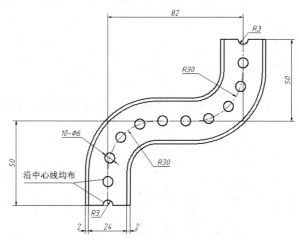

图 4-32 用 LINE、PEDIT、DIVIDE 等命令绘图

【练习 4-17】 利用面域造型法绘制图 4-33 所示的图形。

练习 4-17 利用面域
构建图形。

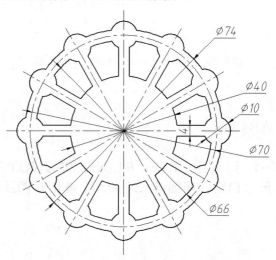

图 4-33 面域及布尔运算

4.11 综合训练 2——绘制三视图及剖视图

【**练习 4-18**】 根据轴测图及视图轮廓绘制视图及剖视图，如图 4-34 所示。主视图采用全剖方式。

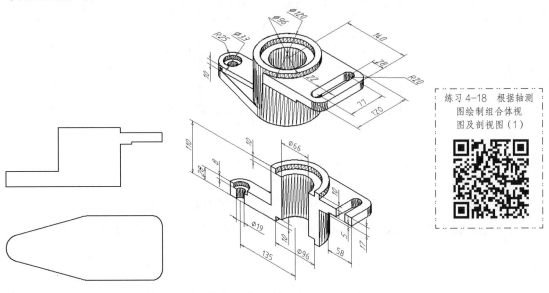

练习 4-18 根据轴测图绘制组合体视图及剖视图（1）

图 4-34 绘制视图及剖视图

【**练习 4-19**】 根据轴测图绘制三视图，如图 4-35 所示。

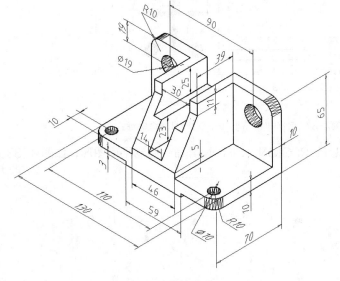

练习 4-19 根据轴测图绘制组合体视图及剖视图（2）

图 4-35 绘制三视图

习题

1. 利用 LINE、PEDIT、OFFSET 等命令绘制平面图形，如图 4-36 所示。

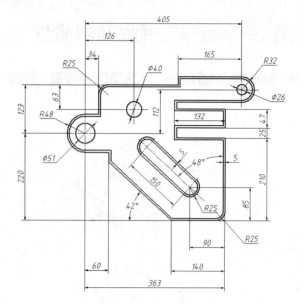

图 4-36 用 LINE、PEDIT、OFFSET 等命令绘图

2. 利用 MLINE、PLINE、DONUT 等命令绘制平面图形，如图 4-37 所示。

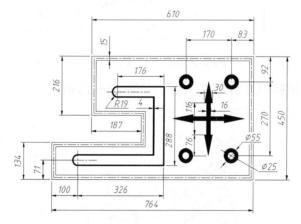

图 4-37 用 MLINE、PLINE、DONUT 等命令绘图

3. 利用 DIVIDE、DONUT、REGION、UNION 等命令绘制平面图形，如图 4-38 所示。

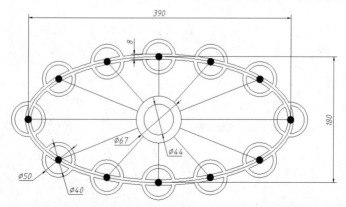

图 4-38 用 DIVIDE、DONUT、REGION、UNION 等命令绘图

4. 利用面域造型法绘制图 4-39 所示的图形。

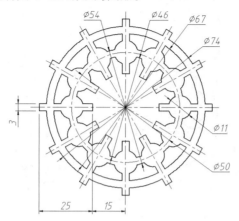

图 4-39　面域及布尔运算（1）

5. 利用面域造型法绘制图 4-40 所示的图形。

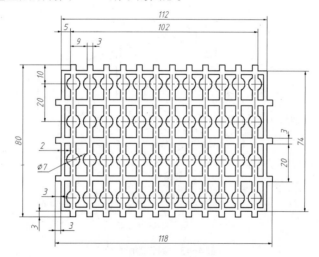

图 4-40　面域及布尔运算（2）

6. 利用面域造型法绘制图 4-41 所示的图形。

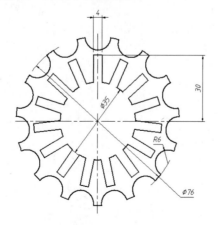

图 4-41　面域及布尔运算（3）

7. 根据轴测图绘制三视图，如图 4-42 所示。

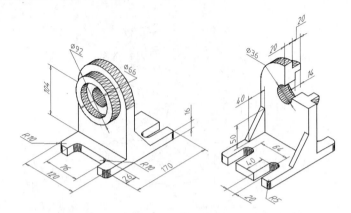

图 4-42　绘制三视图（1）

8. 根据轴测图绘制三视图，如图 4-43 所示。

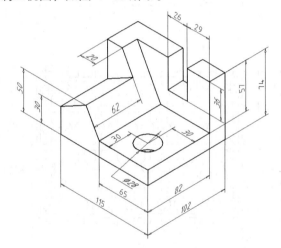

图 4-43　绘制三视图（2）

第5章
复杂平面图形绘制实例

本章提供了一些较复杂的平面图形，这些图在工程设计图中具有一定的难度和典型性。通过本章的学习，读者要掌握绘制复杂平面图形的一般方法及一些实用作图技巧。

学习目标

- 了解用AutoCAD绘制复杂平面图形的一般步骤。
- 熟练绘制复杂圆弧连接。
- 掌握用OFFSET、TRIM命令快速作图的技巧。
- 能够熟练绘制对称图形及有均布特征的图形。
- 了解用COPY、STRETCH等命令从已有图形生成新图形。
- 掌握绘制倾斜图形的技巧。
- 能够绘制视图及剖视图。

5.1 绘制复杂图形的一般步骤

平面图形是由直线、圆、圆弧、多边形等图形元素组成的，作图时应从哪一部分入手呢？怎样才能更高效地绘图呢？一般应采取以下作图步骤。

（1）首先绘制图形的主要作图基准线，然后利用基准线定位及形成其他图形元素。图形的对称线、大圆中心线、重要轮廓线等可作为绘图基准线。

（2）绘制出主要轮廓线，形成图形的大致形状。一般不应从某一局部细节开始绘图。

练习5-1 绘制复杂图形的一般步骤(1)

（3）绘制出图形主要轮廓后就可开始绘制细节。先把图形细节分成几部分，然后依次绘制。对于复杂的细节，可先绘制作图基准线，再形成完整细节。

（4）修饰平面图形。用 BREAK、LENGTHEN 等命令打断及调整线条长度，再改正不适当的线型，然后修剪、擦去多余线条。

【练习5-1】 使用 LINE、CIRCLE、OFFSET、TRIM 等命令绘制图5-1所示的图形。

（1）创建两个图层。

名称	颜色	线型	线宽
轮廓线层	白色	Continuous	0.5
中心线层	红色	CENTER	默认

（2）设定线型全局比例因子为0.2。设定绘图区域大小为150×150，并使该区域充满整个图形窗口显示出来。

（3）打开极轴追踪、对象捕捉及自动追踪功能。指定极轴追踪角度增量为90°，设定对象捕捉方式为"端点""交点"。

（4）切换到轮廓线层，绘制两条作图基准线 A、B，如图5-2（a）所示。线段 A、B 的长度约为200。

（5）利用 OFFSET、LINE、CIRCLE 等命令绘制图形的主要轮廓，结果如图5-2（b）所示。

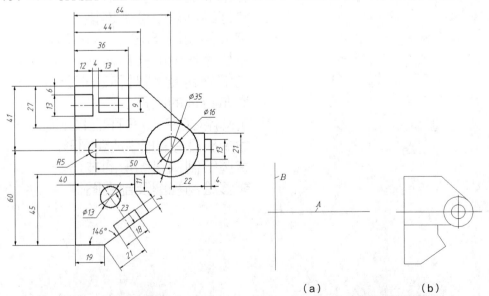

图5-1 绘制平面图形（1）

（a） （b）

图5-2 绘制图形的主要轮廓

（6）利用 OFFSET 及 TRIM 命令绘制图形 C，如图5-3（a）所示。再依次绘制图形 D、E，结果如图 5-3（b）所示。

（7）绘制两条定位线 *F*、*G*，如图 5-4（a）所示。用 CIRCLE、OFFSET 及 TRIM 命令绘制图形 *H*，结果如图 5-4（b）所示。

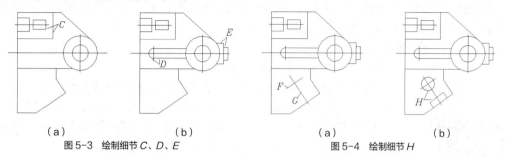

（a）　　　　　　　　（b）　　　　　　　　（a）　　　　　　　　（b）

图 5-3　绘制细节 *C*、*D*、*E*　　　　　　图 5-4　绘制细节 *H*

【练习 5-2】 绘制图 5-5 所示的图形。

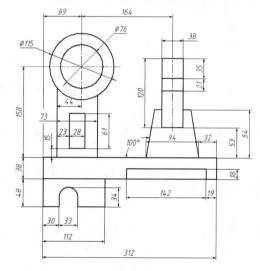

图 5-5　绘制平面图形（2）

练习 5-2　绘制复杂图形的一般步骤(2)

主要作图步骤如图 5-6 所示。

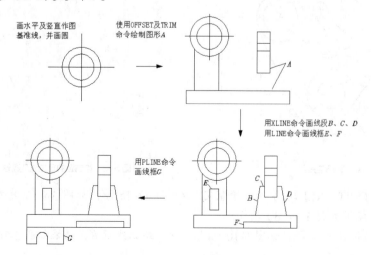

图 5-6　主要作图步骤

5.2 绘制复杂圆弧连接

平面图中，图形元素的相切关系是一类典型的几何关系，如直线与圆弧相切，圆弧与圆弧相切等，如图5-7所示。绘制此类图形的步骤如下。

（1）绘制主要圆的定位线。

（2）绘制圆，并根据已绘制的圆画切线及过渡圆弧。

练习5-3 绘制复杂圆弧连接(1)

（3）绘制图形的其他细节。首先把图形细节分成几个部分，然后依次绘制。对于复杂的细节，可先画出作图基准线，再形成完整细节。

（4）修饰平面图形。用BREAK、LENGTHEN等命令打断及调整线条长度，再改正不适当的线型，然后修剪、擦去多余线条。

【练习5-3】 使用LINE、CIRCLE、OFFSET、TRIM等命令绘制图5-7所示的图形。

（1）创建两个图层。

名称	颜色	线型	线宽
轮廓线层	绿色	Continuous	0.5
中心线层	红色	Center	默认

（2）设定线型全局比例因子为0.2。设定绘图区域大小为150×150，并使该区域充满整个图形窗口显示出来。

（3）打开极轴追踪、对象捕捉及自动追踪功能。指定极轴追踪角度增量为90°，设定对象捕捉方式为"端点""交点"。

（4）切换到轮廓线层，用LINE、OFFSET及LENGTHEN等命令绘制圆的定位线，如图5-8（a）所示。画圆及过渡圆弧A、B，结果如图5-8（b）所示。

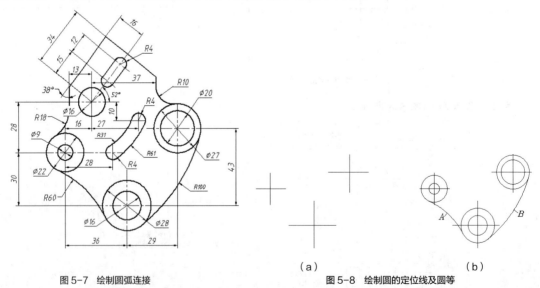

图5-7 绘制圆弧连接

（a）　　　　　　　　　（b）

图5-8 绘制圆的定位线及圆等

（5）用OFFSET、XLINE等命令绘制定位线C、D、E等，如图5-9（a）所示。绘制圆F及线框G、H，结果如图5-9（b）所示。

（6）绘制定位线I、J等，如图5-10（a）所示。绘制线框K，结果如图5-10（b）所示。

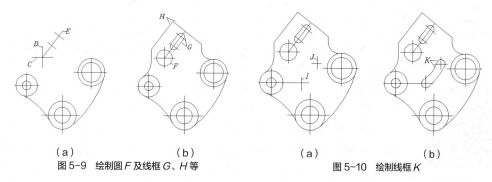

（a）　　　　　　　　（b）
图 5-9　绘制圆 *F* 及线框 *G*、*H* 等

（a）　　　　　　　　（b）
图 5-10　绘制线框 *K*

【练习 5-4】 利用 LINE、CIRCLE、OFFSET、TRIM 等命令绘制图 5-11 所示的图形。

主要作图步骤如图 5-12 所示。

练习 5-4　绘制复杂圆弧连接 (2)

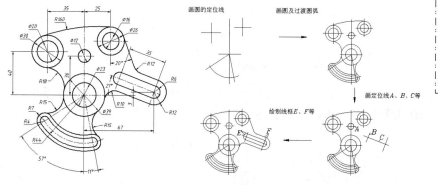

图 5-11　绘制圆及圆弧连接

图 5-12　主要作图步骤

5.3 用 OFFSET 及 TRIM 命令快速作图

如果要绘制图 5-13 所示的图形，用户可采取两种作图方式：一种是用 LINE 命令将图中的每条线准确地绘制出来，但是这种作图方法往往效率较低；另一种是用 OFFSET 和 TRIM 命令来构建图形。采用此法绘图的主要步骤如下。

（1）绘制作图基准线。

（2）用 OFFSET 命令偏移基准线创建新的图形实体，然后用 TRIM 命令剪掉多余线条形成精确图形。

这种作图方法有一个显著的优点：仅反复使用两个命令就可完成几乎 90% 的工作。下面通过绘制图 5-13 所示的图形来演示此法。

【练习 5-5】 利用 LINE、OFFSET、TRIM 等命令绘制图 5-13 所示的图形。

（1）创建两个图层。

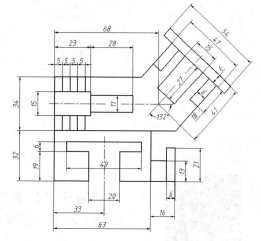

图 5-13　用 LINE、OFFSET、TRIM 等命令快速作图（1）

名称	颜色	线型	线宽
轮廓线层	绿色	Continuous	0.5
中心线层	红色	Center	默认

练习 5-5 用 OFFSET 及 TRIM 命令快速作图(1)

（2）设定线型全局比例因子为 0.2。设定绘图区域大小为 180×180，并使该区域充满整个图形窗口显示出来。

（3）打开极轴追踪、对象捕捉及自动追踪功能。指定极轴追踪角度增量为 90°，设定对象捕捉方式为"端点""交点"。

（4）切换到轮廓线层，绘制水平及竖直作图基准线 A、B，两线长度分别为 90、60 左右，如图 5-14（a）所示。用 OFFSET 及 TRIM 命令绘制图形 C，结果如图 5-14（b）所示。

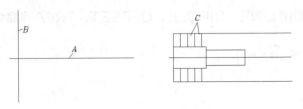

（a） （b）

图 5-14 绘制作图基准线及细节 C

（5）用 XLINE 命令绘制作图基准线 D、E，两线相互垂直，如图 5-15（a）所示。用 OFFSET、TRIM、BREAK 等命令绘制图形 F，结果如图 5-15（b）所示。

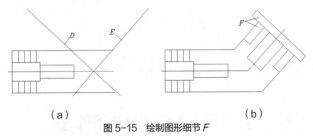

（a） （b）

图 5-15 绘制图形细节 F

（6）用 LINE 命令绘制线段 G、H，这两条线是下一步作图的基准线，如图 5-16（a）所示。用 OFFSET、TRIM 命令绘制图形 J，结果如图 5-16（b）所示。

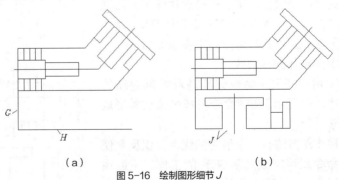

（a） （b）

图 5-16 绘制图形细节 J

练习 5-6 用 OFFSET 及 TRIM 命令快速作图(2)

【练习 5-6】 利用 LINE、CIRCLE、OFFSET、TRIM 等命令绘制图 5-17 所示的图形。

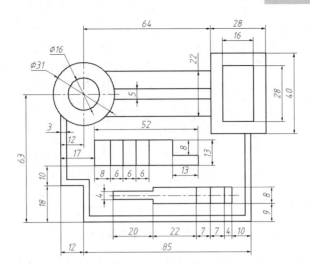

图 5-17　用 LINE、CIRCLE、OFFSET、TRIM 等命令快速作图（2）

主要作图步骤如图 5-18 所示。

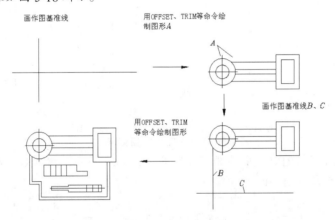

图 5-18　作图步骤

5.4　绘制具有均布几何特征的复杂图形

平面图形中几何对象按矩形阵列或环形阵列方式均匀分布的现象是很常见的。将阵列命令 ARRAY 与 MOVE、MIRROR 等命令结合使用，就能轻松地创建出这些对象。

【练习 5-7】　利用 OFFSET、ARRAY、MIRROR 等命令绘制图 5-19 所示的图形。

（1）创建两个图层。

名称	颜色	线型	线宽
轮廓线层	绿色	Continuous	0.5
中心线层	红色	Center	默认

（2）设定线型全局比例因子为 0.2。设定绘图区域大小为 120×120，并使该区域充满整个图形窗口显示出来。

（3）打开极轴追踪、对象捕捉及自动追踪功能。指定极轴追踪角度增量为 90°，设定对象捕捉方式为"端点""圆心"及"交点"。

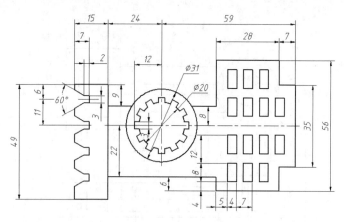

图 5-19　绘制具有均布几何特征的图形

（4）切换到轮廓线层，绘制圆的定位线 A、B，两线长度分别为 130、90 左右，如图 5-20（a）所示。绘制圆及线框 C、D，结果如图 5-20（b）所示。

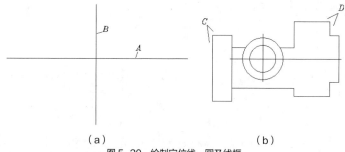

（a）　　　　　　　　　　　　　　　　　（b）

图 5-20　绘制定位线、圆及线框

（5）用 OFFSET 及 TRIM 绘制线框 E，如图 5-21（a）所示。用 ARRAY 命令创建线框 E 的环形阵列，结果如图 5-21（b）所示。

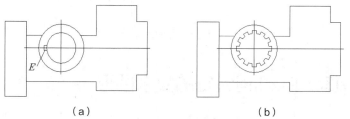

（a）　　　　　　　　　　　　　　　　　（b）

图 5-21　绘制线框 E 并创建环形阵列

（6）用 LINE、OFFSET、TRIM 等命令绘制线框 F、G，如图 5-22（a）所示。用 ARRAY 命令创建线框 F、G 的矩形阵列，再对矩形进行镜像操作，结果如图 5-22（b）所示。

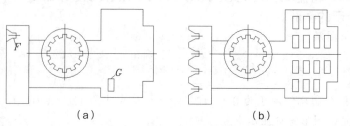

（a）　　　　　　　　　　　　　　　　　（b）

图 5-22　创建矩形阵列并镜像对象

【练习5-8】 利用CIRCLE、OFFSET、ARRAY等命令绘制图5-23所示的图形。

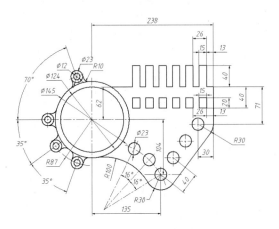

图 5-23 创建矩形及环形阵列

主要作图步骤如图 5-24 所示。

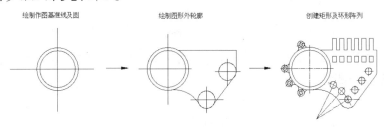

图 5-24 主要作图步骤

5.5 绘制倾斜图形的技巧

工程图中多数图形对象是沿水平或竖直方向的。对于此类图形实体，如果利用正交或极轴追踪功能辅助绘图，则非常方便。当图形元素处于倾斜方向时，常给作图带来许多不便。对于这类图形实体可以采用以下方法绘制。

（1）在水平或竖直位置绘制图形。

（2）用 ROTATE 命令把图形旋转到倾斜方向，或用 ALIGN 命令调整图形位置及方向。

【练习 5-9】 绘制图 5-25 所示的图形。

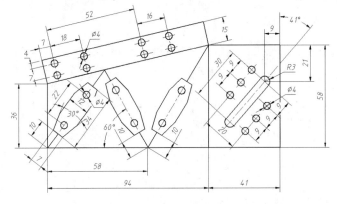

图 5-25 绘制倾斜图形（1）

主要作图步骤如图 5-26 所示。

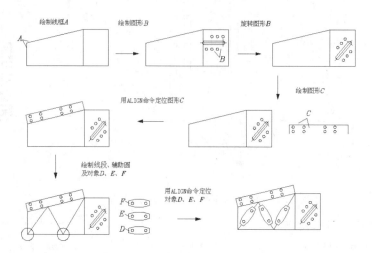

图 5-26　主要作图步骤

【练习 5-10】 使用 LINE、CIRCLE、OFFSET、ROTATE、ALIGN 等命令绘制图 5-27 所示的图形。

练习 5-10　绘制倾斜
图形的技巧 (2)

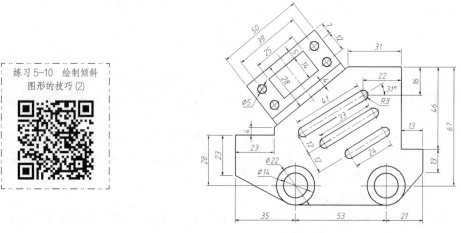

图 5-27　绘制倾斜图形（2）

主要作图步骤如图 5-28 所示。

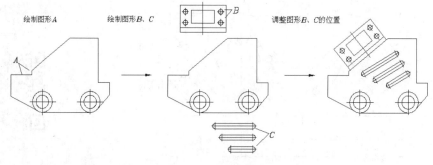

图 5-28　主要作图步骤

5.6　利用已有图形生成新图形

平面图形中常有一些局部细节的形状是相似的，只是尺寸不同。在绘制这些对象时，应尽量利用已有图形细节创建新图形。例如，可以先用 COPY 及 ROTATE 命令把图形细节复制到新位置并调整方向，然后利用 STRETCH、SCALE 等命令改变图形细节的大小。

【练习 5-11】 利用 OFFSET、COPY、ROTATE、STRETCH 等命令绘制图 5-29 所示的图形。

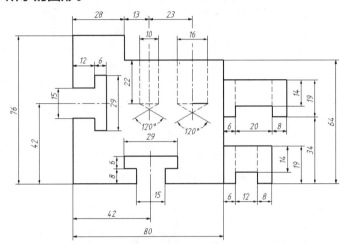

练习 5-11　利用已有图形生成新图形（1）

图 5-29　编辑已有图形生成新图形（1）

（1）创建 3 个图层。

名称	颜色	线型	线宽
轮廓线层	绿色	Continuous	0.5
中心线层	红色	CENTER	默认
虚线层	黄色	Dashed	默认

（2）设定线型全局比例因子为 0.2。设定绘图区域大小为 150×150，并使该区域充满整个图形窗口显示出来。

（3）打开极轴追踪、对象捕捉及自动追踪功能。指定极轴追踪角度增量为 90°，设定对象捕捉方式为"端点""交点"。

（4）切换到轮廓线层，绘制作图基准线 A、B，其长度为 110 左右，如图 5-30（a）所示。用 OFFSET 及 TRIM 命令形成线框 C，结果如图 5-30（b）所示。

（5）绘制线框 B、C、D，如图 5-31（a）所示。用 COPY、ROTATE、SCALE、STRETCH 等命令形成线框 E、F、G，结果如图 5-31（b）所示。

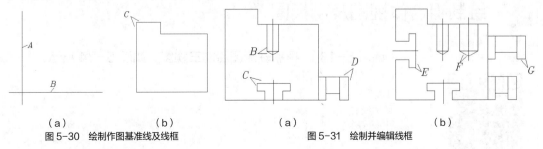

（a）　　　　　　　　（b）　　　　　　　　（a）　　　　　　　　（b）

图 5-30　绘制作图基准线及线框　　　　　　　图 5-31　绘制并编辑线框

【练习 5-12】 绘制图 5-32 所示的图形。

练习 5-12 利用已有图形生成新图形 (2)

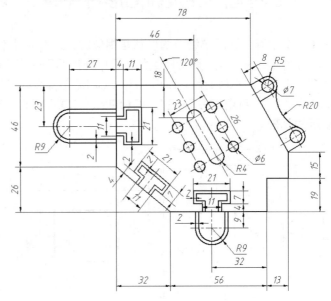

图 5-32　编辑已有图形生成新图形（2）

主要作图步骤如图 5-33 所示。

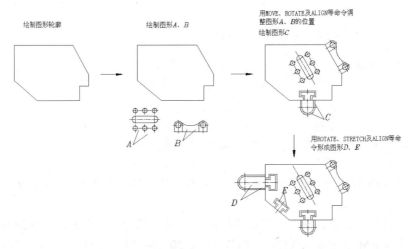

图 5-33　主要作图步骤

5.7 绘制组合体视图及剖视图

练习 5-13 根据轴测图绘制组合体三视图 (1)

【练习 5-13】　根据轴测图绘制三视图，如图 5-34 所示。

（1）创建 3 个图层。

名称	颜色	线型	线宽
轮廓线层	绿色	Continuous	0.5
中心线层	红色	Center	默认
虚线层	黄色	Dashed	默认

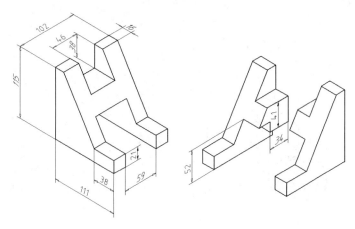

图 5-34　绘制三视图

（2）设定线型全局比例因子为 0.3。设定绘图区域大小为 170×170，并使该区域充满整个图形窗口显示出来。

（3）打开极轴追踪、对象捕捉及自动追踪功能。指定极轴追踪角度增量为 90°，设定对象捕捉方式为"端点""交点"。

（4）切换到轮廓线层，绘制两条作图基准线，如图 5-35（a）所示。用 OFFSET、TRIM 等命令绘制主视图，结果如图 5-35（b）所示。

（5）绘制水平投影线及左视图对称线，如图 5-36（a）所示。用 OFFSET、TRIM 等命令绘制左视图，结果如图 5-36（b）所示。

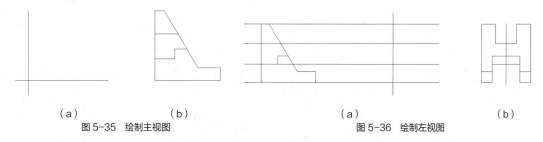

（a）　　　　　　（b）　　　　　　　　　　　（a）　　　　　　　　（b）

　　图 5-35　绘制主视图　　　　　　　　　　　图 5-36　绘制左视图

（6）将左视图复制到屏幕的适当位置，将其旋转 90°，然后用 XLINE 命令从主视图、左视图向俯视图画投影线，结果如图 5-37 所示。

（7）用 OFFSET、TRIM 等命令绘制俯视图细节，结果如图 5-38 所示。

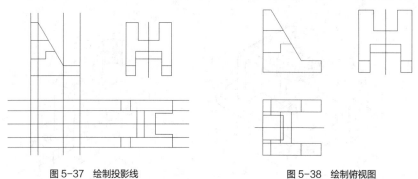

　图 5-37　绘制投影线　　　　　　　图 5-38　绘制俯视图

练习 5-14　根据轴测图绘制组合体三视图（2）

【练习 5-14】　根据轴测图绘制三视图，如图 5-39 所示。

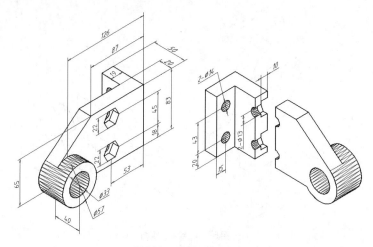

图 5-39　绘制三视图（1）

主要作图步骤如图 5-40 所示。

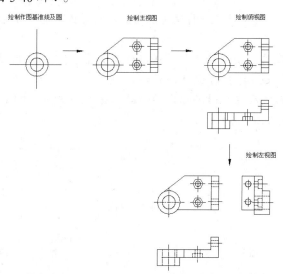

图 5-40　主要作图步骤

【练习 5-15】 根据轴测图绘制三视图，如图 5-41 所示。

练习 5-15　根据轴测图
绘制组合体三视图（3）

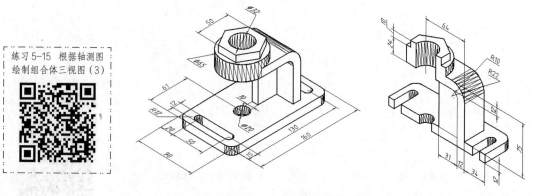

图 5-41　绘制三视图（2）

主要作图步骤如图 5-42 所示。

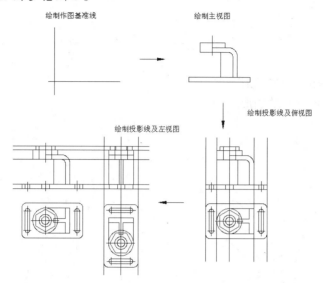

绘制作图基准线　　　　绘制主视图

绘制投影线及俯视图

绘制投影线及左视图

图 5-42　主要作图步骤

【练习 5-16】　根据轴测图及视图轮廓绘制视图及剖视图，如图 5-43 所示。主视图采用半剖方式。

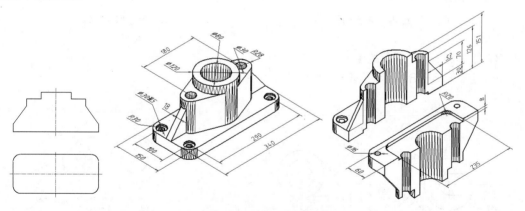

图 5-43　绘制视图及剖视图

主要作图步骤如图 5-44 所示。

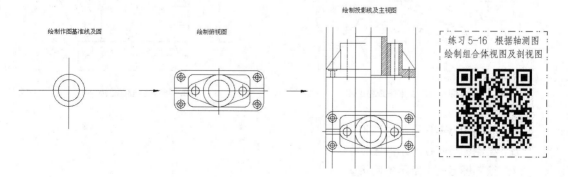

绘制作图基准线及圆　　　　绘制俯视图　　　　绘制投影线及主视图

练习 5-16　根据轴测图绘制组合体视图及剖视图

图 5-44　主要作图步骤

习题

1. 绘制图 5-45 所示的图形。
2. 绘制图 5-46 所示的图形。

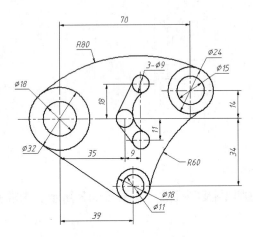

图 5-45 绘制圆弧连接（1）

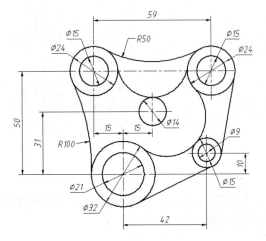

图 5-46 绘制圆弧连接（2）

3. 绘制图 5-47 所示的图形。
4. 绘制图 5-48 所示的图形。

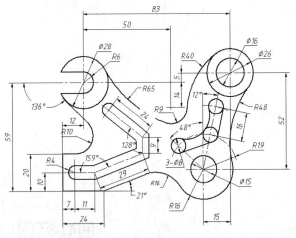

图 5-47 绘制圆弧连接（3）

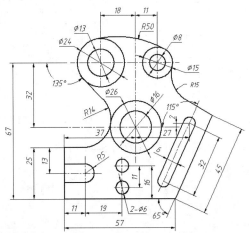

图 5-48 绘制圆弧连接（4）

5. 绘制图 5-49 所示的图形。
6. 绘制图 5-50 所示的图形。
7. 绘制图 5-51 所示的图形。

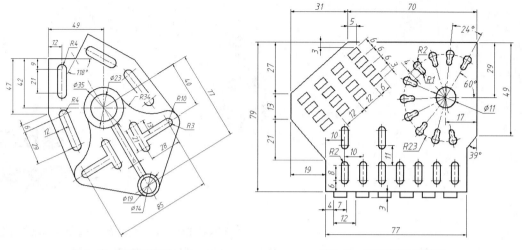

图 5-49　绘制倾斜图形

图 5-50　创建矩形及环形阵列

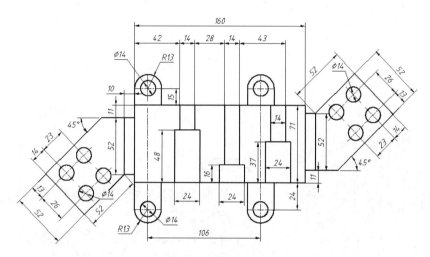

图 5-51　创建矩形阵列

Chapter

6

第6章
书写文字

通过本章的学习，读者要了解文字样式的基本概念，学会创建单行文字和多行文字。

学习目标

- 掌握创建、修改文字样式的方法。
- 学会书写单行文字和多行文字。
- 能够编辑文字内容和属性。
- 能够新建表格样式。
- 熟悉创建表格对象的方法。

AutoCAD 2014

6.1 书写文字的方法

在 AutoCAD 中有两类文字对象：一类是单行文字，另一类是多行文字，它们分别由 DTEXT 和 MTEXT 命令来创建。一般来讲，比较简短的文字项目（如标题栏信息、尺寸标注说明等）常常采用单行文字，而对带有段落格式的信息（如工艺流程、技术条件等）常采用多行文字。

AutoCAD 生成的文字对象，其外观由与它关联的文字样式决定。默认情况下，Standard 文字样式是当前样式，用户也可根据需要创建新的文字样式。

本节主要内容包括创建文字样式、书写单行文字和多行文字等。

6.1.1 课堂实训——书写单行及多行文字

实训的任务是在图中书写说明文字，如图 6-1 所示。首先创建文字样式，并使其成为当前样式，然后使用 TEXT 和 MTEXT 命令分别创建简短及段落文字。

【练习 6-1】 打开素材文件"dwg\ 第 6 章 \6-1.dwg"，在图中添加单行及多行文字，结果如图 6-1 所示。

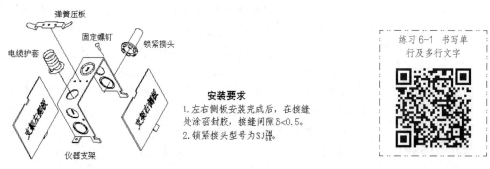

图 6-1　添加单行及多行文字

（1）创建新的文字样式，样式名称为"新文字样式 -1"，该样式连接的字体文件是"宋体"。

使"新文字样式 -1"成为当前样式，然后利用 TEXT 命令书写单行文字，字高为 10，结果如图 6-2 所示。

（2）创建新文字样式，样式名为"新文字样式 -2"，设定该样式连接的字体文件是"宋体"，文字倾斜角度为 30°。

（3）使"新文字样式 -2"成为当前样式，然后沿 60° 方向书写单行文字，字高为 10，结果如图 6-3 所示。

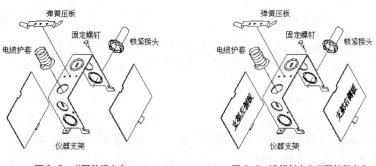

图 6-2　书写单行文字　　　　　图 6-3　沿倾斜方向书写单行文字

（4）启动 MTEXT 命令，在图形右边的适当区域指定文字分布范围，然后在文字编辑器中输入文字，如图6-4所示。文字字高为12，"安装要求"的字体为黑体，其余文字采用仿宋体。

（5）在文字编辑器中输入特殊符号，再形成堆叠形式文字，结果如图6-5所示。

图6-4　输入多行文字　　　　　　　　　　　　图6-5　输入特殊符号

（6）单击 ╳ 按钮完成。

6.1.2　创建国标文字样式及书写单行文字

文字样式主要用于控制与文本连接的字体文件、字符宽度、文字倾斜角度及高度等项目。用户可以针对每一种不同风格的文字创建对应的文字样式，这样在输入文本时就可用相应的文字样式来控制文本的外观。例如，用户可建立专门用于控制尺寸标注文字和设计说明文字外观的文字样式。

TEXT命令用于创建单行文字对象。发出此命令后，用户不仅可以设定文本的对齐方式和文字的倾斜角度，还能用"十"字光标在不同的地方选取点以定位文本的位置（系统变量DTEXTED不等于0），该特性使用户只发出一次命令就能在图形的多个区域放置文本。

练习6-2　创建国标文字样式及添加单行文字

【练习6-2】　创建国标文字样式及添加单行文字。

（1）打开素材文件"dwg\ 第6章 \6-2.dwg"。.

（2）选择菜单命令【格式】/【文字样式】，或者单击【默认】选项卡中【注释】面板上的 按钮，打开【文字样式】对话框，如图6-6所示。

（3）单击 新建(N)... 按钮，打开【新建文字样式】对话框，如图6-7所示，在【样式名】文本框中输入文字样式的名称"工程文字"。

图6-6　【文字样式】对话框　　　　　　　　　图6-7　【新建文字样式】对话框

（4）单击 确定 按钮，返回【文字样式】对话框，在【字体名】下拉列表中选择【gbeitc.shx】，再选择【使用大字体】复选项，然后在【大字体】下拉列表中选择【gbcbig.shx】，如图6-6所示。

　要点提示

AutoCAD提供了符合国标的字体文件。在工程图中，中文字体采用"gbcbig.shx"，该字体文件包含了长仿宋字。西文字体采用"gbeitc.shx"或"gbenor.shx"，前者是斜体西文，后者是直体。

（5）单击 应用(A) 按钮，然后关闭【文字样式】对话框。

（6）用 TEXT 命令创建单行文字，如图 6-8 所示。

单击【注释】选项卡中【文字】面板上的 A 单行文字 按钮或输入命令代号 TEXT，启动创建单行文字命令。

命令： TEXT	
指定文字的起点或 [对正(J)/样式(S)]:	// 单击点 A，如图 6-8 所示
指定高度 <3.0000>: 5	// 输入文字高度
指定文字的旋转角度 <0>:	// 按 Enter 键
横臂升降机构	// 输入文字
行走轮	// 在点 B 处单击一点，并输入文字
行走轨道	// 在点 C 处单击一点，并输入文字
行走台车	// 在点 D 处单击一点，输入文字并按 Enter 键
台车行走速度 5.72m/min	// 输入文字并按 Enter 键
台车行走电机功率 3kW	// 输入文字
立架	// 在点 E 处单击一点，并输入文字
配重系统	// 在点 F 处单击一点，输入文字并按 Enter 键
	// 按 Enter 键结束
命令:DTEXT	// 重复命令
指定文字的起点或 [对正(J)/样式(S)]:	// 单击点 G
指定高度 <5.0000>:	// 按 Enter 键
指定文字的旋转角度 <0>: 90	// 输入文字旋转角度
设备总高 5500	// 输入文字并按 Enter 键
	// 按 Enter 键结束

再在点 H 处输入"横臂升降行程 1 500"，结果如图 6-8 所示。

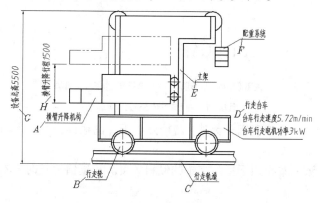

图6-8 创建单行文字

 **要点提示**

若发现图形中的文本没有正确显示出来，则多数情况是由于文字样式所连接的字体不合适。

【文字样式】对话框中的常用选项介绍如下。

• 新建(N)... 按钮：单击此按钮，就可以创建新文字样式。

• 删除(D) 按钮：在【样式】列表框中选择一个文字样式，再单击此按钮，就可以将该文字样式删除。当前样式和正在使用的文字样式不能被删除。

•【字体名】下拉列表：在此下拉列表中罗列了所有的字体。带有双"T"标志的字体是 Windows 系统提供的"TrueType"字体，其他字体是 AutoCAD 自己的字体（*.shx），其中"gbenor.shx"和"gbeitc.shx"（斜体西文）字体是符合国标的工程字体。

- 【使用大字体】: 大字体是指专为亚洲国家设计的文字字体。其中"gbcbig.shx"字体是符合国标的工程汉字字体,该字体文件还包含一些常用的特殊符号。由于"gbcbig.shx"中不包含西文字体定义,所以使用时可将其与"gbenor.shx"和"gbeitc.shx"字体配合使用。

- 【高度】: 输入字体的高度。如果用户在该文本框中指定了文本高度,则当使用 DTEXT(单行文字)命令时,系统将不再提示"指定高度"。

- 【颠倒】: 选择此复选项,文字将上下颠倒显示。该复选项仅影响单行文字,如图 6-9所示。

- 【反向】: 选择此复选项,文字将首尾反向显示。该复选项仅影响单行文字,如图 6-10所示。

AutoCAD 2000 　　AutoCAD 2000　　　　AutoCAD 2000 　　AutoCAD 2000

关闭【颠倒】复选项　　打开【颠倒】复选项　　　关闭【反向】复选项　　打开【反向】复选项

图6-9　关闭或打开【颠倒】复选项　　　　　图6-10　关闭或打开【反向】复选项

- 【垂直】: 选择此复选项,文字将沿竖直方向排列,如图 6-11 所示。

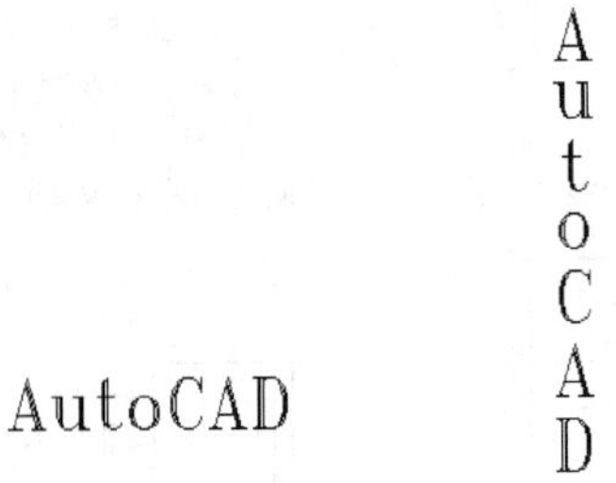

AutoCAD

A
u
t
o
C
A
D

关闭【垂直】复选项　　打开【垂直】复选项

图6-11　关闭或打开【垂直】复选项

- 【宽度因子】: 默认的宽度因子为 1。若输入小于 1 的数值,则文本将变窄;否则,文本变宽,如图 6-12 所示。

- 【倾斜角度】: 该文本框用于指定文本的倾斜角度。角度值为正时向右倾斜,为负时向左倾斜,如图 6-13 所示。

AutoCAD 2000　　AutoCAD 2000　　*AutoCAD 2000*　　AutoCAD 2000

宽度比例因子为1.0　　宽度比例因子为 0.7　　倾斜角度为 30°　　倾斜角度为 −30°

图6-12　调整宽度比例因子　　　　　　　图6-13　设置文字倾斜角度

DTEXT 命令的常用选项介绍如下。

- 对正(J): 设定文字的对齐方式。

- 布满(F): "对正(J)"选项的子选项。使用此选项时,系统提示指定文本分布的起始点、结束点及文字高度。当用户选定两点并输入文本后,系统把文字压缩或扩展,使其充满指定的宽度范围,如图 6-14 所示。

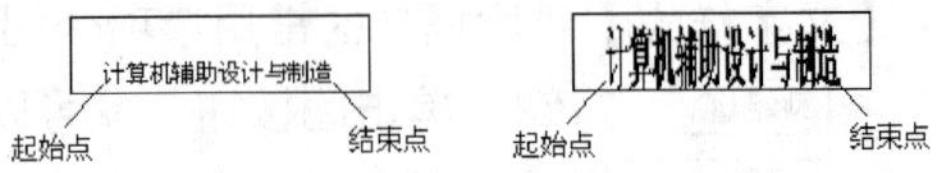

计算机辅助设计与制造　　　计算机辅助设计与制造

起始点　　　　　结束点　　起始点　　　　结束点

"对齐(A)"选项　　　　"调整(F)"选项

图6-14　使文字充满指定的宽度范围

• 样式（S）：指定当前文字样式。

6.1.3 修改文字样式

修改文字样式也是在【文字样式】对话框中进行的，其过程与创建文字样式相似，这里不再重复。

修改文字样式时，用户应注意以下几点。

（1）修改完成后，单击【文字样式】对话框中的 应用(A) 按钮，则修改生效，系统立即更新图样中与此文字样式关联的文字。

（2）当改变文字样式连接的字体文件时，系统改变所有的文字外观。

（3）当修改文字的"颠倒""反向"及"垂直"特性时，系统将改变单行文字的外观，而修改文字高度、宽度因子及倾斜角时，不会引起已有单行文字外观的改变，但将影响此后创建的文字对象。

（4）对于多行文字，只有"垂直""宽度因子"及"倾斜角"选项才影响其外观。

6.1.4 在单行文字中加入特殊符号

工程图中用到的许多符号都不能通过标准键盘直接输入，如文字的下画线、直径代号等。当用户利用 DTEXT 命令创建文字注释时，必须输入特殊的代码来产生特定的字符，这些代码及对应的特殊符号如表 6-1 所示。

表 6-1 特殊字符的代码

代码	字符	代码	字符
%%o	文字的上画线	%%p	表示"±"
%%u	文字的下画线	%%c	直径代号
%%d	角度的度符号		

使用表中代码生成特殊字符的样例如图 6-15 所示。

添加%%u特殊%%u字符   添加**特殊**字符

%%c100   φ100

%%p0.010   ±0.010

图 6-15 创建特殊字符

6.1.5 创建多行文字

MTEXT 命令用于创建复杂的文字说明。用 MTEXT 命令生成的文字段落称为多行文字，它可由任意数目的文字行组成，所有的文字构成一个单独的实体。使用 MTEXT 命令时，用户可以指定文本分布的宽度，但文字沿竖直方向可无限延伸。另外，用户还能设置多行文字中单个字符或某一部分文字的属性（包括文本的字体、倾斜角度和高度等）。

【练习 6-3】 用 MTEXT 命令创建多行文字，文字内容如图 6-16 所示。

练习 6-3 用 MTEXT 命令
创建多行文字

（1）设定绘图区域大小为 80×80，单击【视图】选项卡中【二维导航】面板上的 按钮，使绘图区域充满整个图形窗口显示出来。

（2）创建新文字样式，并使该样式成为当前样式。新样式名称为"文字样式 -1"，与其相连的字体文件是"gbeitc.shx"和"gbcbig.shx"。

（3）单击【默认】选项卡中【注释】面板上的 按钮，AutoCAD 提示如下。

指定第一角点：　　　　　　　　　// 在点 A 处单击一点，如图 6-16 所示
指定对角点：　　　　　　　　　　// 在点 B 处单击一点

（4）系统弹出【文字编辑器】选项卡及文字编辑器，在【样式】面板的【文字高度】文本框中输入数值"3.5"，然后在文字编辑器中键入文字，如图 6-17 所示。

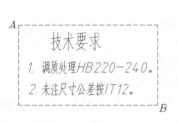

图6-16　创建多行文字

图6-17　输入文字

要点提示

文字编辑器顶部带标尺，利用标尺用户可设置首行文字及段落文字的缩进，还可设置制表位，操作方法如下。
- 拖动标尺上第1行的缩进滑块可改变所选段落第1行的缩进位置。
- 拖动标尺上第2行的缩进滑块可改变所选段落其余行的缩进位置。
- 标尺上显示了默认的制表位，要设置新的制表位，可用鼠标光标单击标尺。要删除创建的制表位，可用鼠标光标按住制表位，将其拖出标尺。

（5）选中文字"技术要求"，然后在【文字高度】文本框中输入数值"5"，按 Enter 键，结果如图 6-18 所示。

（6）选中其他文字，单击【段落】面板上的【以数字标记】选项，再利用标尺上第2行的缩进滑块调整标记数字与文字间的距离，结果如图 6-19 所示。

图6-18　修改文字高度

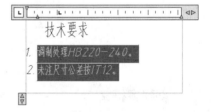

图6-19　添加数字编号

（7）单击【关闭】面板上的 ✕ 按钮，结果如图 6-16 所示。

6.1.6　添加特殊字符

练习6-4　在多行文字中加入特殊字符

以下过程演示了如何在多行文字中加入特殊字符，文字内容如下。

蜗轮分度圆直径 $=\phi100$
蜗轮蜗杆传动箱钢板厚度≥5

【练习6-4】　添加特殊字符。

（1）设定绘图区域大小为 50×50，单击【视图】选项卡中【二维导航】面板上的 🔍 按钮，使绘图区域充满整个图形窗口显示出来。

（2）创建新文字样式，并使该样式成为当前样式。新样式名称为"样

式 1"，与其相连的字体文件是"gbeitc.shx"和"gbcbig.shx"。

（3）单击【注释】面板上的  按钮，再指定文字分布宽度，AutoCAD 打开【文字编辑器】选项卡，在【样式】面板的【字体高度】文本框中输入数值"3.5"，然后键入文字，如图 6-20 所示。

（4）在要插入直径符号的地方单击鼠标左键，然后单击鼠标右键，弹出快捷菜单，选择【符号】/【直径】命令，结果如图 6-21 所示。

蜗轮分度圆直径=100
蜗轮蜗杆传动箱钢板厚度5

图 6-20　输入文字

蜗轮分度圆直径=∅100
蜗轮蜗杆传动箱钢板厚度5

图 6-21　插入直径符号

（5）在文本输入窗口中单击鼠标右键，弹出快捷菜单，选择【符号】/【其他】命令，打开【字符映射表】对话框，在【字体】下拉列表中选择【Symbol】字体，然后选取需要的字符"≥"，如图 6-22 所示。

（6）单击 选择(S) 按钮，再单击 复制(C) 按钮。

（7）返回文字编辑器，在需要插入"≥"符号的地方单击鼠标左键，然后单击鼠标右键，弹出快捷菜单，选择【粘贴】命令，结果如图 6-23 所示。

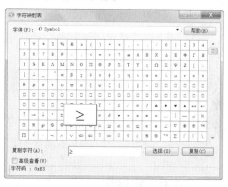

图 6-22　【字符映射表】对话框

要点提示

粘贴"≥"符号后，AutoCAD 将自动回车。

（8）把"≥"符号的高度修改为 3.5，再将鼠标光标放置在此符号的后面，按 Delete 键，结果如图 6-24 所示。

蜗轮分度圆直径=∅100
蜗轮蜗杆传动箱钢板厚度≥
5

图 6-23　插入"≥"符号

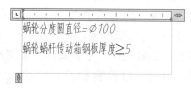

蜗轮分度圆直径=∅100
蜗轮蜗杆传动箱钢板厚度≥5

图 6-24　修改字符的高度

（9）单击【关闭】面板上的 ✖ 按钮完成。

6.1.7　创建分数及公差形式文字

下面使用多行文字编辑器创建分数及公差形式文字，文字内容如图 6-25 所示。

【练习 6-5】 创建分数及公差形式文字。

（1）打开文字编辑器，设置字体为"gbeitc,gbcbig"，输入多行文字，如图 6-26 所示。

（2）选择文字"H7/m6"，单击鼠标右键，选择【堆叠】命令，结果如图 6-27 所示。

练习 6-5　创建分数及公差形式文字

（3）选择文字"+ 0.020^ - 0.016"，单击鼠标右键，选择【堆叠】命令，结果如图 6-28 所示。

（4）单击【关闭】面板上的 ✕ 按钮完成。

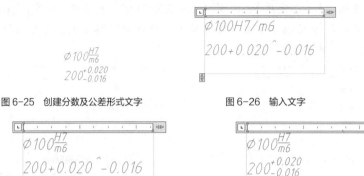

图 6-25　创建分数及公差形式文字　　　　　　　图 6-26　输入文字

图 6-27　创建分数形式文字　　　　　　　　　图 6-28　创建公差形式文字

要点提示

通过堆叠文字的方法也可创建文字的上标或下标，输入方式为"上标 ^""^ 下标"。例如，输入 "53^"，选中 "3^"，单击鼠标右键，选择【堆叠】命令，结果为 "5³"。

6.1.8　编辑文字

编辑文字的常用方法有以下 3 种。

（1）双击文字就可编辑它。对于多行文字，将打开【文字编辑器】选项卡。

（2）使用 DDEDIT 命令编辑单行或多行文字（双击文字启动该命令）。选择的对象不同，系统将打开不同的对话框。对于单行文字，系统显示文本编辑框；对于多行文字，系统则打开【文字编辑器】选项卡。用 DDEDIT 命令编辑文本的优点是：此命令连续地提示用户选择要编辑的对象，因而只要发出 DDEDIT 命令就能一次修改许多文字对象。

（3）用 properties 命令修改文本。选择要修改的文字后，单击鼠标右键，弹出快捷菜单，选择【特性】命令，启动 properties 命令，打开【特性】对话框。在此对话框中用户不仅能修改文本的内容，还能编辑文本的其他许多属性，如倾斜角度、对齐方式、高度及文字样式等。

【练习 6-6】 打开素材文件"dwg\ 第 6 章 \6-6.dwg"，如图 6-29（a）所示，修改文字内容、字体及字高，结果如图6-29（a）所示。图6-29（b）中的文字特性如下。

练习 6-6　修改文字内容、字体及字高

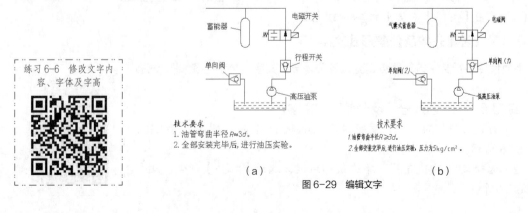

（a）　　　　　　　　　　　　　　　　（b）

图 6-29　编辑文字

- "技术要求"：字高为 5，字体为"gbeitc,gbcbig"。
- 其余文字：字高为 3.5，字体为"gbeitc,gbcbig"。

（1）创建新文字样式，新样式名称为"工程文字"，与其相连的字体文件是"gbeitc.shx"和"gbcbig.shx"。

（2）选择菜单命令【修改】/【对象】/【文字】/【编辑】，启动 DDEDIT 命令。用该命令修改"蓄能器""行程开关"等单行文字的内容，再用 properties 命令将这些文字的高度修改为"3.5"，并使其与样式"工程文字"相连，结果如图 6-30（a）所示。

（3）用 DDEDIT 命令修改"技术要求"等多行文字的内容，再改变文字高度，并使其采用"gbeitc,gbcbig"字体（与样式"工程文字"相连），结果如图 6-30（b）所示。

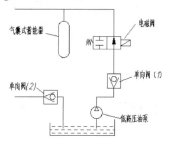

（a）

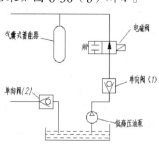

（b）

图 6-30　修改文字内容及高度等

6.1.9　在工程图中使用注释性文字

在工程图中书写文字时，需要注意的一个问题是：尺寸文本的高度应设置为图纸上的实际高度与打印比例倒数的乘积。例如，文本在图纸上的高度为 3.5，打印比例为 1：2，则书写文字时设定文本高度应为 7。

在工程图中书写说明文字时，也可采用注释性文字，此类对象具有注释比例属性，只需设置注释对象当前注释比例等于出图比例，就能保证出图后文字高度与最初设定值一致。

可以认为注释比例就是打印比例，创建注释文字后，系统自动以当前注释比例的倒数缩放其外观，这样就保证了输出图形后文字外观等于设定值。例如，设定字高为 3.5，设置当前注释比例为 1：2，创建文字后其注释比例为 1：2，显示在图形窗口中的文字外观将放大一倍，字高变为 7。这样当以 1：2 比例出图后，文字高度变为 3.5。

若文字样式是注释性的，则与其关联的文字就是注释性的。在【文字样式】对话框中选择【注释性】选项，就将文字样式修改为注释性文字样式，如图 6-31 所示。

注释对象可以具有一个或多个注释比例，设定其中之一为当前注释比例，则注释对象外观以该比例值的倒数为缩放因子变大或变小。选择注释对象，通过右键快捷菜单上的【特性】命令可添加或删除注释比例。单击 AutoCAD 状态栏底部的 人1:1▼ 按钮，可指定

图 6-31　【文字样式】对话框

注释对象的某个比例值为当前注释比例。

6.1.10 上机练习——填写明细表及创建单行文字和多行文字

练习6-7 给表格中添加文字的技巧

【练习6-7】 给表格中添加文字的技巧。

（1）打开素材文件"dwg\ 第6章 \6-7.dwg"。

（2）创建新文字样式，并使其成为当前样式。新样式名称为"工程文字"，与其相连的字体文件是"gbeitc.shx"和"gbcbig.shx"。

（3）用 DTEXT 命令在明细表底部第1行中书写文字"序号"，字高为5，结果如图6-32所示。

（4）用 COPY 命令将"序号"由点 A 复制到点 B、点 C、点 D、点 E，结果如图6-33所示。

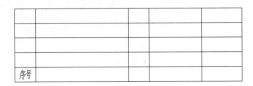

图6-32 书写文字"序号"

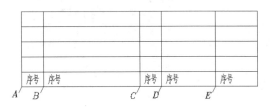

图6-33 复制对象

（5）用 DDEDIT 命令修改文字内容，再用 MOVE 命令调整"名称""材料"等的位置，结果如图6-34所示。

（6）把已经填写的文字向上阵列，结果如图6-35所示。

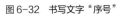

图6-34 编辑文字内容

序号	名称	数量	材料	备注
序号	名称	数量	材料	备注
序号	名称	数量	材料	备注
序号	名称	数量	材料	备注
序号	名称	数量	材料	备注

图6-35 阵列文字

（7）用 DDEDIT 命令修改文字内容，结果如图6-36所示。

（8）把序号及数量数字移动到表格的中间位置，结果如图6-37所示。

练习6-8 书写单行文字

4	转轴	1	45
3	定位板	2	Q235
2	轴承盖	1	HT200
1	轴承座	1	HT200
序号	名称	数量	材料	备注

图6-36 修改文字内容

4	转轴	1	45
3	定位板	2	Q235
2	轴承盖	1	HT200
1	轴承座	1	HT200
序号	名称	数量	材料	备注

图6-37 移动文字

【练习6-8】 打开素材文件"dwg\ 第6章 \6-8.dwg"，在图中添加单行文字，如图6-38所示。文字字高为3.5，字体采用"楷体"。

练习6-9 书写多行文字及添加特殊字符

【练习6-9】 打开素材文件"dwg\ 第6章 \6-8.dwg"，在图中添加多行文字，如图6-39所示。图中的文字特性如下。

· "α、λ、δ、□、≥"：字高为4，字体采用"symbol"。

· 其余文字：字高为5，中文字体采用"gbcbig.shx"，西文字体采用"gbeitc.shx"。

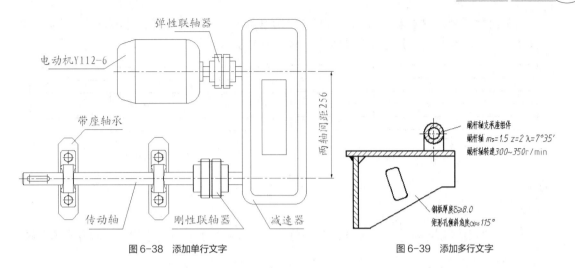

图 6-38 添加单行文字

图 6-39 添加多行文字

6.2 创建表格对象

在 AutoCAD 中，用户可以生成表格对象。创建该对象时，系统首先生成一个空白表格，用户可在该表中填入文字信息。用户可以很方便地修改表格的宽度、高度及表中的文字，还可按行、列方式删除表格单元或者合并表中的相邻单元。

6.2.1 课堂实训——创建表格对象并填写文字

实训的任务是在图中书写说明文字，如图 6-40 所示。首先创建文字样式，并使其成为当前样式，然后使用 TEXT 和 MTEXT 命令分别创建简短及段落文字。

练习 6-10 创建表格对象并填写文字

【练习 6-10】 创建图 6-40 所示的表格对象，表中文字字高分别为 3.5 和 4.0，字体为"楷体"。此练习的目的是使读者掌握创建及填写表格对象的方法。

（1）创建新的表格样式"表格样式 -1"，指定该样式与"楷体"相连，再设定表中的文字高度为 3.5，其他选项采用默认值。

（2）启动 TABLE 命令，打开【插入表格】对话框，在该对话框【表格样式】下拉列表中选择"表格样式 -1"，然后输入创建表格的参数，如图 6-41 所示。

	技 术 数 据		10
1	额定重量	1.5吨	8
2	工件重心与工作台面的最大距离	350mm	8
3	工作台的回转速度	5r/min	8
4	工作台最大倾斜角度	±10°	8
12	75	50	

图 6-40 创建表格对象

图 6-41 【插入表格】对话框

（3）单击 确定 按钮，创建图 6-42 所示的表格。

（4）按住鼠标左键在表格内拖动矩形框，选中第1行的所有单元，再单击鼠标右键，弹出快捷菜单，选择【合并】/【全部】命令，结果如图6-43所示。

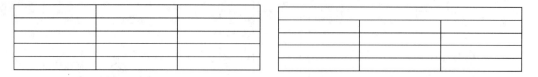

图6-42　创建表格　　　　　　　　　　　　　　　图6-43　合并单元

 要点提示

选择一个单元，然后按住 Shift 键选择另一单元，则这两个单元以及它们之间的所有单元被选中。

（5）选中第1行的单元，然后启动 PROPERTIES 命令，打开【特性】对话框，在【单元高度】栏中输入数值"10"，如图6-44所示。

（6）用类似的方法修改表格的其余尺寸，结果如图6-45所示。

图6-44　【特性】对话框　　　　　　　　　　　　图6-45　修改表格尺寸

（7）双击第1行以激活它，在其中输入文字，文字高度为4，如图6-46所示。

 要点提示

在某一单元中填写文字时，可使用箭头键将光标移动到上、下、左、右相邻的另一单元。

（8）用同样的方法输入表格中的其他文字，结果如图6-47所示。

技　术　数　据		
1	额定重量	1.5吨
2	工件重心与工作台面的最大距离	350mm
3	工作台的回转速度	5r/min
4	工作台最大倾斜角度	±10°

图6-46　在第1行输入文字　　　　　　　　　　　图6-47　输入表格中的其他文字

6.2.2　表格样式

表格对象的外观由表格样式控制。默认情况下，表格样式是"Standard"，但用户可以根据需要创建新的表格样式。"Standard"表格的外观如图6-48所示，第1行是标题行，第2行是表头行，其他行是数据行。

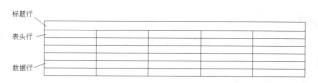

图 6-48 表格对象

在表格样式中，用户可以设定表格单元文字的文字样式、字高、对齐方式及表格单元的填充颜色，还可设定单元边框的线宽、颜色以及控制是否将边框显示出来。

【**练习 6-11**】 创建新的表格样式。

（1）创建新文字样式，新样式名称为"工程文字"，与其相连的字体文件是"gbeitc.shx"和"gbcbig.shx"。

（2）选择菜单命令【格式】/【表格样式】或单击【注释】面板上的 按钮，打开【表格样式】对话框，如图 6-49 所示，利用该对话框用户可以新建、修改及删除表格样式。

（3）单击 新建(N)... 按钮，弹出【创建新的表格样式】对话框，在【基础样式】下拉列表中选择新样式的原始样式【Standard】，该原始样式为新样式提供默认设置；在【新样式名】文本框中输入新样式的名称"表格样式 -1"，如图 6-50 所示。

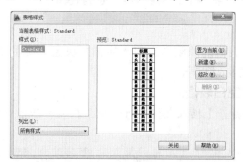

图 6-49 【表格样式】对话框

图 6-50 【创建新的表格样式】对话框

（4）单击 继续 按钮，打开【新建表格样式】对话框，如图 6-51 所示。在【单元样式】下拉列表中分别选择【数据】、【标题】、【表头】选项，在【文字】选项卡中指定文字样式为"工程文字"，字高为"3.5"，在【常规】选项卡中指定文字对齐方式为【正中】。

（5）单击 确定 按钮，返回【表格样式】对话框，再单击 置为当前(U) 按钮，使新的表格样式成为当前样式。

【新建表格样式】对话框中常用选项的功能如下。

图 6-51 【新建表格样式】对话框

①【常规】选项卡

•【填充颜色】：指定表格单元的背景颜色，默认值为"无"。

•【对齐】：设置表格单元中文字的对齐方式。

•【水平】：设置单元文字与左右单元边界之间的距离。

•【垂直】：设置单元文字与上下单元边界之间的距离。

②【文字】选项卡

•【文字样式】：选择文字样式，单击□按钮，打开【文字样式】对话框，利用该对话框可创建新的文字样式。

•【文字高度】：输入文字的高度。

•【文字角度】：设定文字的倾斜角度。逆时针为正，顺时针为负。

③【边框】选项卡

•【线宽】：指定表格单元的边界线宽。

•【颜色】：指定表格单元的边界颜色。

• 田按钮：将边界特性设置应用于所有单元。

• 回按钮：将边界特性设置应用于单元的外部边界。

• 田按钮：将边界特性设置应用于单元的内部边界。

• 回、回、回及回按钮：将边界特性设置应用于单元的底、左、上、右边界。

• 回按钮：隐藏单元的边界。

④【表格方向】

•【向下】：创建从上向下读取的表对象。标题行和表头行位于表的顶部。

•【向上】：创建从下向上读取的表对象。标题行和表头行位于表的底部。

6.2.3 创建及修改空白表格

TABLE命令用于创建空白表格，空白表格的外观由当前表格样式决定。使用该命令时，用户要输入的主要参数有行数、列数、行高及列宽等。

【练习6-12】 创建图6-52所示的空白表格。

（1）单击【注释】面板上的□按钮，打开【插入表格】对话框，在该对话框中输入创建表格的参数，如图6-53所示。

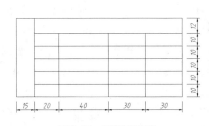

图6-52　创建空白表格　　　　　　　　　　图6-53　【插入表格】对话框

（2）单击 确定 按钮，再关闭文字编辑器，创建图6-54所示的表格。

（3）在表格内按住鼠标左键并拖动鼠标光标，选中第1行和第2行，弹出【表格单元】选项卡，单击选项卡中【行】面板上的□按钮，删除选中的两行，结果如图6-55所示。

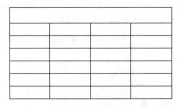

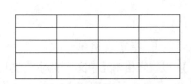

图6-54　创建空白表格　　　　　　　　图6-55　删除第1行和第2行

（4）选中第 1 列的任一单元，单击鼠标右键，弹出快捷菜单，选择【列】/【在左侧插入】命令，插入新的一列，结果如图 6-56 所示。

（5）选中第 1 行的任一单元，单击鼠标右键，弹出快捷菜单，选择【行】/【在上方插入】命令，插入新的一行，结果如图 6-57 所示。

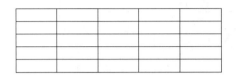
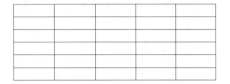

图 6-56　插入新的一列　　　　　　　　　　　　图 6-57　插入新的一行

（6）按住鼠标左键并拖动鼠标光标，选中第 1 列的所有单元，然后单击鼠标右键，弹出快捷菜单，选择【合并】/【全部】命令，结果如图 6-58 所示

（7）按住鼠标左键并拖动鼠标光标，选中第 1 行的所有单元，然后单击鼠标右键，弹出快捷菜单，选择【合并】/【全部】命令，结果如图 6-59 所示。

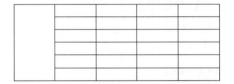
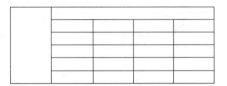

图 6-58　合并第 1 列的所有单元　　　　　　　　图 6-59　合并第 1 行的所有单元

（8）分别选中单元 A、B，然后利用关键点拉伸方式调整单元的尺寸，结果如图 6-60 所示。

（9）选中单元 C，单击鼠标右键，选择【特性】命令，打开【特性】对话框，在【单元宽度】及【单元高度】栏中分别输入数值 "20" "10"，结果如图 6-61 所示。

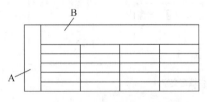
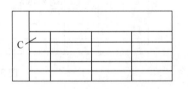

图 6-60　调整单元的尺寸　　　　　　　　　　　图 6-61　调整单元的宽度及高度

（10）用类似的方法修改表格的其余尺寸。

6.2.4　用 TABLE 命令创建及填写标题栏

在表格单元中用户可以很方便地填写文字信息。用 TABLE 命令创建表格后，AutoCAD 会亮显表的第 1 个单元，同时打开文字编辑器，此时就可以输入文字了，此外，双击某一单元也能将其激活，从而可在其中填写或修改文字。当要移动到相邻的下一个单元时，就按 Tab 键，或者使用箭头键向左、右、上或下移动。

练习6-13　创建及填写标题栏

【练习 6-13】 创建及填写标题栏，如图 6-62 所示。

（1）创建新的表格样式，样式名为 "工程表格"。设定表格单元中的文字采用字体 "gbeitc.shx" 和 "gbcbig.shx"，文字高度为 5，对齐方式为 "正中"，文字与单元边框的距离为 0.1。

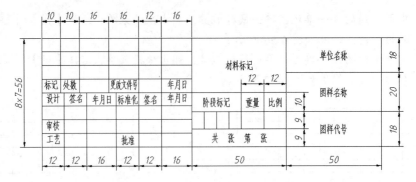

图 6-62　创建及填写标题栏

（2）指定"工程表格"为当前样式，用 TABLE 命令创建 4 个表格，如图 6-63（a）所示。用 MOVE 命令将这些表格组合成标题栏，结果如图 6-63（b）所示。

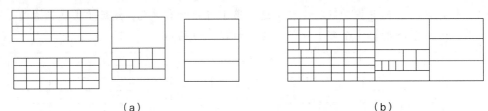

（a）　　　　　　　　　　　　　　　　　　　　　　　（b）

图 6-63　创建 4 个表格并将其组合成标题栏

（3）双击表格的某一单元以激活它，在其中输入文字，按箭头键移动到其他单元继续填写文字，结果如图 6-64 所示。

图 6-64　在表格中填写文字

 要点提示

双击"更改文件号"单元，选择所有文字，然后在【格式】面板上的 ○ | 0.7000 | 文本框中输入文字的宽度比例因子为"0.8"，这样表格单元就有足够的宽度来容纳文字了。

习题

1. 打开素材文件"dwg\ 第 6 章 \6-14.dwg"，在图中添加单行文字，如图 6-65 所示。文字字高为 3.5，中文字体采用"gbcbig.shx"，西文字体采用"gbeitc.shx"。

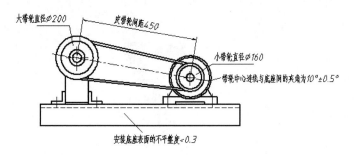

图 6-65　书写单行文字

2. 打开素材文件"dwg\ 第 6 章 \6-15.dwg"，在图中添加多行文字，如图 6-66 所示。图中的文字特性如下。

• "弹簧总圈数……"及"加载到……"：文字字高为 5，中文字体采用"gbcbig.shx"，西文字体采用"gbeitc.shx"。

• "检验项目"：文字字高为 4，字体采用"黑体"。

• "检验弹簧……"：文字字高为 3.5，字体采用"楷体"。

3. 创建图 6-67 所示的表格对象，表中文字字高分别为 3.5 和 5.0，中文字体采用"gbcbig.shx"，西文字体采用"gbeitc.shx"。

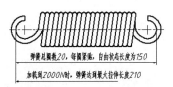

弹簧总圈数20，每圈紧贴，自由状态长度为150

加载到2000N时，弹簧达到最大拉伸长度210

检验项目：检验弹簧的拉力，当将弹簧拉伸到长度180时，拉力为1080N，偏差不大于30N。

可靠性措施和情况	电池保护	锂电池，可连续使用5年	8
	瞬时停电补偿	小于20毫秒的停电可不出错运行	8
	抗电平干扰能力	1000V	8
	电池电压监视	电压不足指示灯显示	8
	CPU出错自诊断	程序监视器	8
22	35	60	

图 6-66　书写多行文字　　　　　　　　图 6-67　创建表格对象

Chapter

7

第7章
标注尺寸

通过本章的学习，读者要了解尺寸样式的基本概念，掌握标注及编辑各类尺寸的方法。

学习目标

- 掌握创建标注样式的方法。
- 掌握标注直线型、角度型、直径及半径型尺寸等的方法。
- 熟悉标注尺寸公差和形位公差的方法。
- 熟悉编辑尺寸文字和调整标注位置的方法。

7.1 课堂实训——标注尺寸的方法

AutoCAD 的尺寸标注命令很丰富，利用它可以轻松地创建出各种类型的尺寸。所有尺寸与尺寸样式关联，通过调整尺寸样式，就能控制与该样式关联的尺寸标注的外观。下面通过练习来介绍 AutoCAD 的尺寸标注命令和创建尺寸样式的方法。

【练习 7-1】 打开素材文件"dwg\ 第 7 章 \7-1.dwg"，创建尺寸样式并标注尺寸，如图 7-1 所示。

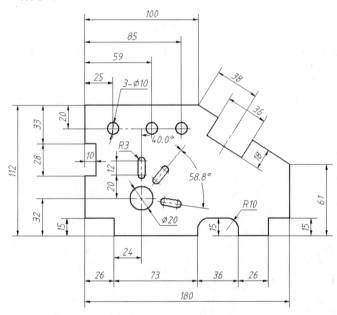

图 7-1 标注尺寸

7.1.1 创建国标尺寸样式

尺寸标注是一个复合体，它以块的形式存储在图形中（在第 8 章中将讲解块的概念），其组成部分包括尺寸线、尺寸线两端起止符号（箭头或斜线等）、尺寸界线及标注文字等，所有这些组成部分的格式都由尺寸样式来控制。

在标注尺寸前，用户一般都要创建尺寸样式，否则，AutoCAD 将使用默认样式 ISO-25来生成尺寸标注。在 AutoCAD 中可以定义多种不同的标注样式并为之命名，标注时，用户只需指定某个样式为当前样式，就能创建相应的标注形式。

建立符合国标规定的尺寸样式的步骤如下。

（1）建立新文字样式，样式名为"工程文字"，与该样式相连的字体文件是"gbeitc.shx"（或"gbenor.shx"）和"gbcbig.shx"。

（2）单击【注释】面板上的 ⚄ 按钮或选择菜单命令【格式】/【标注样式】，打开【标注样式管理器】对话框，如图 7-2 所示。通过该对话框可以命名新的尺寸样式或修改样式中的尺寸变量。

（3）单击 新建(N)... 按钮，打开【创建新标注样式】对话框，如图 7-3 所示。在该对话框的【新样式名】文本框中输入新的样式名称"工程标注"，在【基础样式】下拉列表中指定某个尺寸样式作为新样式的基础样式，则新样式将包含基础样式的所有设置。此外，用户还可在【用于】下拉列表中设定新样式对某一种类尺寸的特殊控制。默认情况下，【用于】下拉列表中的选项是【所有标注】，是指新样式将控制所有的类型尺寸。

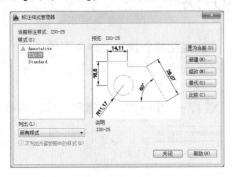

图 7-2 【标注样式管理器】对话框　　　　　　　　图 7-3 【创建新标注样式】对话框

（4）单击 继续 按钮，打开【新建标注样式】对话框，如图 7-4 所示。

（5）在【线】选项卡的【基线间距】、【超出尺寸线】和【起点偏移量】文本框中分别输入"7""2"和"0"。

要点提示

- 【基线间距】：此选项决定了平行尺寸线间的距离。例如，当创建基线型尺寸标注时，相邻尺寸线间的距离由该选项控制，如图 7-5 所示。

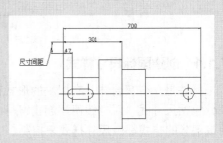

图 7-4 【新建标注样式】对话框　　　　　　　　　图 7-5 控制尺寸线间的距离

- 【超出尺寸线】：控制尺寸界线超出尺寸线的距离，如图 7-6 所示。国标中规定，尺寸界线一般超出尺寸线 2mm ~ 3mm。
- 【起点偏移量】：控制尺寸界线起点与标注对象端点间的距离，如图 7-7 所示。

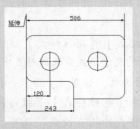

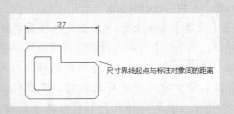

图 7-6 设定尺寸界线超出尺寸线的长度　　　　　图 7-7 控制尺寸界线起点与标注对象间的距离

（6）在【符号和箭头】选项卡的【第一个】下拉列表中选择【实心闭合】，在【箭头大小】栏中输入"2"，该值用于设定箭头的长度。

（7）在【文字】选项卡的【文字样式】下拉列表中选择【工程文字】，在【文字高度】、【从尺寸线偏移】栏中分别输入"2.5"和"0.8"，在【文字对齐】分组框中选择【与尺寸线对齐】选项。

 **要点提示**

- 【文字样式】：在此下拉列表中选择文字样式或者单击其右边的 ⌷⌷ 按钮，打开【文字样式】对话框，利用该对话框创建新的文字样式。
- 【从尺寸线偏移】：该选项用于设定标注文字与尺寸线间的距离。
- 【与尺寸线对齐】：使标注文本与尺寸线对齐。对于国标标注，应选择此选项。

（8）在【调整】选项卡的【使用全局比例】栏中输入"2"，该比例值将影响尺寸标注所有组成元素的大小，如标注文字、尺寸箭头等，如图 7-8 所示。当用户欲以 1∶2 的比例将图样打印在标准幅面的图纸上时，为保证尺寸外观合适，应设定标注的全局比例为打印比例的倒数，即 2。

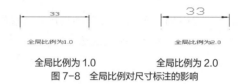

全局比例为 1.0　　　　全局比例为 2.0
图 7-8　全局比例对尺寸标注的影响

（9）进入【主单位】选项卡，在【线性标注】分组框的【单位格式】、【精度】和【小数分隔符】下拉列表中分别选择【小数】、【0.00】和【句点】，在【角度标注】分组框的【单位格式】和【精度】下拉列表中分别选择【十进制度数】和【0.0】。

（10）单击 ▢确定▢ 按钮，得到一个新的尺寸样式，再单击 ▢置为当前(U)▢ 按钮，使新样式成为当前样式。

7.1.2　创建长度型尺寸

标注长度尺寸一般可使用以下两种方法。

（1）通过在标注对象上指定尺寸线的起始点及终止点来创建尺寸标注。

（2）直接选取要标注的对象。

DIMLINEAR 命令用于标注水平、竖直及倾斜方向的尺寸。标注时，若要使尺寸线倾斜，则输入"R"选项，然后输入尺寸线的倾角即可。

标注水平、竖直及倾斜方向尺寸的步骤如下。

（1）创建一个名为"尺寸标注"的图层，并使该层成为当前层。

（2）打开对象捕捉，设置捕捉类型为"端点""圆心"和"交点"。

（3）单击【注释】选项卡中【标注】面板上的 ▢线性▾▢ 按钮，启动 DIMLINEAR 命令。

```
命令：_dimlinear
指定第一条延伸线原点或 <选择对象>：        // 捕捉端点 A，如图 7-9 所示
指定第二条延伸线原点：                    // 捕捉端点 B
指定尺寸线位置或 [ 多行文字 (M)/文字 (T)/角度 (A)/水平 (H)/垂直 (V)/旋转 (R)]：
                                        // 向左移动鼠标光标，将尺寸线放置在适当位置，单击鼠标左键结束
命令：DIMLINEAR                          // 重复命令
指定第一条延伸线原点或 <选择对象>：        // 按 Enter 键
选择标注对象：                          // 选择线段 C
指定尺寸线位置：                        // 向上移动鼠标光标，将尺寸线放置在适当位置，单击鼠标左键结束
```

继续标注尺寸"180"和"61"，结果如图 7-9 所示。

DIMLINEAR 命令的选项介绍如下。

• 多行文字（M）：使用该选项，打开多行文字编辑器，利用此编辑器用户可输入新的标注文字。

 要点提示

若用户修改了系统自动标注的文字，则会失去尺寸标注的关联性，即尺寸数字不随标注对象的改变而改变。

• 文字（T）：使用此选项可以在命令行上输入新的尺寸文字。

• 角度（A）：通过此选项设置文字的放置角度。

• 水平（H）/垂直（V）：创建水平或垂直型尺寸。用户也可通过移动鼠标光标来指定创建何种类型的尺寸。若左右移动鼠标光标，则生成垂直尺寸；若上下移动鼠标光标，则生成水平尺寸。

• 旋转（R）：使用 DIMLINEAR 命令时，AutoCAD 自动将尺寸线调整成水平或竖直方向的。"旋转（R）"选项可使尺寸线倾斜一定角度，因此可利用此选项标注倾斜的对象，如图 7-10 所示。

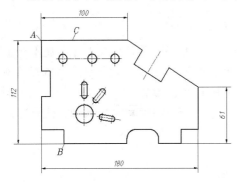

图 7-9 标注长度型尺寸

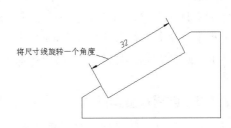

图 7-10 使尺寸线倾斜一个角度

7.1.3 创建对齐尺寸标注

标注倾斜对象的真实长度可使用对齐尺寸，对齐尺寸的尺寸线平行于倾斜的标注对象。如果用户选择两个点来创建对齐尺寸，则尺寸线与两点的连线平行。

创建对齐尺寸的步骤如下。

（1）单击【注释】选项卡中【标注】面板上的 对齐 按钮，启动 DIMALIGNED 命令。

```
命令：_dimaligned
指定第一条延伸线原点或 <选择对象>：              // 捕捉点 D，如图 7-11 所示
指定第二条延伸线原点：per 到                    // 捕捉垂足 E
指定尺寸线位置或 [多行文字 (M)/文字 (T)/角度 (A)]：  // 移动鼠标光标，指定尺寸线的位置
命令：DIMALIGNED                              // 重复命令
指定第一条延伸线原点或 <选择对象>：              // 捕捉点 F
指定第二条延伸线原点：                          // 捕捉点 G
指定尺寸线位置或 [多行文字 (M)/文字 (T)/角度 (A)]：  // 移动鼠标光标，指定尺寸线的位置
```

结果如图 7-11（a）所示。

（2）选择尺寸"36"或"38"，再选中文字处的关键点，移动鼠标光标，调整文字及尺寸线的位置，最后标注尺寸"18"，结果如图 7-11（b）所示。

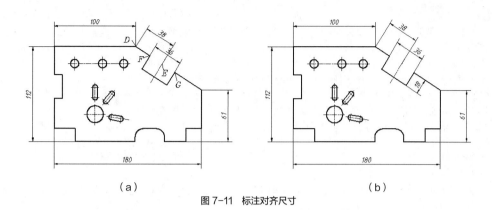

（a） （b）

图 7-11 标注对齐尺寸

7.1.4 创建连续型和基线型尺寸标注

连续型尺寸标注是一系列首尾相连的标注形式，而基线型尺寸是指所有的尺寸都从同一点开始标注，即公用一条尺寸界线。在创建这两种形式的尺寸时，应首先建立一个尺寸标注，然后发出标注命令。

创建连续型和基线型尺寸标注的步骤如下。

（1）利用关键点编辑方式向下调整尺寸"180"的尺寸线位置，然后标注连续尺寸。

```
命令：_dimlinear                              // 标注尺寸"26"，如图 7-12（a）所示
指定第一条延伸线原点或 <选择对象>：             // 捕捉点 H
指定第二条延伸线原点：                          // 捕捉点 I
指定尺寸线位置：                                // 移动鼠标光标，指定尺寸线的位置
```

打开【注释】选项卡，单击【标注】面板上的 按钮，启动创建连续标注命令。

```
命令：_dimcontinue
指定第二条延伸线原点或 [放弃(U)/选择(S)] <选择>：    // 捕捉点 J
指定第二条延伸线原点或 [放弃(U)/选择(S)] <选择>：    // 捕捉点 K
指定第二条延伸线原点或 [放弃(U)/选择(S)] <选择>：    // 捕捉点 L
指定第二条延伸线原点或 [放弃(U)/选择(S)] <选择>：    // 按 Enter 键
选择连续标注：                                       // 按 Enter 键结束
```

结果如图 7-12（a）所示。

（2）标注尺寸"15""33""28"等，结果如图 7-12（b）所示。

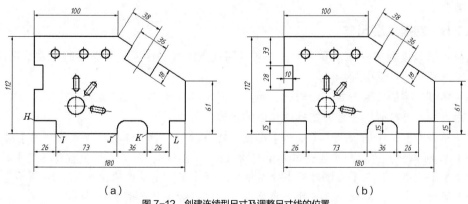

（a） （b）

图 7-12 创建连续型尺寸及调整尺寸线的位置

（3）利用关键点编辑方式向上调整尺寸"100"的尺寸线位置，然后创建基线型尺寸，如图 7-13（a）所示。

```
命令：_dimlinear                                    // 标注尺寸"25"，如图 7-13（a）所示
指定第一条延伸线原点或 <选择对象>：                  // 捕捉点 M
指定第二条延伸线原点：                               // 捕捉点 N
指定尺寸线位置：                                     // 移动鼠标光标，指定尺寸线的位置
```

单击【标注】面板上的 □ 按钮，启动创建基线型尺寸命令。

```
命令：_dimbaseline
指定第二条延伸线原点或 [放弃(U)/选择(S)] <选择>：    // 捕捉点 O
指定第二条延伸线原点或 [放弃(U)/选择(S)] <选择>：    // 捕捉点 P
指定第二条延伸线原点或 [放弃(U)/选择(S)] <选择>：    // 按 Enter 键
选择基准标注：                                      // 按 Enter 键结束
```

结果如图 7-13（a）所示。

（4）打开正交模式，用 STRETCH 命令将虚线矩形框 Q 内的尺寸线向左调整，然后标注尺寸"20"，结果如图 7-13（b）所示。

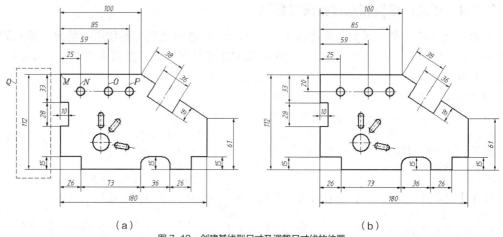

（a）　　　　　　　　　　　　　　（b）

图 7-13　创建基线型尺寸及调整尺寸线的位置

当用户创建一个尺寸标注后，紧接着启动基线或连续标注命令，则 AutoCAD 将以该尺寸的第 1 条尺寸界线为基准线生成基线型尺寸，或者以该尺寸的第 2 条尺寸界线为基准线建立连续型尺寸。若不想在前一个尺寸的基础上生成连续型或基线型尺寸，就按 Enter 键，AutoCAD 提示"选择连续标注"或"选择基准标注"，此时，选择某条尺寸界线作为建立新尺寸的基准线。

7.1.5　创建角度尺寸

国标规定角度数字一律水平书写，一般注写在尺寸线的中断处，必要时可注写在尺寸线的上方或外面，也可画引线标注。

为使角度数字的放置形式符合国标，用户可采用当前尺寸样式的覆盖方式标注角度。

利用当前尺寸样式的覆盖方式标注角度的步骤如下。

（1）单击【默认】选项卡中【注释】面板上的 按钮，打开【标注样式管理器】对话框。

（2）单击 替代(O)... 按钮（注意不要使用 修改(M)... 按钮），打开【替代当前样式】对话框，进入【文字】选项卡，在【文字对齐】分组框中选择【水平】单选项，如图 7-14 所示。

（3）返回主窗口，标注角度尺寸，角度数字将水平放置，如图 7-15 所示。

单击【标注】面板上的 △ 按钮，启动标注角度命令。

```
命令：_dimangular
选择圆弧、圆、直线或 <指定顶点>：                    // 选择线段 A
```

选择第二条直线：　　　　　　　　　　　　　　　　　　// 选择线段 *B*
指定标注弧线位置或 [多行文字 (M) / 文字 (T) / 角度 (A) / 象限点 (Q)]：
　　　　　　　　　　　　　　　　　　　　　　// 移动鼠标光标，指定尺寸线的位置
命令：_dimcontinue　　　　　　　　　　　　　　　// 启动连续标注命令
指定第二条延伸线原点或 [放弃 (U) / 选择 (S)] <选择>：　// 捕捉点 *C*
指定第二条延伸线原点或 [放弃 (U) / 选择 (S)] <选择>：　// 按 Enter 键
选择连续标注：　　　　　　　　　　　　　　　　　// 按 Enter 键结束

结果如图 7-15 所示。

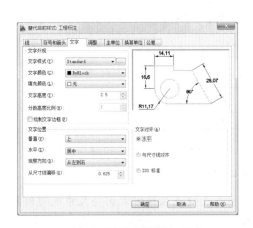

图 7-14 【替代当前样式】对话框

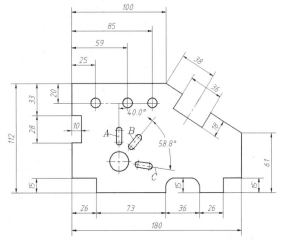

图 7-15 标注角度尺寸

7.1.6 创建直径和半径型尺寸

在标注直径和半径尺寸时，AutoCAD 自动在标注文字前面加入"*ϕ*"或"*R*"符号。在实际标注中，直径和半径型尺寸的标注形式多种多样，若通过当前样式的覆盖方式进行标注就非常方便。

上一小节已设定尺寸样式的覆盖方式，使尺寸数字水平放置，下面继续标注直径和半径尺寸，这些尺寸的标注文字也将处于水平方向。

利用当前尺寸样式的覆盖方式标注直径和半径尺寸的步骤如下。

（1）创建直径和半径尺寸，如图 7-16 所示。

单击【标注】面板上的 ◯ 按钮，启动标注直径命令。

命令：_dimdiameter
选择圆弧或圆：　　　　　　　　　　　　　　　　　// 选择圆 *D*
指定尺寸线位置或 [多行文字 (M) / 文字 (T) / 角度 (A)]：t / 使用"文字 (T)"选项
输入标注文字 <10>：3-%%C10　　　　　　　　　　　// 输入标注文字
指定尺寸线位置或 [多行文字 (M) / 文字 (T) / 角度 (A)]：
　　　　　　　　　　　　　　　　　　　　　// 移动鼠标光标，指定标注文字的位置

单击【标注】面板上的 ◯ 按钮，启动半径标注命令。

命令：_dimradius
选择圆弧或圆：　　　　　　　　　　　　　　　　　// 选择圆弧 *E*
指定尺寸线位置或 [多行文字 (M) / 文字 (T) / 角度 (A)]：
　　　　　　　　　　　　　　　　　　　　　// 移动鼠标光标，指定标注文字的位置

继续标注直径尺寸"*ϕ20*"及半径尺寸"*R3*"，结果如图 7-16 所示。

（2）取消当前样式的覆盖方式，恢复原来的样式。单击 ◢ 按钮，进入【标注样式管理器】对话框，在此对话框的列表框中选择【工程标注】，然后单击 置为当前(U) 按钮，此时系统打开一个提示性对话框，继续单击 确定 按钮完成。

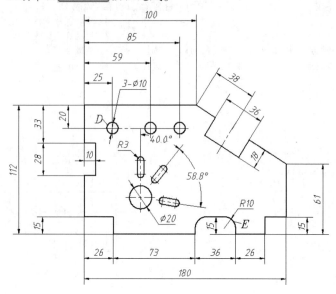

图 7-16　创建直径和半径尺寸

（3）标注尺寸"32""24""12"及"20"，然后利用关键点编辑方式调整尺寸线的位置，结果如图 7-17 所示。

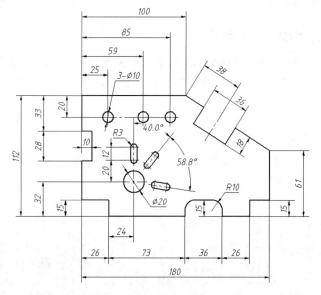

图 7-17　利用关键点编辑方式调整尺寸线的位置

7.2 利用角度尺寸样式簇标注角度

前面标注角度时采用了尺寸样式的覆盖方式进行标注，使标注数字水平放置。除采用此种方法创建角度尺寸外，用户还可利用角度尺寸样式簇标注角度。样式簇是已有尺寸样式（父样式）的子样式，该子样式用于控制某种特定类型尺寸的外观。

【练习 7-2】 打开素材文件"dwg\第 7 章\7-2.dwg",利用角度尺寸样式簇标注角度，如图 7-18 所示。

（1）单击【默认】选项卡中【注释】面板上的 按钮，打开【标注样式管理器】对话框，再单击 新建(N)... 按钮，打开【创建新标注样式】对话框，在【用于】下拉列表中选择【角度标注】，如图 7-19 所示。

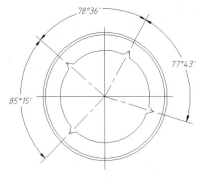

图 7-18 标注角度 　　　　图 7-19 【创建新标注样式】对话框

（2）单击 继续 按钮，打开【新建标注样式】对话框，进入【文字】选项卡，在该选项卡的【文字对齐】分组框中选择【水平】单选项，如图 7-20 所示。

（3）进入【主单位】选项卡，在【角度标注】分组框中设置单位格式为【度 / 分 / 秒】，精度为【0 d00′】，单击 确定 按钮完成。

（4）返回 AutoCAD 主窗口，单击 △ 按钮，创建角度尺寸"85° 15′"，然后单击 ╫╫ 按钮，创建连续标注，结果如图 7-18 所示。所有这些角度尺寸的外观由样式簇控制。

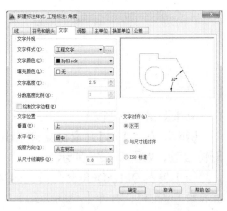

图 7-20 【新建标注样式】对话框

7.3 标注尺寸公差及形位公差

创建尺寸公差的方法有以下两种。

（1）利用尺寸样式的覆盖方式标注尺寸公差，公差的上、下偏差值可在【替代当前样式】对话框的【公差】选项卡中设置。

（2）标注时，利用"多行文字（M）"选项打开多行文字编辑器，然后采用堆叠文字的方式标注公差。

标注形位公差可使用 TOLERANCE 及 QLEADER 命令，前者只能产生公差框格，而后者既能形成公差框格又能形成标注指引线。

【练习 7-3】 打开素材文件"dwg\第 7 章\7-3.dwg"，利用当前样式覆盖方式标注尺寸公差，如图 7-21 所示。

（1）打开【标注样式管理器】对话框，单击 替代(0)... 按钮，打开【替代当前样式】对话框，进入【公差】选项卡，弹出新的一页，如图 7-22 所示。

练习 7-2 利用角度尺寸样式簇标注角度

练习 7-3 利用当前样式覆盖方式标注尺寸公差

（2）在【方式】、【精度】和【垂直位置】下拉列表中分别选择【极限偏差】、【0.000】和【中】，在【上偏差】、【下偏差】和【高度比例】栏中分别输入"0.039""0.015"和"0.75"，如图 7-22 所示。

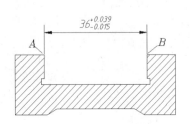

图 7-21　创建尺寸公差

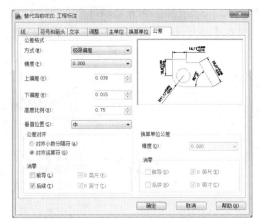

图 7-22　【替代当前样式】对话框

（3）返回 AutoCAD 图形窗口，发出 DIMLINEAR 命令，AutoCAD 提示如下。

```
命令: _dimlinear
指定第一条延伸线原点或 <选择对象>:                          // 捕捉交点 A, 如图 7-21 所示
指定第二条延伸线原点 :                                    // 捕捉交点 B
指定尺寸线位置或 [ 多行文字 (M) / 文字 (T) / 角度 (A) / 水平 (H) / 垂直 (V) / 旋转 (R)]:
                                                       // 移动鼠标光标，指定标注文字的位置
```

结果如图 7-21 所示。

【练习 7-4】 打开素材文件"dwg\第 7 章\7-4.dwg"，用 QLEADER 命令标注形位公差，如图 7-23 所示。

（1）键入 QLEADER 命令，AutoCAD 提示"指定第一个引线点或 [设置（S）]<设置>:"直接按 Enter 键，打开【引线设置】对话框，在【注释】选项卡中选择【公差】单选项，如图 7-24 所示。

练习 7-4　用 QLEADER 命令标注形位公差

图 7-23　标注形位公差

图 7-24　【引线设置】对话框

（2）单击　确定　按钮，AutoCAD 提示如下。

```
指定第一个引线点或 [ 设置 (S)]<设置 >: nea 到        // 在轴线上捕捉点 A, 如图 7-23 所示
指定下一点：< 正交  开 >                            // 打开正交并在点 B 处单击一点
指定下一点：                                        // 在点 C 处单击一点
```

AutoCAD 打开【形位公差】对话框，在此对话框中输入公差值，如图 7-25 所示。

（3）单击　确定　按钮，结果如图 7-23 所示。

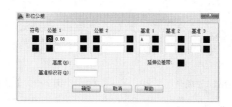

图 7-25　【形位公差】对话框

7.4 引线标注

MLEADER 命令用于创建引线标注，引线标注由箭头、引线、基线（引线与标注文字间的线）、多行文字或图块组成，如图 7-26 所示，其中箭头的形式、引线外观、文字属性及图块形状等由引线样式控制。

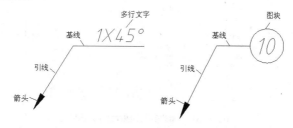

图 7-26　引线标注

选中引线标注对象，利用关键点移动基线，则引线、文字和图块随之移动。若利用关键点移动箭头，则只有引线跟随移动，基线、文字和图块不动。

【练习 7-5】 **打开素材文件"dwg\ 第 7 章 \7-5.dwg"，用 MLEADER 命令创建引线标注，如图 7-27 所示。**

（1）单击【注释】面板上的  按钮，打开【多重引线样式管理器】对话框，如图 7-28 所示，利用该对话框可新建、修改、重命名或删除引线样式。

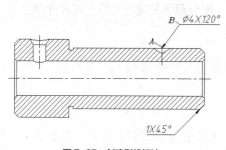

图 7-27　创建引线标注

图 7-28　【多重引线样式管理器】对话框

（2）单击 修改(M)... 按钮，打开【修改多重引线样式】对话框（见图 7-31），在该对话框中完成以下设置。

- 【引线格式】选项卡设置的选项如图 7-29 所示。
- 【引线结构】选项卡设置的选项如图 7-30 所示。

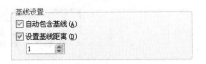

图7-29 【引线格式】选项卡　　　　　　图7-30 【引线结构】选项卡

文本框中的数值表示基线的长度。

•【内容】选项卡设置的选项如图 7-31 所示。其中,【基线间隙】栏中的数值表示基线与标注文字间的距离。

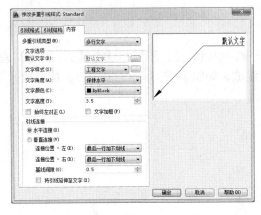

图7-31 【修改多重引线样式】对话框

(3)单击【注释】选项卡中【引线】面板上的  按钮,启动创建引线标注命令。

```
命令 : _mleader
指定引线箭头的位置或 [ 引线基线优先 (L) / 内容优先 (C) / 选项 (O)] <选项>:
                                    // 指定引线起始点 A,如图 7-27 所示
指定引线基线的位置 :                  // 指定引线下一个点 B
                                    // 启动多行文字编辑器,然后输入标注文字"φ4´120°"
```

重复命令,创建另一个引线标注,结果如图 7-27 所示。

要点提示

创建引线标注时,若文本或指引线的位置不合适,则可利用关键点编辑方式进行调整。

7.5 编辑尺寸标注

编辑尺寸标注主要包括以下几方面。

(1)修改标注文字。修改标注文字的最佳方法是使用 DDEDIT 命令,发出该命令后,用户可以连续地修改想要编辑的尺寸。此外,双击尺寸标注也可修改标注文字。

(2)调整标注位置。关键点编辑方式非常适合于移动尺寸线和标注文字,进入这种编辑模式后,一般利用尺寸线两端或标注文字所在处的关键点来调整标注位置。

(3)对于平行尺寸线间的距离可用 DIMSPACE 命令调整,该命令可使平行尺寸线按用户指定的数值等间距分布。

(4)编辑尺寸标注属性。使用 PROPERTIES 命令可以非常方便地编辑尺寸标注属性。用

户一次选取多个尺寸标注，启动 PROPERTIES 命令，AutoCAD 打开【特性】对话框，在此对话框中可修改标注字高、文字样式及总体比例等属性。

（5）修改某一尺寸标注的外观。先通过尺寸样式的覆盖方式调整样式，然后利用【注释】选项卡中【标注】面板上的 工具去更新尺寸标注。

【练习 7-6】 打开素材文件 "dwg\ 第 7 章 \7-6.dwg"，如图 7-32（a）所示，修改标注文字内容及调整标注位置等，结果如图 7-32（b）所示。

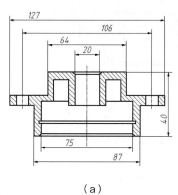
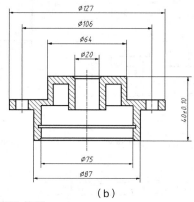

练习 7-6 修改标注文字内容及调整标注位置等

（a）　　　　　　　　　　　　　　　　（b）

图 7-32 编辑尺寸标注

（1）用 DDEDIT 命令将尺寸 "40" 修改为 "40 ± 0.10"。

（2）选择尺寸 "40 ± 0.10"，并激活文本所在处的关键点，AutoCAD 自动进入拉伸编辑模式，向右移动鼠标光标，调整文本的位置，结果如图 7-33 所示。

（3）单击【注释】面板上的 按钮，打开【标注样式管理器】对话框，再单击 替代(O)... 按钮，打开【替代当前样式】对话框，进入【主单位】选项卡，在【前缀】栏中输入直径代号 "%%c"。

（4）返回图形窗口，单击【标注】面板上的 按钮，AutoCAD 提示 "选择对象"，选择尺寸 "127" "106" 等，按 Enter 键，结果如图 7-34 所示。

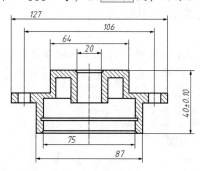
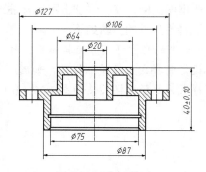

图 7-33 修改标注文字内容　　　　　　　图 7-34 更新尺寸标注

（5）调整平行尺寸线间的距离，如图 7-35 所示。

单击【标注】面板上的 按钮，启动 DIMSPACE 命令。

```
命令：_DIMSPACE
选择基准标注：                               //选择 "φ20"
选择要产生间距的标注：找到 1 个              //选择 "φ64"
选择要产生间距的标注：找到 1 个，总计 2 个   //选择 "φ106"
选择要产生间距的标注：找到 1 个，总计 3 个   //选择 "φ127"
选择要产生间距的标注：                        //按 Enter 键
输入值或 [自动 (A)] <自动 >：12              //输入间距值并按 Enter 键
```

结果如图 7-35 所示。

（6）用 PROPERTIES 命令将所有标注文字的高度改为 3.5，然后利用关键点编辑方式调整部分标注文字的位置，结果如图 7-36 所示。

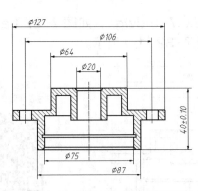

图 7-35　调整平行尺寸线间的距离

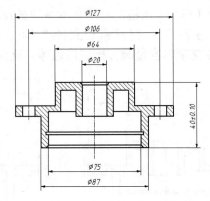

图 7-36　修改标注文字的高度

7.6　在工程图中标注注释性尺寸

在工程图中创建尺寸标注时，需要注意的一个问题是：尺寸文本的高度及箭头大小应如何设置。若设置不当，打印出图后，由于打印比例的影响，尺寸外观往往不合适。要解决这个问题，可以采用下面的方法。

在尺寸样式中将标注文本高度及箭头大小等设置成与图纸上真实大小一致，再设定标注全局比例因子为打印比例的倒数即可。例如，打印比例为 1 : 2，标注全局比例就为 2。标注时标注外观放大一倍，打印时缩小一倍。

另一个方法是创建注释性尺寸，此类对象具有注释比例属性。只需设置注释对象当前注释比例等于出图比例，就能保证出图后标注外观与最初设定值一致。

创建注释性尺寸的步骤如下。

（1）创建新的尺寸样式并使其成为当前样式。在【新建标注样式】对话框中选择【注释性】复选项，设定新样式为注释性样式，如图 7-37（a）所示；也可在【修改标注样式】对话框中修改已有样式为注释性样式，如图 7-37（b）所示。

（a）

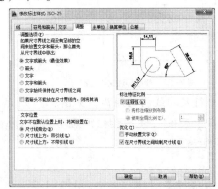

（b）

图 7-37　创建注释性标注样式

（2）在注释性标注样式中设定尺寸文本高度、箭头外观大小与图纸上一致。

（3）单击 AutoCAD 状态栏底部的 入1:1▾ 按钮，设定当前注释比例值等于打印比例。

（4）创建尺寸标注，该尺寸为注释性尺寸，具有注释比例属性，其注释比例为当前设置值。

可以认为注释比例就是打印比例，创建注释尺寸后，系统自动以当前注释比例的倒数缩放其外观，这样就保证了输出图形后尺寸外观等于设定值。例如，设定标注字高为 3.5，设置当前注释比例为 1 : 2，创建尺寸后该尺寸的注释比例就为 1 : 2，显示在图形窗口中的标注外观将放大一倍，字高变为 7。这样当以 1 : 2 比例出图后，文字高度变为 3.5。

注释对象可以具有一个或多个注释比例，设定其中之一为当前注释比例，则注释对象对象外观以该比例值的倒数为缩放因子变大或变小。选择注释对象，通过右键快捷菜单上的【特性】命令可添加或删除注释比例。单击 AutoCAD 状态栏底部的 入1:1▾ 按钮，可指定注释对象的某个比例值为当前注释比例。

7.7 上机练习——尺寸标注综合训练

下面提供平面图形及零件图的标注练习，练习内容包括标注尺寸、创建尺寸公差和形位公差、标注表面粗糙度及选用图幅等。

7.7.1 采用普通尺寸或注释性尺寸标注平面图形

【练习 7-7】 打开素材文件"dwg\ 第 7 章 \7-7.dwg"，标注该图形，结果如图 7-38 所示。

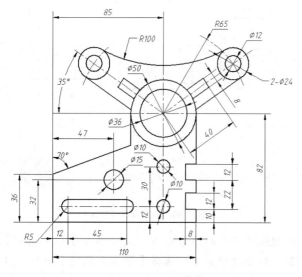

练习 7-7 采用普通尺寸标注平面图形

图 7-38 标注平面图形

（1）建立一个名为"标注层"的图层，设置图层颜色为绿色，线型为 Continuous，并使其成为当前层。

（2）创建新文字样式，样式名为"标注文字"，与该样式相连的字体文件是"gbeitc.shx"和"gbcbig.shx"。

（3）创建一个尺寸样式，名称为"国标标注"，对该样式做以下设置。

• 标注文本连接"标注文字"，文字高度为 2.5，精度为 0.0，小数点格式是"句点"。

- 标注文本与尺寸线间的距离是 0.8。
- 箭头大小为 2。
- 尺寸界线超出尺寸线长度为 2。
- 尺寸线起始点与标注对象端点间的距离为 0。
- 标注基线尺寸时，平行尺寸线间的距离为 6。
- 标注全局比例因子为 2。
- 使"国标标注"成为当前样式。

（4）打开对象捕捉，设置捕捉类型为"端点"和"交点"，标注尺寸，结果如图 7-38 所示。

（5）将当前标注样式修改为注释性标注样式。

（6）单击程序窗口状态栏底部的 人1:1▼ 按钮，设置当前注释比例为 1 : 2。

（7）利用【注释】选项卡中【标注】面板上的 按钮更新所有尺寸，将尺寸修改为注释性尺寸，观察尺寸外观的变化。

（8）选择部分尺寸，通过右键快捷菜单上的【特性】命令给尺寸添加多个注释比例。然后，单击 人1:1▼ 按钮设定其中之一为当前注释比例，观察尺寸外观的变化。

7.7.2　插入图框、标注零件尺寸及表面粗糙度

【练习 7-8】　打开素材文件"dwg\ 第 7 章 \7-8.dwg"，标注传动轴零件图，结果如图 7-39 所示。零件图图幅选用 A3 幅面，绘图比例为 2:1，标注字高为 2.5，字体为"gbeitc.shx"。

练习 7-8　插入图框、标注零件注释性尺寸及表面粗糙度

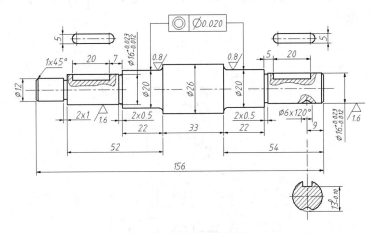

图 7-39　标注传动轴零件图

（1）打开包含标准图框及表面粗糙度符号的图形文件"dwg\ 第 8 章 \A3.dwg"，如图 7-40 所示。在图形窗口中单击鼠标右键，弹出快捷菜单，选择【带基点复制】命令，然后指定 A3 图框的右下角为基点，再选择该图框及表面粗糙度符号。

（2）切换到当前零件图，在图形窗口中单击鼠标右键，弹出快捷菜单，选择【粘贴】命令，把 A3 图框复制到当前图形中，结果如图 7-41 所示。

（3）用 SCALE 命令把 A3 图框和表面粗糙度符号缩小 50%。

（4）创建新文字样式，样式名为"标注文字"，与该样式相连的字体文件是"gbeitc.shx"和"gbcbig.shx"。

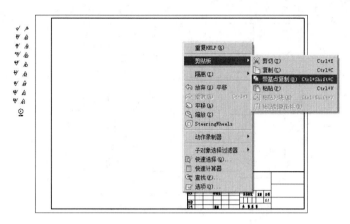

图 7-40 复制图框

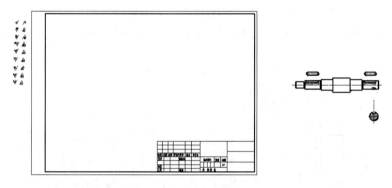

图 7-41 粘贴图框

（5）创建一个注释性尺寸样式，名称为"国标标注"，对该样式做以下设置。

• 标注文本连接"标注文字"，文字高度为 2.5，精度为 0.0，小数点格式是"句点"。

• 标注文本与尺寸线间的距离是 0.8。

• 箭头大小为 2。

• 尺寸界线超出尺寸线长度为 2。

• 尺寸线起始点与标注对象端点间的距离为 0。

• 标注基线尺寸时，平行尺寸线间的距离为 7。

• 使"国标标注"成为当前样式。

• 设置当前注释比例为 2 ：1。

（6）用 MOVE 命令将视图放入图框内，创建尺寸，再用 COPY 及 ROTATE 命令标注表面粗糙度。

（7）若不采用注释性尺寸，则应设定标注全局比例因子为打印比例的倒数，然后进行标注。

习题

1. 打开素材文件"dwg\ 第 7 章 \7-9.dwg"，标注该图形，结果如图 7-42 所示。

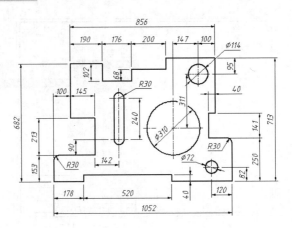

图 7-42　标注平面图形

2.　打开素材文件"dwg\ 第 7 章 \7-10.dwg"，采用注释性尺寸标注法兰盘零件图，结果如图 7-43 所示。零件图图幅选用 A3 幅面，绘图比例为 1：1.5，标注字高为 3.5，字体为"gbeitc.shx"。

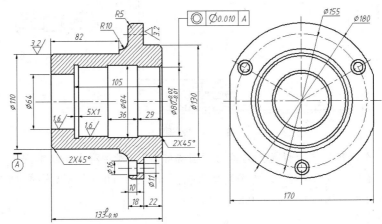

图 7-43　标注法兰盘零件图

Chapter

8

第8章
查询信息、块及设计
工具

通过本章的学习，读者要掌握查询距离、面积、周长等图形信息的方法，并了解块、外部参照及设计中心的概念及基本使用方法等。

学习目标

- 掌握查询距离、面积、周长等信息的方法。
- 学会如何创建图块、插入图块。
- 了解创建及编辑块属性的方法。
- 学会如何引用及更新外部图形。
- 利用设计中心查找并使用文件中的图块、标注样式等内容。

8.1 获取图形信息的方法

本节将介绍获取图形信息的一些命令。

8.1.1 课堂实训——查询图形周长及面积

实训的任务是查询图 8-1 所示图形的周长、面积等信息。

【练习 8-1】 打开素材文件"dwg\ 第 8 章 \8-1.dwg"，如图 8-1 所示。试计算：

练习 8-1 查询图形
周长及面积

- 图形外轮廓线的周长。
- 图形面积。
- 圆心 A 到中心线 B 的距离。
- 中心线 B 的倾斜角度。

（1）用 REGION 命令将图形外轮廓线框 C（见图 8-2）创建成面域，然后用 LIST 命令获取此线框周长，数值为 1766.97。

（2）将线框 D、E 及 4 个圆创建成面域，用面域 C"减去"面域 D、E 及 4 个圆面域，如图 8-2 所示。

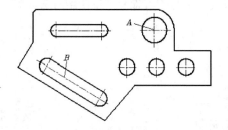

图 8-1　获取面积、周长等信息

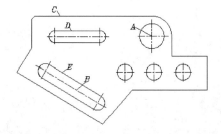

图 8-2　差运算

（3）用 LIST 命令查询面域面积，数值为 117908.46。

（4）查询圆心 A 到中心线 B 的距离，数值为 284.95。

（5）用 LIST 命令获取中心线 B 的倾斜角度，数值为 150°。

8.1.2 获取点的坐标

ID 命令用于查询图形对象上某点的绝对坐标，坐标值以"x，y，z"形式显示出来。对于二维图形，z 坐标值为零。

【练习 8-2】 练习 ID 命令的使用。

打开素材文件"dwg\ 第 8 章 \8-2.dwg"，单击【实用工具】面板上的 按钮，启动 ID 命令，AutoCAD 提示如下。

```
命令：'_id 指定点：cen 于                      // 捕捉圆心 A，如图 8-3 所示
X = 1463.7504    Y = 1166.5606    Z = 0.0000    //AutoCAD 显示圆心坐标值
```

图 8-3　查询点的坐标

要点提示

ID 命令显示的坐标值与当前坐标系的位置有关。如果用户创建新坐标系，则 ID 命令测量的同一点坐标值也将发生变化。

8.1.3 测量距离及连续线长度

MEA 命令的【距离】选项（或 DIST 命令）可测量距离及连续线的长度。使用 MEA 命令时，屏幕上将显示测量结果。

【练习 8-3】 练习 MEA 命令的使用。

打开素材文件 "dwg\ 第 8 章 \8-3.dwg"，单击【实用工具】面板上的

按钮，启动 MEA 命令，AutoCAD 提示如下。

```
指定第一点：                          // 捕捉端点 A，如图 8-4 所示
指定第二个点或 [ 多个点 (M)]：          // 捕捉端点 B
距离 = 206.9383，XY 平面中的倾角 = 106， 与 XY 平面的夹角 = 0
X 增量 = -57.4979， Y 增量 = 198.7900， Z 增量 = 0.0000
输入选项 [ 距离 (D) / 半径 (R) / 角度 (A) / 面积 (AR) / 体积 (V) / 退出 (X)] < 距离 >： x  // 结束
```

DIST 命令显示的测量值的意义如下。

- 距离：两点间的距离。
- XY 平面中的倾角：两点连线在 xy 平面上的投影与 x 轴间的夹角，如图 8-5（a）所示。
- 与 XY 平面的夹角：两点连线与 xy 平面间的夹角。
- X 增量：两点的 x 坐标差值。
- Y 增量：两点的 y 坐标差值。
- Z 增量：两点的 z 坐标差值。

要点提示

使用 MEA 命令时，两点的选择顺序不影响距离值，但影响该命令的其他测量值。

（1）计算线段构成的连续线长度

启动 MEA 命令，选择 "多个点（M）" 选项，然后指定连续线的端点就能计算出连续线的长度，如图 8-5（b）所示。

（2）计算包含圆弧的连续线长度

启动 MEA 命令，选择 "多个点（M）" / "圆弧（A）" 及 "直线（L）" 选项，就可以像绘制多段线一样测量含圆弧的连续线的长度，如图 8-5（b）所示。

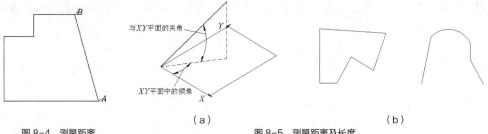

图 8-4 测量距离　　　　　　　　　　　　　　（a）　　　　　　　　　　　　　　（b）

图 8-5 测量距离及长度

启动 MEA 命令后，再打开动态提示，AutoCAD 将在屏幕上显示测量的结果。完成一次测量的同时将弹出快捷菜单，选择【距离】命令，可继续测量距离另一条连续线的长度。

8.1.4 测量半径及直径

打开动态提示，单击【实用工具】面板上的 按钮，选择圆弧或圆，AutoCAD 在屏幕上显示测量的结果，如图 8-6 所示。完成一次测量的同时将弹出快捷菜单，选择其中的命令，可继续进行测量。

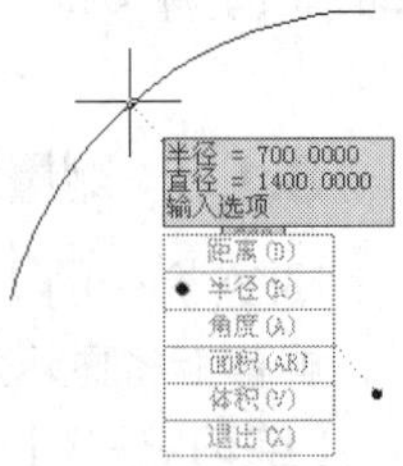

8.1.5 测量角度

打开动态提示，单击【实用工具】面板上的 按钮，测量角度，AutoCAD 将在屏幕上显示测量的结果。

图 8-6　测量半径及直径

（1）两条线段的夹角

单击 按钮，选择夹角的两条边，如图 8-7（a）所示。

（2）测量圆心角

单击 按钮，选择圆弧，或者在圆上选择两点，如图 8-7（b）所示。

（3）测量 3 点构成的角度

单击 按钮，先选择夹角的顶点，再选择另外两点，如图 8-7（c）所示。

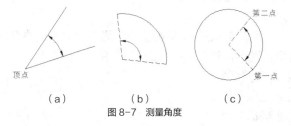

（a）　　　　　（b）　　　　　（c）

图 8-7　测量角度

8.1.6 计算图形面积及周长

MEA 命令的"面积（AR）"选项（或 AREA 命令）可用于测量图形面积及周长。打开动态提示，单击【实用工具】面板上的 按钮，启动该命令，AutoCAD 将在屏幕上显示测量结果。

（1）测量多边形区域的面积及周长

启动 MEA 或 AREA 命令，然后指定折线的端点就能计算出折线包围区域的面积及周长，如图 8-8（a）所示。若折线不闭合，则 AutoCAD 假定将其闭合进行计算，所得周长是折线闭合后的数值。

（2）测量包含圆弧区域的面积及周长

启动 MEA 或 AREA 命令，选择"圆弧（A）"或"长度（L）"选项，就可以像创建多段线一样"绘制"图形的外轮廓，如图 8-8(b）所示。"绘制"完成，AutoCAD 显示面积及周长。

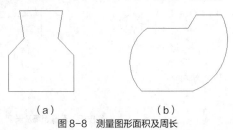

（a）　　　　　　（b）

图 8-8　测量图形面积及周长

若轮廓不闭合，则 AutoCAD 假定将其闭合进行计算，所得周长是轮廓闭合后的数值。

【练习 8-4】 用 MEA 命令计算图形面积，如图 8-9 所示。

打开素材文件"dwg\第 8 章\8-4.dwg"，单击【实用工具】面板上的  按钮，启动 MEA 命令，AutoCAD 提示如下。

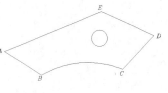

图 8-9　测量图形面积

```
命令：_MEASUREGEOM
指定第一个角点或 [增加面积 (A)] <对象 (O)>: a//使用"增加面积 (A)"选项
指定第一个角点：                        // 捕捉点 A
（"加"模式）指定下一个点：              // 捕捉点 B
（"加"模式）指定下一个点或 [圆弧 (A)]: a    // 使用"圆弧 (A)"选项
指定圆弧的端点或 [第二个点 (S)]: s     // 使用"第二个点 (S)"选项
指定圆弧上的第二个点：nea 到            // 捕捉圆弧上的一点
指定圆弧的端点：                        // 捕捉点 C
指定圆弧的端点或 [直线 (L)]: l          // 使用"直线 (L)"选项
（"加"模式）指定下一个点：              // 捕捉点 D
（"加"模式）指定下一个点：              // 捕捉点 E
（"加"模式）指定下一个点：              // 按 Enter 键
面积 = 933629.2416，周长 = 4652.8657
总面积 = 933629.2416
指定第一个角点或 [减少面积 (S)]: s      // 使用"减少面积 (S)"选项
指定第一个角点或 [对象 (O)]: o          // 使用"对象 (O)"选项
（"减"模式）选择对象：                  // 选择圆
面积 = 36252.3386，圆周长 = 674.9521
总面积 = 897376.9029
（"减"模式）选择对象：                  // 按 Enter 键结束
```

命令选项：

（1）对象（O）：求出所选对象的面积，有以下两种情况。

• 用户选择的对象是圆、椭圆、面域、正多边形及矩形等闭合图形。

• 对于非封闭的多段线及样条曲线，AutoCAD 将假定有一条连线使其闭合，然后计算出闭合区域的面积，而所计算出的周长却是多段线或样条曲线的实际长度。

（2）增加面积（A）：进入"加"模式。该选项使用户可以将新测量的面积加入到总面积中。

（3）减少面积（S）：利用此选项可使 AutoCAD 把新测量的面积从总面积中扣除。

要点提示

用户可以将复杂的图形创建成面域，然后利用"对象 (O)"选项查询面积及周长。

8.1.7　列出对象的图形信息

LIST 命令将列表显示对象的图形信息，这些信息随对象类型的不同而不同，一般包括以下内容。

• 对象类型、图层及颜色等。

• 对象的一些几何特性，如线段的长度、端点坐标、圆心位置、半径大小、圆的面积及周长等。

【练习 8-5】 练习 LIST 命令的使用。

打开素材文件"dwg\第 8 章\8-5.dwg"，单击【特性】面板上的 按钮，启动 LIST 命令，AutoCAD 提示如下。

```
命令：_list
选择对象：找到 1 个            // 选择圆，如图 8-10 所示
选择对象：                    // 按 Enter 键结束，AutoCAD 打开【文本窗口】
圆          图层：0
空间：模型空间
句柄 = 1e9
圆心 点，X=1643.5122   Y=1348.1237   Z=      0.0000
半径    59.1262
周长   371.5006
面积 10982.7031
```

图 8-10 练习 LIST 命令

要点提示

用户可以将复杂的图形创建成面域，然后用 LIST 命令查询面积及周长等。

8.1.8 查询图形信息综合练习

【练习 8-6】 打开素材文件"dwg\ 第 8 章 \8-6.dwg"，如图 8-11 所示。试计算：

- 图形外轮廓线的周长。
- 线框 A 的周长及围成的面积。
- 3 个圆弧槽的总面积。
- 去除圆弧槽及内部异形孔后的图形总面积。、

练习 8-6 查询图形信息综合练习

操作步骤如下。

（1）用 REGION 命令将图形外轮廓线围成的区域创建成面域，然后用 LIST 命令获取外轮廓线框的周长，数值为 758.56。

图 8-11 计算面积及周长

（2）把线框 A 围成的区域创建成面域，再用 LIST 命令查询该面域的周长和面积，数值分别为 292.91 和 3 421.76。

（3）将 3 个圆弧槽创建成面域，然后利用 MEA 命令的"增加面积（A）"选项计算 3 个槽的总面积，数值为 4 108.50。

（4）用外轮廓线面域"减去" 3 个圆弧槽面域及内部异形孔面域，再用 LIST 命令查询图形总面积，数值为 17 934.85。

8.2 图块

在工程中有大量反复使用的标准件，如轴承、螺栓、螺钉等。由于某种类型的标准件其结构形状是相同的，只是尺寸、规格有所不同，因而作图时，常事先将它们生成图块，这样，当用到标准件时只需插入已定义的图块即可。

8.2.1 课堂实训——创建图块、显示图块及插入图块

实训的任务是创建符号块、显示并使用它。

练习 8-7 创建图块、
显示图块及插入图块

【**练习 8-7**】 创建及插入图块。

（1）打开素材文件"dwg\第 8 章\8-7.dwg"，将图中"沙发""转椅"及"计算机"复制到新图形文件中，新文件名为"符号库"。

（2）将新文件中"沙发""转椅"及"计算机"创建成图块，设定块的插入点分别为点 A、点 B 及点 C，如图 8-12 所示。

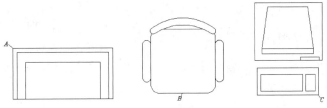

图 8-12　创建图块

（3）切换到文件"8-7.dwg"，打开设计中心，利用设计中心显示"符号库"中的图块，然后插入"沙发""转椅"及"计算机"，结果如图 8-13 所示。

8.2.2 定制及插入标准件块

用 BLOCK 命令可以将图形的一部分或整个图形创建成图块，用户可以给图块起名，并可定义插入基点。

用户可以使用 INSERT 命令在当前图形中插入块或其他图形文件。无论块或被插入的图形多么复杂，AutoCAD 都将它们作为一个单独的对象，如果用户需编辑其中的单个图形元素，就必须分解图块或文件块。

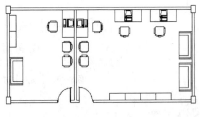

图 8-13　插入图块

【**练习 8-8**】 创建及插入图块。

（1）打开素材文件"dwg\第 8 章\8-8.dwg"，如图 8-14 所示。

（2）单击【默认】选项卡中【块】面板上的 按钮，或者键入 BLOCK 命令，AutoCAD 打开【块定义】对话框，在【名称】栏中输入块名"螺栓"，如图 8-15 所示。

练习 8-8 定制及插入
标准件块

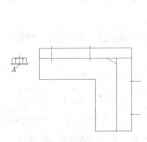

图 8-14　创建及插入图块　　　　图 8-15　【块定义】对话框

（3）选择构成块的图形元素。单击 按钮（选择对象），AutoCAD 返回绘图窗口，并提示"选择对象"，选择"螺栓头及垫圈"，如图 8-14 所示。

（4）指定块的插入基点。单击 按钮（拾取点），AutoCAD 返回绘图窗口，并提示"指定插入基点"，拾取点 A，如图 8-14 所示。

（5）单击 **确定** 按钮，AutoCAD 生成图块。

（6）插入图块。单击【块】面板上的 按钮，或者键入 INSERT 命令，AutoCAD 打开【插入】对话框，在【名称】下拉列表中选择【螺栓】，并在【插入点】、【比例】及【旋转】分组框中选择【在屏幕上指定】复选项，如图 8-16 所示。

（7）单击 **确定** 按钮，AutoCAD 提示如下。

```
命令：_insert
指定插入点或 [基点(B)/比例(S)/X/Y/Z/旋转(R)]：int 于
                                                    // 指定插入点 B，如图 8-17 所示
输入 X 比例因子，指定对角点，或 [角点(C)/XYZ(XYZ)] <1>：1
                                                    // 输入 x 方向缩放比例因子
输入 Y 比例因子或 <使用 X 比例因子>：1              // 输入 y 方向缩放比例因子
指定旋转角度 <0>：-90                                // 输入图块的旋转角度
```

结果如图 8-17 所示。

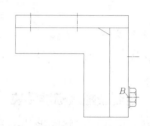

图 8-16 【插入】对话框   图 8-17 插入图块

 要点提示

用户可以指定 x、y 方向的负缩放比例因子，此时插入的图块将做镜像变换。

（8）插入其余图块。

【块定义】对话框和【插入】对话框中常用选项的功能如表 8-1 所示。

表 8-1 常用选项的功能

对话框	选项	功能
【块定义】	【名称】	在此栏中输入新建图块的名称
	【选择对象】	单击此按钮，AutoCAD 切换到绘图窗口，用户在绘图区中选择构成图块的图形对象
	【拾取点】	单击此按钮，AutoCAD 切换到绘图窗口，用户可直接在图形中拾取某点作为块的插入基点
	【保留】	AutoCAD 生成图块后，还保留构成块的原对象
	【转换为块】	AutoCAD 生成图块后，把构成块的原对象也转化为块
【插入】	【名称】	通过此下拉列表选择要插入的块。如果要将".dwg"文件插入到当前图形中，就单击 浏览(B)... 按钮，然后选择要插入的文件
	【统一比例】	使块沿 x、y、z 方向的缩放比例都相同
	【分解】	AutoCAD 在插入块的同时分解块对象

8.2.3 创建及使用块属性

在 AutoCAD 中，可以使块附带属性。属性类似于商品的标签，包含了图块所不能表达的一些文字信息，如材料、型号、制造者等，存储在属性中的信息一般称为属性值。当用 BLOCK 命令创建块时，将已定义的属性与图形一起生成块，这样块中就包含属性了。当然，用户也能只将属性本身创建成一个块。

属性有助于用户快速产生关于设计项目的信息报表，或者作为一些符号块的可变文字对象。其次，属性也常用来预定义文本位置、内容或提供文本默认值等，例如，把标题栏中的一些文字项目定制成属性对象，就能方便地填写或修改。

【**练习 8-9**】 下面的练习将演示定义属性及使用属性的具体过程。

（1）打开素材文件 "dwg\ 第 8 章 \8-9.dwg"。

（2）单击【块】面板上的⬚按钮，或者输入 ATTDEF 命令，AutoCAD 打开【属性定义】对话框，如图 8-18 所示。在【属性】分组框中输入下列内容。

练习 8-9　创建及使用块属性

- 【标记】：姓名及号码
- 【提示】：请输入您的姓名及电话号码
- 【默认】：李燕　2660732

（3）在【文字样式】下拉列表中选择【样式 -1】，在【文字高度】文本框中输入数值 "3"，然后单击 ⬚确定⬚ 按钮，AutoCAD 提示 "指定起点"，在电话机的下边拾取点 A，如图 8-19 所示。

图 8-18 【属性定义】对话框

图 8-19　定义属性

（4）将属性与图形一起创建成图块。单击【块】面板上的⬚按钮，AutoCAD 打开【块定义】对话框，如图 8-20 所示。

（5）在【名称】栏中输入新建图块的名称 "电话机"，在【对象】分组框中选择【保留】单选项，如图 8-20 所示。

（6）单击⬚按钮（选择对象），AutoCAD 返回绘图窗口，并提示 "选择对象"，选择电话机及属性，如图 8-19 所示。

（7）指定块的插入基点。单击⬚按钮（拾取点），AutoCAD 返回绘图窗口，并提示 "指定插入基点"，拾取点 B，如图 8-19 所示。

（8）单击 ⬚确定⬚ 按钮，AutoCAD 生成图块。

（9）插入带属性的块。单击【块】面板上的⬚按钮，AutoCAD 打开【插入】对话框，在【名称】下拉列表中选择【电话机】，如图 8-21 所示。

图 8-20 【块定义】对话框　　　　　图 8-21 【插入】对话框

（10）单击 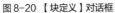 确定 按钮，AutoCAD 提示如下。

指定插入点或 [基点 (B) / 比例 (S)/X/Y/Z/ 旋转 (R)]:　　　　// 在屏幕的适当位置指定插入点
请输入您的姓名及电话号码 < 李燕　2660732>: 张涛　5895926　　// 输入属性值

结果如图 8-22 所示。

【属性定义】对话框（见图 8-18）中常用选项的功能如下。

•【不可见】: 控制属性值在图形中的可见性。如果想使图中包含属性信息，但又不想使其
在图形中显示出来，就选取该复选项。有一些文字信息
（如零部件的成本、产地和存放仓库等）不必在图样中
显示出来，就可设定为不可见属性。

•【固定】: 选取该复选项，属性值将为常量。

•【验证】: 设置是否对属性值进行校验。若选取该
复选项，则插入块并输入属性值后，AutoCAD 将再次
给出提示，让用户校验输入值是否正确。

姓名及号码　　　　　张涛　5895926

图 8-22　插入带属性的图块

•【预设】: 该选项用于设定是否将实际属性值设置
成默认值。若选取该复选项，则插入块时，AutoCAD
将不再提示用户输入新属性值，实际属性值等于【值】文本框中的默认值。

•【对正】: 该下拉列表中包含了十多种属性文字的对齐方式，如对齐、布满、居中及中间
等。这些选项的功能与 TEXT 命令对应选项的功能相同。

•【文字样式】: 从该下拉列表中选择文字样式。

•【文字高度】: 在文本框中输入属性文字高度。

•【旋转】: 设定属性文字旋转角度。

8.2.4　编辑块的属性

若属性已被创建为块，则用户可用 EATTEDIT 命令来编辑属性值及其他特性。

【练习 8-10】练习 EATTEDIT 命令的使用。

（1）打开素材文件 "dwg\ 第 8 章 \8-10.dwg"。

练习 8-10　编辑块的属性

（2）单击【块】面板上的 按
钮，启动 EATTEDIT 命令，AutoCAD
提示 "选择块"，选择 "垫圈 12" 块，
AutoCAD 打开【增强属性编辑器】对
话框，如图 8-23 所示，在【值】文本
框中输入垫圈的数量。

图 8-23 【增强属性编辑器】对话框

（3）单击 应用(A) 按钮完成。

【增强属性编辑器】对话框有 3 个选项卡：【属性】、【文字选项】及【特性】，它们的功能介绍如下。

（1）【属性】选项卡

在该选项卡中，AutoCAD 列出当前块对象中各个属性的标记、提示及值，如图 8-23 所示。选中某一属性，用户就可以在【值】文本框中修改属性的值。

（2）【文字选项】选项卡

该选项卡用于修改属性文字的一些特性，如文字样式、字高等，如图 8-24 所示。选项卡中各选项的含义与【文字样式】对话框中同名选项的含义相同，参见 6.1.2 小节。

（3）【特性】选项卡

在该选项卡中用户可以修改属性文字的图层、线型、颜色等，如图 8-25 所示。

图 8-24 【文字选项】选项卡

图 8-25 【特性】选项卡

8.2.5 块及属性综合练习

练习 8-11 创建"明细表"图块

【练习 8-11】 此练习的内容包括创建块、属性及插入带属性的图块。

（1）绘制图 8-26 所示的表格。

（2）创建属性项 A、B、C、D、E，各属性项字高为 3.5，字体为"gbcbig.shx"，如图 8-27 所示，包含的内容如表 8-2 所示。

图 8-26 绘制表格

图 8-27 创建属性

表 8-2 各属性项包含的内容

项目	标记	提示	值
属性 A	序号	请输入序号	1
属性 B	名称	请输入名称	
属性 C	数量	请输入数量	1
属性 D	材料	请输入材料	
属性 E	备注	请输入备注	

（3）用 BLOCK 命令将属性与图形一起定制成图块，块名为"明细表"，插入点设定在表

格的左下角点。

（4）选择菜单命令【修改】/【对象】/【属性】/【块属性管理器】，打开【块属性管理器】对话框，利用 下移(D) 按钮或 上移(U) 按钮调整属性项目的排列顺序，如图 8-28 所示。

（5）用 INSERT 命令插入图块"明细表"，并输入属性值，结果如图 8-29 所示。

图 8-28 调整属性项目的排列顺序

5	垫圈12	12		GB97-86
4	螺栓M10x50	12		GB5786-89
3	皮带轮	2	HT200	
2	蜗杆		45	
1	套筒	1	Q235-A	
序号	名称	数量	材料	备注

图 8-29 插入图块

8.3 使用外部参照

当用户将其他图形以块的形式插入当前图样中时，被插入的图形就成为当前图样的一部分。用户可能并不想如此，而仅仅是要把另一个图形作为当前图形的一个样例，或者想观察一下正在绘制的图形与其他图形是否匹配，此时就可通过外部引用（也称 Xref）将其他图形文件放置到当前图形中。

Xref 能使用户方便地在自己的图形中以引用的方式看到其他图样，被引用的图并不成为当前图样的一部分，当前图形中仅记录了外部引用文件的位置和名称。

8.3.1 引用外部图形

引用外部".dwg"图形文件的命令是 ATTACH，该命令可以加载一个或同时加载多个文件。

练习 8-12 引用外部图形

【练习 8-12】 练习 ATTACH 命令的使用。

（1）创建一个新的图形文件。

（2）单击【插入】选项卡中【参照】面板上的 按钮，启动 ATTACH 命令，打开【选择参照文件】对话框，通过此对话框选择文件"dwg\第 8 章\8-12-A.dwg"，再单击 打开(O) 按钮，弹出【附着外部参照】对话框，如图 8-30 所示。

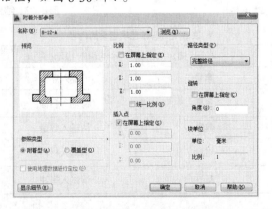

图 8-30 【附着外部参照】对话框

（3）单击 [确定] 按钮，再按 AutoCAD 提示指定文件的插入点，移动及缩放视图，结果如图 8-31 所示。

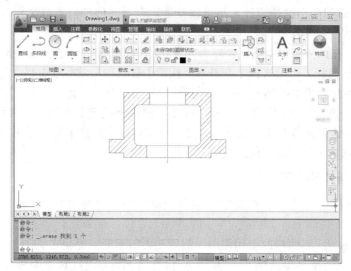

图 8-31　插入图形

（4）用上述相同的方法引用图形文件"dwg\ 第 8 章 \8-12-B.dwg"，再用 MOVE 命令把两个图形组合在一起，结果如图 8-32 所示。

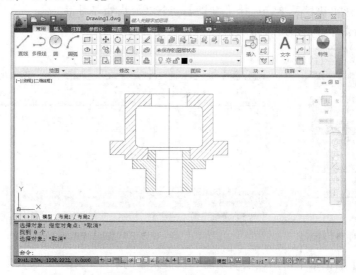

图 8-32　插入并组合图形

【附着外部参照】对话框中各选项的功能如下。

•【名称】：该下拉列表显示了当前图形中包含的外部参照文件的名称。用户可在此下拉列表中直接选取文件，也可单击 [浏览⑧...] 按钮查找其他参照文件。

•【附着型】：图形文件 A 嵌套了其他的 Xref，而这些文件是以"附着型"方式被引用的。当新文件引用图形 A 时，用户不仅可以看到图形 A 本身，还能看到图形 A 中嵌套的 Xref。附加方式的 Xref 不能循环嵌套，即如果图形 A 引用了图形 B，而图形 B 又引用了图形 C，则图形 C 不能再引用图形 A。

•【覆盖型】：图形 A 中有多层嵌套的 Xref，但它们均以"覆盖型"方式被引用。当其他图形引用图形 A 时，就只能看到图形 A 本身，而其包含的任何 Xref 都不会显示出来。覆盖方式的 Xref 可以循环引用，这使设计人员可以灵活地查看其他任何图形文件，而无须为图形之间的嵌套关系而担忧。

•【插入点】：在此分组框中指定外部参照文件的插入基点，可直接在【X】、【Y】、【Z】文本框中输入插入点坐标，也可选择【在屏幕上指定】复选项，然后在屏幕上指定。

•【比例】：在此分组框中指定外部参照文件的缩放比例，可直接在【X】、【Y】、【Z】文本框中输入沿这 3 个方向的比例因子，也可选择【在屏幕上指定】复选项，然后在屏幕上指定。

•【旋转】：确定外部参照文件的旋转角度，可直接在【角度】文本框中输入角度值，也可选择【在屏幕上指定】复选项，然后在屏幕上指定。

8.3.2 更新外部引用

当修改了被引用的图形时，AutoCAD 并不自动更新当前图样中的 Xref 图形，用户必须重新加载以更新它。

继续前面的练习，下面修改引用图形，然后在当前图形中更新它。

（1）打开素材文件"dwg\ 第 8 章 \8-12-A.dwg"，用 STRETCH 命令将零件下部配合孔的直径尺寸增加 4，保存图形。

（2）切换到新图形文件。单击【插入】选项卡中【参照】面板右下角的■按钮，打开【外部参照】对话框，如图 8-33 所示。在该对话框的文件列表框中选中"8-12-A.dwg"文件后，单击鼠标右键，弹出快捷菜单，选择【重载】命令以加载外部图形。

（3）重新加载外部图形后，结果如图 8-34 所示。

图 8-33 【外部参照】对话框

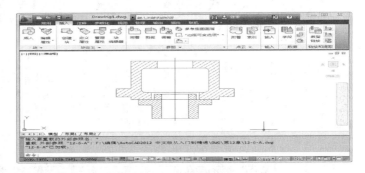

图 8-34 重新加载图形

【外部参照】对话框中常用选项的功能和快捷菜单的功能介绍如下。

•□：单击此按钮，AutoCAD 弹出【选择参照文件】对话框，用户通过此对话框选择要插入的图形文件。

•【附着】（以下都是快捷菜单中的命令）：选择此命令，AutoCAD 弹出【外部参照】对话框，用户通过此对话框选择要插入的图形文件。

【卸载】：选择此命令，暂时移走当前图形中的某个外部参照文件，但在列表框中仍保留该文件的路径。

【重载】：选择此命令，在不退出当前图形文件的情况下更新外部引用文件。

【拆离】：选择此命令，将某个外部参照文件去除。

【绑定】：选择此命令，将外部参照文件永久地插入当前图形中，使之成为当前文件的一部分，详细内容参见 8.3.3 小节。

8.3.3 转化外部引用文件的内容为当前图样的一部分

由于被引用的图形本身并不是当前图形的内容，因此引用图形的命名项目（如图层、文本样式和尺寸标注样式等）都以特有的格式表示出来。Xref 的命名项目表示形式为"Xref 名称|命名项目"，通过这种方式 AutoCAD 将引用文件的命名项目与当前图形的命名项目区别开来。

用户可以把外部引用文件转化为当前图形的内容，转化后 Xref 就变为图样中的一个图块，另外，也能把引用图形的命名项目（如图层、文字样式等）转变为当前图形的一部分。通过这种方法，用户可以轻易地使所有图纸的图层、文字样式等命名项目保持一致。

在【外部参照】对话框（如图 8-33 所示）中，选择要转化的图形文件，然后单击鼠标右键，弹出快捷菜单，选择【绑定】命令，打开【绑定外部参照】对话框，如图 8-35 所示。

【绑定外部参照】对话框中有两个选项，它们的功能介绍如下。

• 【绑定】：选择此单选项时，引用图形的所有命名项目的名称由"Xref 名称|命名项目"变为"Xref 名称 N 命名项目"。其中，字母 N 是可自动增加的整数，以避免与当前图样中的项目名称重复。

• 【插入】：使用该单选项类似于先拆离引用文件，然后再以块的形式插入外部文件。当合并外部图形后，命名项目的名称前不加任何前缀。例如，外部引用文件中有图层 WALL，当利用【插入】单选项转化外部图形时，若当前图形中无 WALL 层，那么 AutoCAD 就创建 WALL 层，否则继续使用原来的 WALL 层。

在命令行中输入 XBIND 命令，AutoCAD 打开【外部参照绑定】对话框，如图 8-36 所示。在对话框左边的列表框中选择要添加到当前图形中的项目，然后单击 添加(A) -> 按钮，把命名项加入【绑定定义】列表框中，再单击 确定 按钮完成。

图 8-35 【绑定外部参照】对话框

图 8-36 【外部参照绑定】对话框

要点提示

用户可以通过 Xref 连接一系列的库文件。如果想要使用库文件中的内容，就用 XBIND 命令将库文件中的有关项目（如尺寸样式、图块等）转化成当前图样的一部分。

8.4 AutoCAD 设计中心

设计中心为用户提供了一种直观、高效且与 Windows 资源管理器相似的操作界面，通过它用户可以很容易地查找和组织本地或网络上存储的图形文件，同时还能方便地利用其他图形文件中的块、文本样式和尺寸样式等内容。此外，如果用户打开多个文件，还能通过设计中心进行有效地管理。

对于 AutoCAD 设计中心，其主要功能可以具体地概括成以下几点。

（1）从本地磁盘或网络上浏览图形文件内容，并可通过设计中心打开文件。

（2）设计中心可以将某一图形文件中包含的块、图层、文本样式和尺寸样式等信息展示出来，并提供预览的功能。

（3）利用拖放操作可以将一个图形文件或块、图层和文字样式等插入到另一图形中使用。

（4）可以快速查找存储在其他位置的图样、图块、文字样式、标注样式和图层等信息。搜索完成后，可将结果加载到设计中心或直接拖入当前图形中使用。

下面提供几个练习让读者了解设计中心的使用方法。

8.4.1 浏览及打开图形

【练习 8-13】 利用设计中心查看图形及打开图形。

练习 8-13 利用设计中心
查看图形及打开图形

（1）单击【视图】选项卡中【选项板】面板上的 按钮，打开【设计中心】对话框，如图 8-37 所示。该对话框中包含以下 3 个选项卡。

• 【文件夹】：显示本地计算机及网上邻居的信息资源，与 Windows 资源管理器类似。

• 【打开的图形】：列出当前 AutoCAD 中所有打开的图形文件。单击文件名前的图标"⊞"，设计中心即列出该图形所包含的命名项目，如图层、文字样式和图块等。

• 【历史记录】：显示最近访问过的图形文件，包括文件的完整路径。

（2）查找"AutoCAD 2014-Simplified Chinese"子目录，选中子目录中的"Sample"文件夹并将其展开，再选中目录中的"Database Connectivity"文件夹并将其展开，单击对话框顶部的 ▼ 按钮，选择【大图标】，结果设计中心在右边的窗口中显示文件夹中图形文件的小型图片，如图 8-37 所示。

（3）选中"db_samp.dwg"图形文件的小型图标，【文件夹】选项卡下部则显示出相应的预览图片及文件路径，如图 8-37 所示。

（4）单击鼠标右键，弹出快捷菜单，如图 8-38 所示，选取【在应用程序窗口中打开】命令，就可打开此文件。

图 8-37　预览文件内容

图 8-38　快捷菜单

快捷菜单中其他常用选项的功能如下。

• 【浏览】：列出文件中块、图层和文本样式等命名项目。

•【添加到收藏夹】：在收藏夹中创建图形文件的快捷方式，当用户单击设计中心的 🖾 按钮时，能快速找到这个文件的快捷图标。

•【附着为外部参照】：以附加或覆盖方式引用外部图形。

•【插入为块】：将图形文件以块的形式插入到当前图样中。

•【创建工具选项板】：创建以文件名命名的工具选项板，该选项板包含图形文件中的所有图块。

8.4.2　将图形文件的块、图层等对象插入到当前图形中

【练习 8-14】　利用设计中心插入图块、图层等对象。

（1）打开设计中心，查找"AutoCAD 2014-Simplified Chinese"子目录，选中子目录中的"Sample"文件夹并将其展开，再选中目录中的"Database Connectivity"文件夹并展开它。

（2）选中"db_samp.dwg"文件，则设计中心在右边的窗口中列出图层、图块和文字样式等项目，如图 8-39 所示。

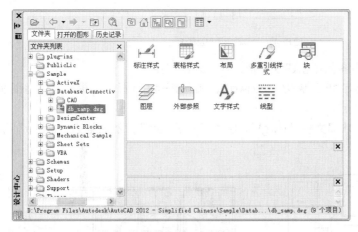

练习 8-14 利用设计中心
插入图块、图层等对象

图 8-39　显示图层、图块等项目

（3）若要显示图形中块的详细信息，就选中【块】，然后单击鼠标右键，选择【浏览】命令，则设计中心列出图形中的所有图块，如图 8-40 所示。

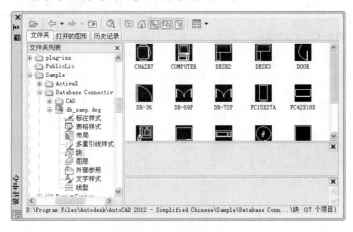

图 8-40　列出图块信息

（4）选中某一图块，单击鼠标右键，弹出快捷菜单，选取【插入块】命令，就可将此图块插入到当前图形中。

（5）用上述类似的方法可将图层、标注样式和文字样式等项目插入到当前图形中。

习题

（1）打开素材文件"dwg\第8章\8-15.dwg"，如图 8-41 所示，试计算图形面积及外轮廓线周长。

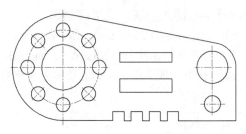

图 8-41　计算图形面积及周长

（2）下面这个练习的内容包括创建块、插入块及外部引用。

① 打开素材文件"dwg\第8章\8-16.dwg"，如图 8-42 所示，将图形定义为图块，块名为"Block"，插入点在 *A* 点。

② 在当前文件中引用外部文件"dwg\第8章\8-17.dwg"，然后插入"Block"块，结果如图 8-43 所示。

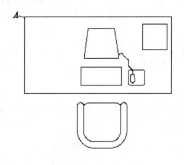

图 8-42　定义图块

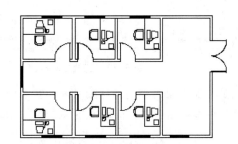

图 8-43　插入图块

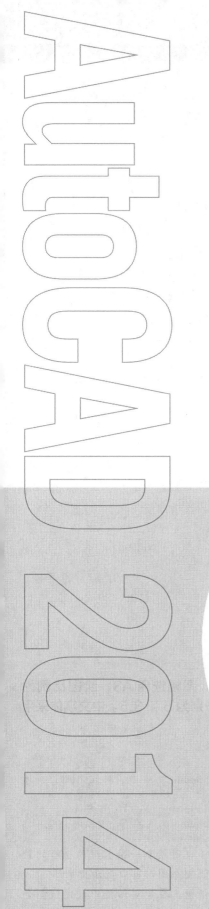

第9章
工程图范例

通过本章的学习，读者要了解用AutoCAD
绘制机械图及建筑图的一般过程，掌握一些实用
绘图技巧，提高解决实际问题的能力。

学习目标

- 了解用AutoCAD绘制机械图
  的一般步骤。
- 掌握在零件图中插入图框及
  布图的方法。
- 标注零件图尺寸及表面粗糙
  度代号。
- 了解由装配图拆画零件图及由
  零件图组合装配图的方法。
- 学会如何编写零件序号及填
  写明细表。
- 掌握画建筑平面图的方法和
  技巧。

9.1 典型零件图

下面将介绍典型零件图的绘制方法及技巧。

9.1.1 传动轴

齿轮减速器的传动轴零件图如图 9-1 所示，图例的相关说明如下。

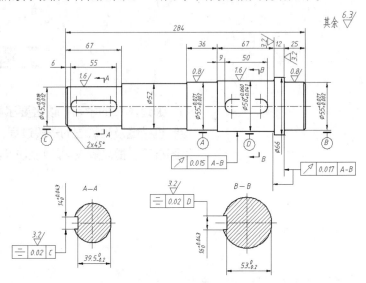

图 9-1 传动轴零件图

1. 材料

45 号钢。

2. 技术要求

（1）调质处理 190~230HB。

（2）未注圆角半径 R1.5。

（3）未注倒角 2×45°。

（4）线性尺寸未注公差按 GB1804—m。

【练习 9-1】 绘制传动轴零件图，如图 9-1 所示。图幅选用 A3，绘图比例为 1：1.5，尺寸文字字高为 3.5，技术要求中的文字字高分别为 5 和 3.5。中文字体采用 "gbcbig.shx"，西文字体采用 "gbeitc.shx"。

（1）创建以下图层。

练习 9-1 绘制传动
轴零件图

名称	颜色	线型	线宽
轮廓线层	白色	Continuous	0.50
中心线层	红色	Center	默认
剖面线层	绿色	Continuous	默认
文字层	绿色	Continuous	默认
尺寸标注层	绿色	Continuous	默认

（2）设定绘图区域大小为 200×200（也可绘制一条长度为 200 的竖直线段）。双击鼠标滚轮，使绘图区域充满整个图形窗口显示出来。

（3）通过【线型控制】下拉列表打开【线型管理器】对话框，在此对话框中设定线型全局比例因子为"0.3"。

（4）打开极轴追踪、对象捕捉及捕捉追踪功能。设置极轴追踪角度增量为"90"，设置对象捕捉方式为"端点""圆心"及"交点"。

（5）切换到轮廓线层。绘制零件的轴线 A 及左端面线 B，如图9-2（a）所示。线段 A 的长度约为350，线段 B 的长度约为100。

（6）以线段 A、B 为作图基准线，使用 OFFSET 和 TRIM 命令形成轴左边的第一段、第二段和第三段，结果如图9-2（b）所示。

（a）　　　　　　　　　　　　　　　　　　　（b）

图9-2　绘制轴左边的第一段、第二段等

（7）用同样的方法绘制轴的其余3段，结果如图9-3（a）所示。

（8）用 CIRCLE、LINE、TRIM 等命令绘制键槽及剖面图，结果如图9-3（b）所示。

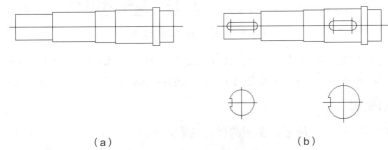

（a）　　　　　　　　　　　　　　　　　　　（b）

图9-3　绘制轴的其余各段等

（9）倒角，然后填充剖面图案，结果如图9-4所示。

（10）将轴线和定位线等放置到中心线层上，将剖面图案放置到剖面线层上。

（11）打开素材文件"dwg\第 9 章 \9-A3.dwg"，该文件包含 A3 幅面的图框、表面粗糙度符号及基准代号。利用 Windows 的复制和粘贴功能将图框及标注符号复制到零件图中，用SCALE 命令缩放它们，缩放比例为 1.5，然后把零件图布置在图框中，结果如图9-5所示。

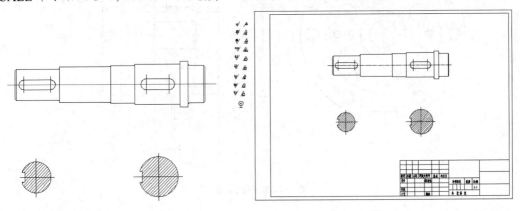

图9-4　倒角及填充剖面图案　　　　　　　　　　图9-5　插入图框

（12）切换到尺寸标注层，标注尺寸及表面粗糙度，结果如图9-6所示（本图仅为了示意工程图标注后的真实结果）。尺寸标注为注释性对象，注释比例为 1：1.5，尺寸文字字高为3.5。采用注释性尺寸标注的过程详见第 7 章。

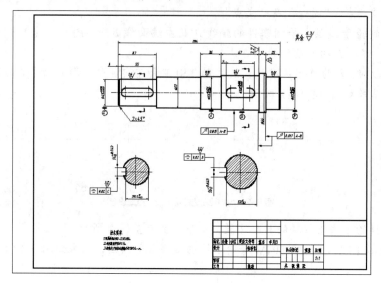

图 9-6　标注尺寸及书写技术要求

（13）切换到文字层，书写技术要求，文字为注释性对象，注释比例为 1：1.5。"技术要求"字高为 5，其余文字字高为 3.5。中文字体采用 "gbcbig.shx"，西文字体采用 "gbeitc.shx"。

9.1.2　联接盘

联接盘零件图如图 9-7 所示，图例的相关说明如下。

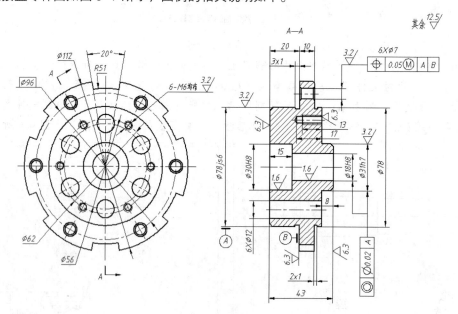

图 9-7　联接盘零件图

1. 材料

T10。

2. 技术要求

（1）高频淬火 59~64HRC。

（2）未注倒角 2×45°。

（3）线性尺寸未注公差按 GB1804—f。

（4）未注形位公差按 GB1184—80，查表按 B 级。

练习 9-2　绘制联接盘
零件图

【练习 9-2】 绘制联接盘零件图，如图 9-7 所示。图幅选用 A3，绘图比例为 1∶1，尺寸文字字高为 3.5，技术要求中的文字字高分别为 5 和 3.5。中文字体采用 "gbcbig.shx"，西文字体采用 "gbeitc.shx"。

（1）创建以下图层。

名称	颜色	线型	线宽
轮廓线层	白色	Continuous	0.50
中心线层	红色	Center	默认
剖面线层	绿色	Continuous	默认
文字层	绿色	Continuous	默认
尺寸标注层	绿色	Continuous	默认

（2）设定绘图区域大小为 200×200。单击【视图】选项卡中【二维导航】面板上的 按钮，使绘图区域充满整个图形窗口显示出来。

（3）通过【线型控制】下拉列表打开【线型管理器】对话框，在此对话框中设定线型全局比例因子为 "0.3"。

（4）打开极轴追踪、对象捕捉及捕捉追踪功能。设置极轴追踪角度增量为 "90"，设置对象捕捉方式为 "端点" "圆心" 及 "交点"。

（5）切换到轮廓线层。绘制水平及竖直定位线，线段的长度约为 150，如图 9-8（a）所示。用 CIRCLE、ROTATE 及 ARRAY 等命令形成主视图细节，结果如图 9-8（b）所示。

（6）用 XLINE 命令绘制水平投影线，再用 LINE 命令绘制左视图的作图基准线，结果如图 9-9 所示。

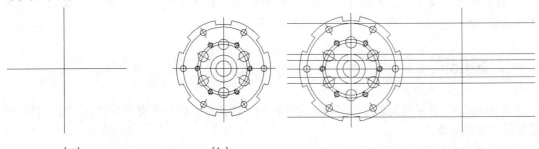

（a）　　　　　　　　　　　　（b）

图 9-8　绘制定位线及主视图细节　　　　　　图 9-9　绘制水平投影线及左视图的作图基准线

（7）用 OFFSET 及 TRIM 等命令形成左视图细节，结果如图 9-10 所示。

（8）创建倒角及填充剖面等，然后将定位线及剖面线分别修改到中心线层及剖面线层上，结果如图 9-11 所示。

（9）打开素材文件 "dwg\ 第 9 章 \9-A3.dwg"，该文件包含 A3 幅面的图框、表面粗糙度符号及基准代号。利用 Windows 的复制和粘贴功能将图框及标注符号复制到零件图中，然后把零件图布置在图框中，结果如图 9-12 所示。

（10）切换到尺寸标注层，标注尺寸及表面粗糙度。尺寸文字字高为 3.5，标注全局比例因子为 1。

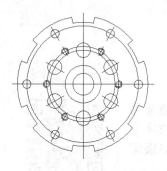
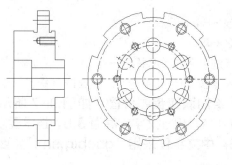
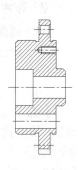

图 9-10　绘制左视图细节　　　　　　　　　图 9-11　倒角及填充剖面图案等

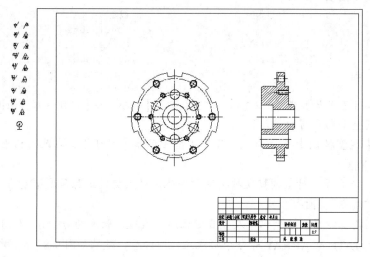

图 9-12　插入图框

　　（11）切换到文字层，书写技术要求。"技术要求"字高为 5，其余文字字高为 3.5。中文字体采用"gbcbig.shx"，西文字体采用"gbeitc.shx"。

9.2 装配图

　　用 AutoCAD 直接绘制装配图与绘制零件图的步骤类似，但也具有一些特点。以下是绘制装配图的主要步骤。

　　（1）绘制主要定位线及作图基准线。

　　（2）绘制主要零件的外形轮廓。

　　（3）绘制主要的装配干线。先绘制出该装配干线上的一个重要零件，再以该零件为基准件依次绘制其他零件。要求零件的结构尺寸要精确，为以后拆画零件图做好准备。

　　（4）绘制次要的装配干线。

　　为便于从装配图中拆画零件及确定重要的尺寸参数，绘制装配图时还要注意以下问题。

　　（1）确定各零件的主要形状及尺寸，尺寸数值要精确，不能随意。对于关键结构及有装配关系的地方，更应精确地绘制。这一点与手工设计是不同的。

　　（2）轴承、螺栓、挡圈、联轴器及电机等要按正确尺寸画出外形图，特别是安装尺寸要绘制正确。

（3）利用 MOVE、COPY、ROTATE 等命令模拟运动部件的工作位置，以确定关键尺寸及重要参数。

（4）利用 MOVE、COPY 等命令调整链轮和带轮的位置，以获得最佳的传动布置方案。对于带长及链长，可利用创建面域并查询周长的方法获得。

图 9-13 所示为完成主要结构设计的绕簧支架，该图是一张细致的产品装配图，各部分尺寸都是精确无误的，可依据此图拆画零件图。

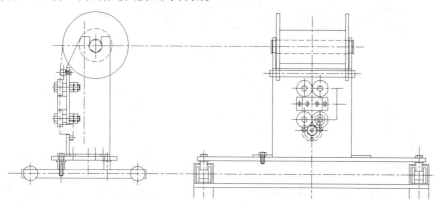

图 9-13　绕簧支架

9.2.1　由装配图拆画零件图

绘制了精确的装配图后，就可利用 AutoCAD 的复制及粘贴功能从该图拆画零件图，具体过程如下。

（1）将结构图中某个零件的主要轮廓复制到剪贴板上。

（2）通过样板文件创建一个新文件，然后将剪贴板上的零件图粘贴到当前文件中。

（3）在已有零件图的基础上进行详细的结构设计，要求精确地进行绘制，以便以后利用零件图检验装配尺寸的正确性，详见 9.2.2 小节。

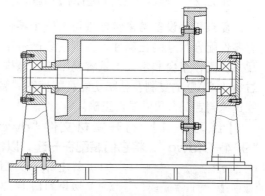

图 9-14　由设计图拆画零件图

【练习 9-3】 打开素材文件"dwg\ 第 9 章 \9-3.dwg"，如图 9-14 所示，由部件装配图拆画零件图。

（1）创建新图形文件，文件名为"筒体 .dwg"。

（2）切换到文件"9-3.dwg"，在图形窗口中单击鼠标右键，弹出快捷菜单，选择【剪贴板】/【带基点复制】命令，然后选择筒体零件并指定复制的基点为点 *A*，如图 9-15 所示。

（3）切换到文件"筒体 .dwg"，在图形窗口中单击鼠标右键，弹出快捷菜单，选择【剪贴板】/【粘贴】命令，结果如图 9-16 所示。

（4）对筒体零件进行必要的编辑，结果如图 9-17 所示。

练习 9-3　由装配图拆画零件图

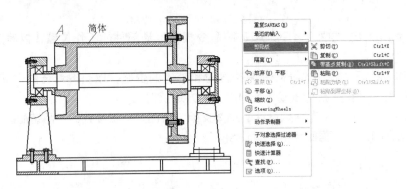

图 9-15　复制"筒体"

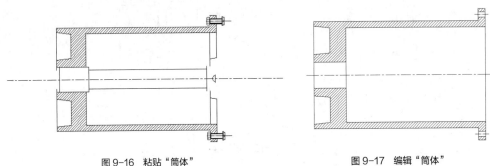

图 9-16　粘贴"筒体"　　　　　　　　　　　　图 9-17　编辑"筒体"

9.2.2 "装配"零件图以检验配合尺寸的正确性

复杂机器设备常常包含成百上千个零件，这些零件要正确地装配在一起，就必须保证所有零件配合尺寸的正确性，否则就会产生干涉。若技术人员按一张张图纸去核对零件的配合尺寸，工作量会非常大，且容易出错。怎样才能更有效地检查配合尺寸的正确性呢？可先通过 AutoCAD 的复制及粘贴功能将零件图"装配"在一起，然后通过查看"装配"后的图样就能迅速判定配合尺寸是否正确。

【练习 9-4】　打开素材文件"dwg\ 第 9 章 \9-4-A.dwg""9-4-B.dwg"和
"9-4-C.dwg"，将它们装配在一起，以检验配合尺寸的正确性。

练习 9-4 "装配"零件图以检验配合尺寸的正确性

（1）创建新图形文件，文件名为"装配检验 .dwg"。

（2）切换到图形"9-4-A.dwg"，关闭标注层，如图 9-18 所示。在图形窗口中单击鼠标右键，弹出快捷菜单，选择【剪贴板】/【带基点复制】命令，复制零件主视图。

（3）切换到图形"装配检验 .dwg"，在图形窗口中单击鼠标右键，弹出快捷菜单，选择【剪贴板】/【粘贴】命令，结果如图 9-19 所示。

（4）切换到图形"9-4-B.dwg"，关闭标注层。在图形窗口中单击鼠标右键，弹出快捷菜单，选择【剪贴板】/【带基点复制】命令，复制零件主视图。

（5）切换到图形"装配检验 .dwg"，在图形窗口中单击鼠标右键，弹出快捷菜单，选择【剪贴板】/【粘贴】命令，结果如图 9-20（a）所示。

（6）用 MOVE 命令将两个零件装配在一起，结果如图 9-20（b）所示。由图可以看出，两个零件正确地配合在一起了，它们的装配尺寸是正确的。

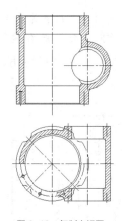

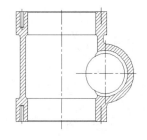

图 9-18 复制主视图 　　　　　图 9-19 粘贴对象（1）

（7）用上述同样的方法将零件"9-4-C"与"9-4-A"也装配在一起，结果如图 9-21 所示。

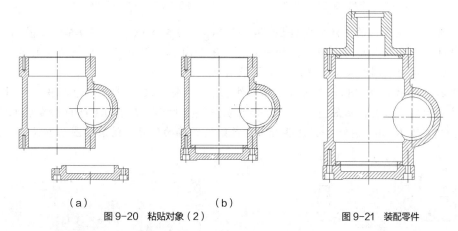

（a）　　　　　　　（b） 　　　　　图 9-21 装配零件

图 9-20 粘贴对象（2）

9.2.3 由零件图组合装配图

若已绘制了机器或部件的所有零件图，则当需要一张完整的装配图时，就可考虑利用零件图来拼画装配图，这样能避免重复劳动，提高工作效率。拼画装配图的方法如下。

（1）创建一个新文件。

（2）打开所需的零件图，关闭尺寸所在的图层，利用复制及粘贴功能将零件图复制到新文件中。

（3）利用 MOVE 命令将零件图组合在一起，再进行必要的编辑，形成装配图。

【练习 9-5】 打开素材文件"dwg\ 第 9 章 \9-5-A.dwg""9-5-B.dwg""9-5-C.dwg""9-5-D.dwg"及"9-5-E.dwg"，将 5 张零件图"装配"在一起，形成装配图。

（1）创建新图形文件，文件名为"球阀装配图 .dwg"。

（2）切换到图形"9-5-A.dwg"。在图形窗口中单击鼠标右键，弹出快捷菜单，选择【剪贴板】/【带基点复制】命令，复制零件。

（3）切换到图形"球阀装配图 .dwg"。在图形窗口中单击鼠标右键，弹出快捷菜单，选择【剪贴板】/【粘贴】命令，结果如图 9-22 所示。

（4）切换到图形"9-5-B.dwg"。在图形窗口中单击鼠标右键，弹出

练习 9-5　由零件图组合装配图

快捷菜单，选择【剪贴板】/【带基点复制】命令，以主视图左上角点为基点复制零件。

（5）切换到图形"球阀装配图.dwg"，在图形窗口中单击鼠标右键，弹出快捷菜单，选择【剪贴板】/【粘贴】命令，指定点 A 为插入点，删除多余线条，结果如图 9-23 所示。

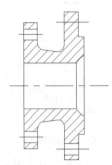 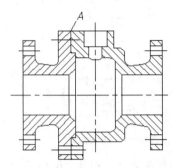

图9-22 装配"9-5-A"零件　　　　　图9-23 装配"9-5-B"零件

（6）用与上述类似的方法将零件图"9-5-C.dwg""9-5-D.dwg"与"9-5-E.dwg"插入装配图中，每插入一个零件后都要做适当的编辑，结果如图 9-24 所示。不要把所有的零件都插入后再修改，这样由于图线太多，修改将变得很困难。

（7）打开素材文件"dwg\ 第 9 章 \ 标准件 .dwg"，将该文件中的 M12 螺栓、螺母、垫圈等标准件复制到"球阀装配图 .dwg"中，如图 9-25（a）所示。用 STRETCH 命令将螺栓拉长，然后用 ROTATE 和 MOVE 命令将这些标准件装配到正确的位置，结果如图 9-25（b）所示。

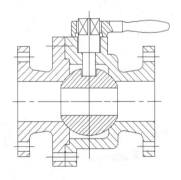

（a）　　　　　　　（b）

图9-24 装配"9-5-C""9-5-D"与"9-5-E"零件　　　　　图9-25 插入标准件

（8）保存文件，在后续练习中将使用该文件。

9.2.4 标注零件序号

使用 MLEADER 命令可以很方便地创建带下画线或带圆圈形式的零件序号，如图 9-26 所示。生成序号后，用户可通过关键点编辑方式调整引线或序号数字的位置。

练习9-6 编写零件序号

【练习 9-6】编写零件序号。

（1）打开前面创建的文件"球阀装配图 .dwg"。

（2）单击【注释】面板上的 按钮，打开【多重引线样式管理器】对话框，再单击 修改(M)... 按钮，打开【修改多重引线样式】对话框，如图 9-29 所示。在该对话框中完成以下设置。

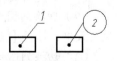

图9-26 零件序号

• 【引线格式】选项卡设置的选项如图 9-27 所示。

• 【引线结构】选项卡设置的选项如图 9-28 所示。

图 9-27 【引线格式】选项卡   图 9-28 【引线结构】选项卡

 要点提示

文本框中的数值 "2" 表示下画线与引线间的距离, 【指定比例】文本框中的数值等于绘图比例的倒数。

• 【内容】选项卡设置的选项如图 9-29 所示。其中, 【基线间隙】文本框中的数值表示下画线的长度。

（3）单击【注释】选项卡中【引线】面板上的 按钮, 启动创建引线标注命令, 标注零件序号, 结果如图 9-30 所示。

（4）单击【引线】面板上的 按钮, 选择零件序号 1、2、4、5, 按 Enter 键, 然后选择要对齐的序号 3 并指定水平方向为对齐方向, 结果如图 9-31 所示。

（5）用相同的方法将序号 6、7、8 与序号 5 在竖直方向上对齐, 结果如图 9-31 所示。

图 9-29 【修改多重引线样式】对话框

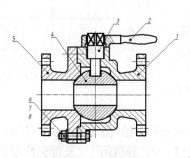

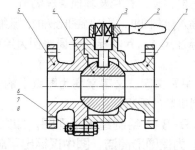

图 9-30 标注零件序号   图 9-31 对齐零件序号

9.2.5 编写明细表

用户可事先创建好空白表格对象并保存在一个文件中, 当要编写零件明细表时, 打开该文件, 然后填写表格对象。

【练习 9-7】 打开素材文件 "dwg\ 第 9 章 \ 明细表 .dwg", 该文件包含一个零件明细表, 此表是表格对象, 通过双击其中一个单元就可填写文字, 填写结果如图 9-32 所示。

练习 9-7 编写明细表

	5	右阀体	1	青铜				
旧底图总号	4	手柄	1	HT150				
	3	球形阀瓣	1	黄铜				
	2	阀杆	1	35				
底图总号	1	左阀体	1	青铜				
			制定			标记		
			缮写					
签名	日期		校对			共　页	第　页	
			标准化检查	明细表				
	标记	更改内容或依据	更改人	日期	审核			

图 9-32　填写零件明细表

9.3 建筑平面图

用 AutoCAD 绘制建筑平面图的总体思路是先整体、后局部，主要绘制过程如下。

（1）创建图层，如墙体层、轴线层、柱网层等。

（2）绘制一个表示作图区域大小的矩形，双击鼠标滚轮，将该矩形全部显示在绘图窗口中。再用 EXPLODE 命令分解矩形，形成作图基准线。此外，也可利用 LIMITS 命令设定作图区域大小，然后用 LINE 命令绘制水平及竖直作图基准线。

（3）用 OFFSET 和 TRIM 命令画水平及竖直定位轴线。

（4）用 MLINE 命令画外墙体，形成平面图的大致形状。

（5）绘制内墙体。

（6）用 OFFSET 和 TRIM 命令在墙体上形成门窗洞口。

（7）绘制门窗、楼梯及其他局部细节。

（8）插入标准图框，并以绘图比例的倒数缩放图框。

（9）标注尺寸，尺寸标注全局比例为绘图比例的倒数。

（10）书写文字，文字字高为图纸上的实际字高与绘图比例倒数的乘积。

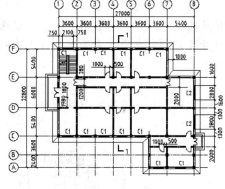

图 9-33　绘制建筑平面图

【练习 9-8】绘制建筑平面图，如图 9-33 所示。绘图比例为 1：100，采用 A2 幅面图框。为使图形简洁，图中仅标出了总体尺寸、轴线间距尺寸及部分细节尺寸。

（1）创建以下图层。

练习 9-8　绘制建筑平面图

名称	颜色	线型	线宽
建筑—轴线	蓝色	Center	默认
建筑—柱网	白色	Continuous	默认
建筑—墙体	白色	Continuous	0.7
建筑—门窗	红色	Continuous	默认
建筑—台阶及散水	红色	Continuous	默认
建筑—楼梯	红色	Continuous	默认
建筑—标注	白色	Continuous	默认

当创建不同种类的对象时，应切换到相应图层。

（2）设定绘图区域大小为 40000×40000，设置线型全局比例因子为 100（绘图比例倒数）。

（3）打开极轴追踪、对象捕捉及捕捉追踪功能。设置极轴追踪角度增量为"90"，设定对象捕捉方式为"端点""交点"，设置仅沿正交方向进行捕捉追踪。

（4）用 LINE 命令绘制水平及竖直作图基准线，然后利用 OFFSET、BREAK、TRIM 等命令形成轴线，结果如图 9-34 所示。

（5）在屏幕的适当位置绘制柱的横截面图，尺寸如图 9-35（a）所示。先画一个正方形，再连接两条对角线，然后用"Solid"图案填充图形，结果如图 9-35（b）所示。正方形两条对角线的交点可作为柱截面的定位基准点。

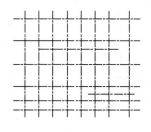

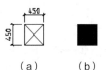

（a）　　（b）

图 9-34　形成轴线　　　　　图 9-35　画柱的横截面

（6）用 COPY 命令形成柱网，结果如图 9-36 所示。

（7）创建两个多线样式。

样式名	元素	偏移量
墙体 -370	两条直线	145、-225
墙体 -240	两条直线	120、-120

（8）关闭"建筑—柱网"层，指定"墙体 -370"为当前样式，用 MLINE 命令绘制建筑物外墙体；再设定"墙体 -240"为当前样式，绘制建筑物内墙体，结果如图 9-37 所示。

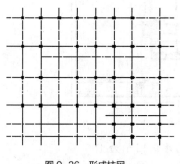

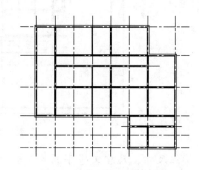

图 9-36　形成柱网　　　　　　　图 9-37　绘制外墙体、内墙体

（9）用 MLEDIT 命令编辑多线相交的形式，再分解多线，修剪多余线条。

（10）用 OFFSET、TRIM 和 COPY 命令形成所有门窗洞口，结果如图 9-38 所示。

（11）利用设计中心插入"图例 .dwg"中的门窗图块，它们分别是 M1000、M1200、M1800 及 C370×100，再复制这些图块，结果如图 9-39 所示。

（12）绘制室外台阶及散水，细节尺寸及结果如图 9-40 所示。

（13）绘制楼梯，楼梯尺寸如图 9-41 所示。

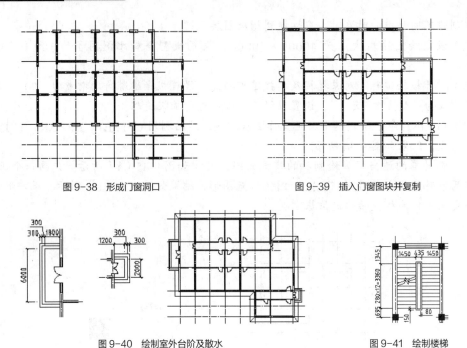

图 9-38　形成门窗洞口　　　　　　　　　　图 9-39　插入门窗图块并复制

图 9-40　绘制室外台阶及散水　　　　　　　　图 9-41　绘制楼梯

（14）打开素材文件"dwg\ 第 9 章 \9-A2.dwg"，该文件包含一个 A2 幅面的图框。利用 Windows 的复制 / 粘贴功能将 A2 幅面图纸复制到平面图中，用 SCALE 命令缩放图框，缩放比例为 100，然后把平面图布置在图框中，结果如图 9-42 所示。

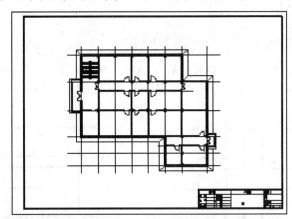

图 9-42　插入图框

（15）标注尺寸，尺寸文字字高为 2.5，标注全局比例因子为 100。

（16）单击【视图】选项卡中【选项板】面板上的　　按钮，打开【设计中心】对话框，查找并选中素材文件"图例 .dwg"，则设计中心在右边的窗口中列出图层、图块和文字样式等项目。选中【块】项目，单击鼠标右键，选择【浏览】命令，则设计中心列出图形中的所有图块。

（17）用鼠标右键单击"标高"及"轴线编号"图块，利用【插入块】命令在当前图形中插入块，并填写属性文字，块的缩放比例因子为 100。

（18）将文件以名称"平面图 .dwg"保存。

习题

（1）绘制法兰盘零件图，如图 9-43 所示。

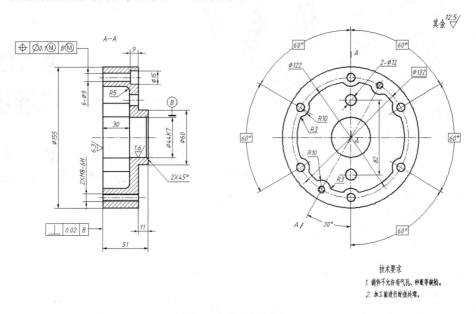

图 9-43　法兰盘零件图

（2）打开素材文件"dwg\第 9 章\9-9.dwg"，如图 9-44 所示，由此装配图拆画零件图。

（3）绘制图 9-45 所示二层小住宅的平面图（一些细节尺寸自定）。

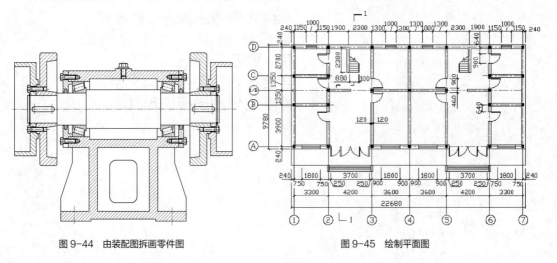

图 9-44　由装配图拆画零件图　　　　图 9-45　绘制平面图

Chapter

10

第10章
轴测图

通过本章的学习，读者要了解轴测图的基本作图方法及如何在轴测图中添加文字和标注尺寸。

学习目标

- 学会如何激活轴测投影模式。
- 掌握在轴测模式下绘制线段、圆及平行线的方法。
- 学会在轴测图中添加文字。
- 能够给轴测图标注尺寸。

10.1 课堂实训——绘制轴测剖视图

实训的任务是绘制图 10-1 所示立体的轴测剖视图。绘图步骤是先画出整体的外形轮廓，再绘制剖面及内部看得见的结构。

【练习 10-1】 绘制图 10-1 所示的轴测剖视图。

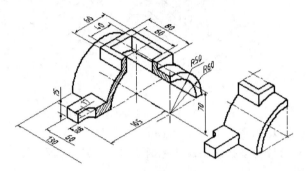

图 10-1 绘制轴测剖视图

（1）创建新图形文件。

（2）激活轴测投影模式，再打开极轴追踪、对象捕捉及自动追踪功能。指定极轴追踪角度增量为"30"，设定对象捕捉方式为"端点""圆心"和"交点"，设置沿所有极轴角进行自动追踪。

（3）切换到右轴测面，绘制定位线及半椭圆 A、B，如图 10-2 所示。

（4）沿 150°方向复制半椭圆 A、B，再画线段 C、D 等，如图 10-3（a）所示。修剪及删除多余线条，结果如图 10-3（b）所示。

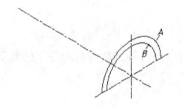
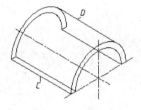
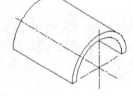

（a） （b）

图 10-2 绘制定位线及半椭圆 　　　　　图 10-3 复制对象及绘制线段（1）

（5）绘制定位线及线框 E、F，如图 10-4 所示。

（6）复制半椭圆 G、H，再绘制线段 J、K 等，如图 10-5（a）所示。修剪及删除多余线条，结果如图 10-5（b）所示。

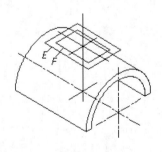
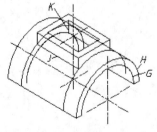
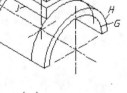
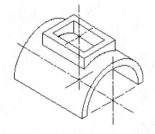

（a） （b）

图 10-4 绘制定位线及线框 E、F 　　　　　图 10-5 复制对象及绘制线段（2）

（7）绘制线框 L，如图 10-6 所示。

（8）复制线框 L 及半椭圆，然后绘制线段 M、N 等，如图 10-7（a）所示。修剪及删除多余线条，结果如图 10-7（b）所示。

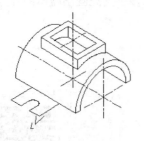

图 10-6　绘制线框 L

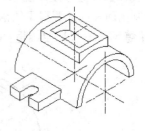

（a）　　　　　　　　　（b）

图 10-7　复制对象及绘制线段（3）

（9）绘制椭圆弧 O、P 及线段 Q、R 等，如图 10-8 所示。

（10）复制全部轴测图形，然后修剪多余线条及填充剖面图案，结果如图 10-9 所示。

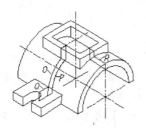

图 10-8　绘制椭圆弧及线段

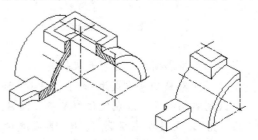

图 10-9　修剪多余线条及填充剖面图案

要点提示

左轴测面内剖面图案的倾斜角度为 120°（与水平方向夹角），右轴测面内剖面图案的倾斜角度为 60°。

10.2 激活轴测投影模式

在 AutoCAD 中，用户可以打开轴测投影模式绘制轴测图。当此模式被激活后，十字光标的短线会自动调整到与当前轴测面内轴测轴一致的位置，如图 10-10 所示。

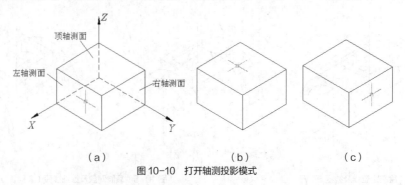

（a）　　　　　　　　　（b）　　　　　　　　　（c）

图 10-10　打开轴测投影模式

【练习10-2】 激活轴测投影模式。

（1）打开素材文件"dwg\ 第10章\10-2.dwg"，用鼠标右键单击状态栏上的▦按钮，选择【设置】命令，打开【草图设置】对话框，进入【捕捉和栅格】选项卡，弹出新的一页，如图10-11所示。

（2）在【捕捉类型】分组框中选取【等轴测捕捉】单选项，激活轴测投影模式。

（3）单击 确定 按钮，退出对话框，光标处于左轴测面内，如图10-10（a）所示。

图10-11 【草图设置】对话框

（4）按F5键切换至顶轴测面，如图10-10（a）所示。

（5）按F5键切换至右轴测面，如图10-10（b）所示。

10.3 在轴测投影模式下作图

进入轴测模式后，用户仍然是利用基本的二维绘图命令来创建直线、椭圆等图形对象，但要注意这些图形对象轴测投影的特点，如水平直线的轴测投影将变为斜线，圆的轴测投影将成为椭圆。

10.3.1 在轴测模式下画线

在轴测模式下画直线常采用以下3种方法。

（1）通过输入点的极坐标来绘制线段。当所绘线段与不同的轴测轴平行时，输入的极坐标角度值将不同。

（2）打开正交模式辅助画线。此时所绘线段将自动与当前轴测面内的某一轴测轴方向一致。例如，若处于右轴测面且打开正交状态，那么所画线段将沿着30°或者90°方向。

（3）利用极轴追踪、自动追踪功能画线。打开极轴追踪、对象捕捉和自动追踪功能，并设定极轴追踪的角度增量为30°，这样就能很方便地画出30°、90°或150°方向的线段。

【练习10-3】 在轴测模式下画线。

（1）激活轴测投影模式。

（2）输入点的极坐标画线。

```
命令：  <等轴测平面 右>                         // 按 F5 键切换到右轴测面
命令：  _line 指定第一点：                       // 单击点 A，如图 10-12 所示
指定下一点或 [放弃 (U)]：@100<30              // 输入点 B 的相对坐标
指定下一点或 [放弃 (U)]：@150<90              // 输入点 C 的相对坐标
指定下一点或 [闭合 (C)/放弃 (U)]：@40<-150     // 输入点 D 的相对坐标
指定下一点或 [闭合 (C)/放弃 (U)]：@95<-90      // 输入点 E 的相对坐标
指定下一点或 [闭合 (C)/放弃 (U)]：@60<-150     // 输入点 F 的相对坐标
指定下一点或 [闭合 (C)/放弃 (U)]：c            // 使线框闭合
```

结果如图10-12所示。

（3）打开正交状态画线。

```
命令：  <等轴测平面 左>                         // 按 F5 键切换到左轴测面
命令：  <正交 开>                              // 打开正交
命令：  _line 指定第一点：int 于                // 捕捉点 A，如图 10-13 所示
```

指定下一点或 [放弃 (U)]: 100	// 输入线段 AG 的长度
指定下一点或 [放弃 (U)]: 150	// 输入线段 GH 的长度
指定下一点或 [闭合 (C)/ 放弃 (U)]: 40	// 输入线段 HI 的长度
指定下一点或 [闭合 (C)/ 放弃 (U)]: 95	// 输入线段 IJ 的长度
指定下一点或 [闭合 (C)/ 放弃 (U)]: end 于	// 捕捉 F 点
指定下一点或 [闭合 (C)/ 放弃 (U)]:	// 按 Enter 键结束

结果如图 10-13 所示。

（4）打开极轴追踪、对象捕捉及自动追踪功能，指定极轴追踪角度增量为"30"，设定对象捕捉方式为"端点""交点"，沿所有极轴角进行自动追踪。

命令：<等轴测平面 上>	// 按 F5 键切换到顶轴测面
命令：<等轴测平面 右>	// 按 F5 键切换到右轴测面
命令：_line 指定第一点：20	// 从点 A 沿 30°方向追踪并输入追踪距离
指定下一点或 [放弃 (U)]: 30	// 从点 K 沿 90°方向追踪并输入追踪距离
指定下一点或 [放弃 (U)]: 50	// 从点 L 沿 30°方向追踪并输入追踪距离
指定下一点或 [闭合 (C)/ 放弃 (U)]:	// 从点 M 沿 -90°方向追踪并捕捉交点 N
指定下一点或 [闭合 (C)/ 放弃 (U)]:	// 按 Enter 键结束

结果如图 10-14 所示。

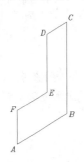
图 10-12　在右轴测面内画线（1）

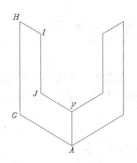
图 10-13　在左轴测面内画线

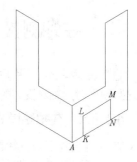
图 10-14　在右轴测面内画线（2）

10.3.2　在轴测面内画平行线

一般用 OFFSET 命令绘制平行线，但在轴测面内画平行线与在标准模式下画平行线的方法有所不同。如图 10-15 所示，在顶轴测面内作线段 A 的平行线 B，要求它们之间沿 30°方向的间距是 30。如果使用 OFFSET 命令，并直接输入偏移距离 30，则偏移后两线间的垂直距离等于 30，而沿 30°方向的间距并不是 30。为避免上述情况，操作时要使用 COPY 命令，将线段 A 沿 30°方向复制距离 30 即得到线段 B。

练习 10-4　在轴测面内作平行线

【练习 10-4】　在轴测面内作平行线。

（1）打开素材文件"dwg\ 第 10 章 \10-4.dwg"。

（2）打开极轴追踪、对象捕捉及自动追踪功能。指定极轴追踪角度增量为"30"，设定对象捕捉方式为"端点""交点"，设置沿所有极轴角进行自动追踪。

（3）用 COPY 命令形成平行线。

命令：_copy	
选择对象：找到 1 个	// 选择线段 A，如图 10-16 所示
选择对象：	// 按 Enter 键
指定基点或 [位移 (D)] <位移>：	// 单击一点
指定第二个点或 <使用第一个点作为位移>：26	// 沿 -150°方向追踪并输入追踪距离
指定第二个点或 [退出 (E)/ 放弃 (U)] <退出>：52	// 沿 -150°方向追踪并输入追踪距离
指定第二个点或 [退出 (E)/ 放弃 (U)] <退出>：	// 按 Enter 键结束
命令：COPY	// 重复命令

选择对象：找到 1 个	// 选择线段 B
选择对象：	// 按 Enter 键
指定基点或 [位移 (D)] <位移>：15<90	// 输入复制的距离和方向
指定第二个点或 <使用第一个点作为位移>：	// 按 Enter 键结束

结果如图 10-16 所示。

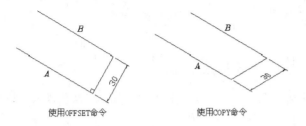
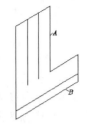

使用OFFSET命令　　　　　　使用COPY命令

图 10-15　画平行线　　　　　　　　　　　图 10-16　画平行线

10.3.3　在轴测面内移动及复制对象

沿轴测轴移动及复制对象时，图形元素移动的方向平行于 30°、90° 或 150° 方向线，因此，设定极轴追踪增量角为 30°，并设置沿所有极轴角自动追踪，就能很方便地沿轴测轴进行移动和复制操作。

【练习 10-5】 在轴测面内移动及复制对象。打开素材文件"dwg\ 第 10 章 \10-5.dwg"，如图 10-17（a）所示，用 COPY、MOVE、TRIM 命令将其修改为图 10-17（b）所示的图形。

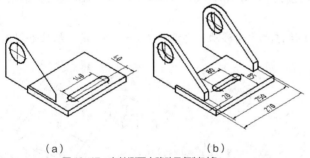

练习 10-5　在轴测面内
移动及复制对象

（a）　　　　　　　　　　（b）

图 10-17　在轴测面内移动及复制对象

（1）激活轴测投影模式，再打开极轴追踪、对象捕捉及自动追踪功能。指定极轴追踪角度增量为"30"，设定对象捕捉方式为"端点""交点"，设置沿所有极轴角进行自动追踪。

（2）沿 30° 方向复制线框 A、B，再绘制线段 C、D、E、F 等，如图 10-18 所示。

命令：_copy	
选择对象：找到 10 个	// 选择线框 A、B，如图 10-18 左图所示
选择对象：	// 按 Enter 键
指定基点或或 [位移 (D) / 模式 (O)] <位移>：	// 单击一点
指定第二个点或 [阵列 (A)] <使用第一个点作为位移>：20	
	// 沿 30°方向追踪并输入追踪距离
指定第二个点或 [阵列 (A) / 退出 (E) / 放弃 (U)] <退出>：250	
	// 沿 30°方向追踪并输入追踪距离
指定第二个点或 [阵列 (A) / 退出 (E) / 放弃 (U)] <退出>：230	
	// 沿 30°方向追踪并输入追踪距离
指定第二个点或 [阵列 (A) / 退出 (E) / 放弃 (U)] <退出>：	// 按 Enter 键结束

再绘制线段 C、D、E、F 等，如图 10-18（a）所示。修剪及删除多余线条，结果如图 10-18（b）所示。

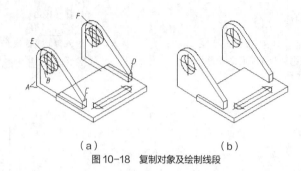

（a）　　　　　　　　　　　（b）

图10-18　复制对象及绘制线段

（3）沿30°方向移动椭圆弧 G 及线段 H，沿 –30° 方向移动椭圆弧 J 及线段 K，如图 10-19 左图所示，然后修剪多余线条，结果如图 10-19 右图所示。

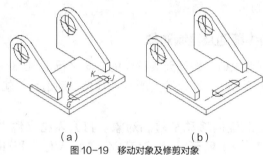

（a）　　　　　　　　　　　（b）

图10-19　移动对象及修剪对象

（4）将线框 L 沿 –90° 方向复制，如图 10-20（a）所示。修剪及删除多余线条，结果如图 10-20（b）所示。

（5）将图形 M（见图 10-20）沿 150° 方向移动，再调整中心线的长度，结果如图 10-21 所示。

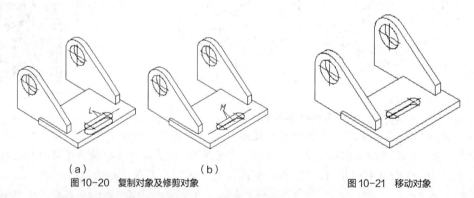

（a）　　　　　　　　　（b）

图10-20　复制对象及修剪对象　　　　　　　　　　图10-21　移动对象

10.3.4　在轴测模式下绘制角

在轴测面内画角度时，不能按角度的实际值进行绘制，因为在轴测投影图中，投影角度值与实际角度值是不相符合的。在这种情况下，用户应先确定角边上点的轴测投影，并将点连线，就可获得实际角的轴测投影了。

练习 10-6　绘制角的轴测投影

【练习10-6】 绘制角的轴测投影。

（1）打开素材文件"dwg\ 第 10 章 \10-6.dwg"。

（2）打开极轴追踪、对象捕捉及自动追踪功能。指定极轴追踪角度增量为"30"，设定对象捕捉方式为"端点""交点"，设置沿所有极轴角进行自动追踪。

（3）画线段 *B*、*C*、*D* 等，如图 10-22（a）所示。

```
命令：_line 指定第一点：50            // 从点 A 沿 30° 方向追踪并输入追踪距离
指定下一点或 [放弃(U)]：80             // 从点 A 沿 -90° 方向追踪并输入追踪距离
指定下一点或 [放弃(U)]：              // 按 Enter 键结束
```

复制线段 *B*，再连线 *C*、*D*，然后修剪多余线条，结果如图 10-22（b）所示。

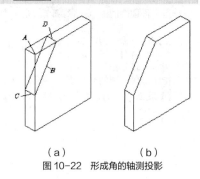

（a）　　　　　（b）

图 10-22　形成角的轴测投影

10.3.5　绘制圆的轴测投影

圆的轴测投影是椭圆，当圆位于不同的轴测面内时，椭圆的长轴、短轴的位置将是不相同的。手工绘制圆的轴测投影比较麻烦，但在 AutoCAD 中却可直接使用 ELLIPSE 命令的 "等轴测圆(I)" 选项来绘制。这个选项仅在轴测模式被激活后才出现。

键入 ELLIPSE 命令，AutoCAD 提示如下。

```
命令：_ellipse
指定椭圆轴的端点或 [圆弧(A)/中心点(C)/等轴测圆(I)]：i    // 输入 "i"
指定等轴测圆的圆心：                                  // 指定圆心
指定等轴测圆的半径或 [直径(D)]：                       // 输入圆半径
```

选择 "等轴测圆(I)" 选项，再根据提示指定椭圆中心并输入圆的半径值，则 AutoCAD 会自动在当前轴测面中绘制出相应圆的轴测投影。

绘制圆的轴测投影时，首先要利用 F5 键切换到合适的轴测面，使之与圆所在的平面对应起来，这样才能使椭圆看起来是在轴测面内，如图 10-23（a）所示，否则所画椭圆的形状是不正确的。如图 10-23（b）所示，圆的实际位置在正方体的顶面，而所绘轴测投影却位于右轴测面内，结果轴测圆与正方体的投影就显得不匹配了。

轴测图中经常要画线与线间的圆滑过渡，此时过渡圆弧变为椭圆弧。绘制这个椭圆弧的方法是在相应的位置画一个完整的椭圆，然后使用 TRIM 命令修剪多余的线条，如图 10-24 所示。

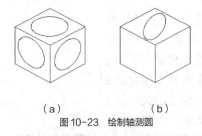

（a）　　　　　（b）

图 10-23　绘制轴测圆

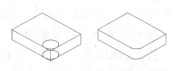

图 10-24　绘制过渡的椭圆弧

【练习 10-7】　在轴测图中画圆及过渡圆弧。

（1）打开素材文件 "dwg\ 第 10 章 \10-7.dwg"。

（2）激活轴测投影模式。

练习 10-7　在轴测图中画圆及过渡圆弧

（3）打开极轴追踪、对象捕捉及自动追踪功能。指定极轴追踪角度增量为 "30"，设定对象捕捉方式为 "端点" "交点"，设置沿所有极轴角进行自动追踪。

（4）切换到顶轴测面，启动 ELLIPSE 命令，AutoCAD 提示如下。

```
命令：_ellipse
指定椭圆轴的端点或 [圆弧(A)/中心点(C)/等轴测圆(I)]：i
                                    // 使用 "等轴测圆(I)" 选项
指定等轴测圆的圆心：tt               // 建立临时参考点
```

指定临时对象追踪点: 20	// 从点 A 沿 30° 方向追踪并输入点 B 与点 A 的 距离，如图 10-25 左图所示
指定等轴测圆的圆心: 20	// 从点 B 沿 150° 方向追踪并输入追踪距离
指定等轴测圆的半径或 [直径 (D)]: 20	// 输入圆半径
命令:ELLIPSE	// 重复命令
指定椭圆轴的端点或 [圆弧 (A)/中心点 (C)/等轴测圆 (I)]: i	// 使用 "等轴测圆 (I)" 选项
指定等轴测圆的圆心: tt	// 建立临时参考点
指定临时对象追踪点: 50	// 从 A 点沿 30° 方向追踪并输入点 C 与点 A 的距离
指定等轴测圆的圆心: 60	// 从点 C 沿 150° 方向追踪并输入追踪距离
指定等轴测圆的半径或 [直径 (D)]: 15	// 输入圆半径

结果如图 10-25（a）所示。修剪多余线条，结果如图 10-25（b）所示。

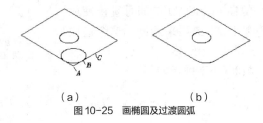

（a）   （b）

图 10-25　画椭圆及过渡圆弧

10.4 在轴测图中书写文本

为了使某个轴测面中的文本看起来像是在该轴测面内，就必须根据各轴测面的位置特点将文字倾斜某一个角度值，以使它们的外观与轴测图协调起来，否则立体感就不是很好。图 10-26 所示是在轴测图的 3 个轴测面上采用适当倾角书写文本后的结果。

各轴测面上文本的倾斜规律如下。

- 在左轴测面上，文本需采用 –30° 的倾斜角。
- 在右轴测面上，文本需采用 30° 的倾斜角。
- 在顶轴测面上，当文本平行于 x 轴时，采用 –30° 的倾斜角。
- 在顶轴测面上，当文本平行于 y 轴时，需采用 30° 的倾角。

由以上规律可以看出，各轴测面内的文本或是倾斜 30° 或是倾斜 –30°，因此在轴测图中书写文字时，应事先建立倾角分别是 30° 和 –30° 的两种文本样式，这样只要利用合适的文本样式控制文本的倾斜角度就能够保证文字外观看起来是正确的。

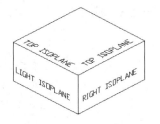

图 10-26　轴测面上的文本

【练习 10-8】 创建倾角分别是 30° 和 –30° 的两种文字样式，然后在各轴测面内书写文字。

（1）打开素材文件 "dwg\ 第 10 章 \10-8.dwg"。

（2）选取菜单命令【格式】/【文字样式】，打开【文字样式】对话框，如图 10-27 所示。

（3）单击 新建(N)... 按钮，建立名为 "样式 1" 的文本样式。在【字体名】下拉列表中将文本样式所连接的字体设定为 "楷体"，在【效果】分组框的【倾斜角度】文本框中输入数值 "30"，如图 10-27 所示。

练习 10-8　在轴测面内 书写文字

（4）用同样的方法建立倾角是 –30° 的文字样式 "样式 2"，接下来在轴测面上书写文字。

（5）激活轴测模式，并切换至右轴测面。

命令: DT TEXT	// 利用 DTEXT 命令书写单行文本

指定文字的起点或 [对正 (J) / 样式 (S)]: s　　　　　　// 使用 "S" 选项指定文字的样式
输入样式名或 [?] < 样式 2>: 样式 1　　　　　　　　// 选择文字样式 "样式 1"
指定文字的起点或 [对正 (J) / 样式 (S)]:　　　　　　// 选取适当的起始点 A, 如图 10-28 所示
指定高度 <22.6472>: 16　　　　　　　　　　　　// 输入文本的高度
指定文字的旋转角度 <0>: 30　　　　　　　　　　// 指定单行文本的书写方向
使用 STYLE1　　　　　　　　　　　　　　　　// 输入文字并按 Enter 键
　　　　　　　　　　　　　　　　　　　　　　// 按 Enter 键结束

　　按 F5 键切换至左轴测面, 使 "样式 2" 成为当前样式, 以点 B 为起始点书写文字 "使用 STYLE2", 文字高度为 16, 旋转角度为 –30°, 结果如图 10-28 所示。

　　(6) 按 F5 键切换至顶轴测面, 以点 D 为起始点书写文字 "使用 STYLE2", 文字高度为 16, 旋转角度为 30°。使 "样式 1" 成为当前样式, 以 C 点为起始点书写文字 "使用 STYLE1", 文字高度为 16, 旋转角度为 –30°, 结果如图 10-28 所示。

图 10-27 【文字样式】对话框

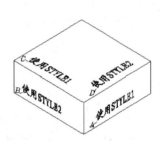

图 10-28 书写文本

10.5 标注尺寸

　　当用标注命令在轴测图中创建尺寸后, 标注的外观看起来与轴测图本身不协调。为了让某个轴测面内的尺寸标注看起来就像是在这个轴测面中, 就需要将尺寸线、尺寸界线倾斜某一角度, 以使它们与相应的轴测轴平行。此外, 标注文本也必须设置成倾斜某一角度的形式, 才能控制文本的外观也具有立体感。图 10-29 所示为标注的初始状态与调整外观后结果的比较。

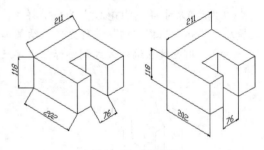

图 10-29 标注外观

　　在轴测图中标注尺寸时, 一般采取以下步骤。

　　(1) 创建两种尺寸样式, 这两种样式控制的标注文本的倾斜角度, 分别是 30° 和 –30°。

　　(2) 由于等轴测图中只有沿与轴测轴平行的方向进行测量才能得到真实的距离值, 因而创建轴测图的尺寸标注时, 应使用 DIMALIGNED 命令 (对齐尺寸)。

　　(3) 标注完成后, 利用 DIMEDIT 命令的 "倾斜 (O)" 选项修改尺寸界线的倾斜角度, 使尺寸界线的方向与轴测轴的方向一致, 这样标注外观就具有立体感。

【练习 10-9】 在轴测图中标注尺寸。

　　(1) 打开素材文件 "dwg\ 第 10 章 \10-9.dwg"。

练习 10-9　在轴测图中标注尺寸

（2）建立倾斜角分别是30°和–30°的两种文本样式，样式名分别是"样式-1"和"样式-2"，这两个样式连接的字体文件是"gbeitc.shx"。

（3）创建两种尺寸样式，样式名分别是"DIM-1"和"DIM-2"，其中"DIM-1"连接文本样式"样式-1"，"DIM-2"连接文本样式"样式-2"。

（4）打开极轴追踪、对象捕捉及自动追踪功能。指定极轴追踪角度增量为"30"，设定对象捕捉方式为"端点""交点"，设置沿所有极轴角进行自动追踪。

（5）指定尺寸样式"DIM-1"为当前样式，然后使用DIMALIGNED命令标注尺寸"22""30""56"等，如图10-30所示。

（6）使用DIMEDIT命令的"倾斜（O）"选项将尺寸界线倾斜到竖直的位置、30°或–30°的位置，如图10-31所示。

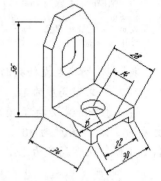

图10-30 标注对齐尺寸

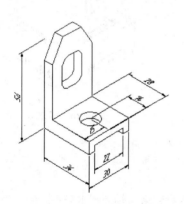

图10-31 修改尺寸界线的倾角

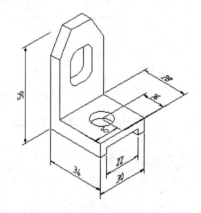

图10-32 更新尺寸标注

（7）指定尺寸样式"DIM-2"为当前样式，单击【注释】选项卡中【标注】面板上的 按钮，选择尺寸"56""34""15"进行更新，结果如图10-32所示。

（8）利用关键点编辑方式调整标注文字及尺寸线的位置，结果如图10-33所示。

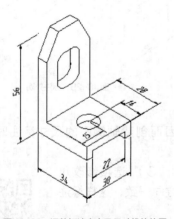

图10-33 调整标注文字及尺寸线的位置

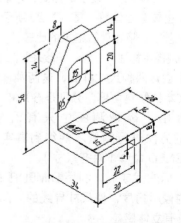

图10-34 标注其余尺寸

（9）用与上述类似的方法标注其余尺寸，结果如图10-34所示。

要点提示

有时使用引线在轴测图中进行标注，但外观一般不会满足要求，此时可用 *EXPLODE* 命令将标注分解，然后分别调整引线和文本的位置。

10.6　综合训练——绘制轴测图

【**练习10-10**】　绘制图10-35所示的轴测图。

练习10-10　绘制组合体轴测图（1）

（1）创建新图形文件。

（2）激活轴测投影模式，打开极轴追踪、对象捕捉及自动追踪功能，指定极轴追踪角度增量为"30"，指定对象捕捉方式为"端点""交点"，指定沿所有极轴角进行自动追踪。

（3）切换到右轴测面，用 LINE 命令绘制线框 *A*，如图10-36所示。

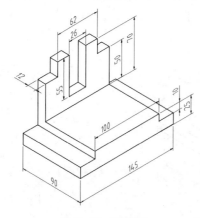

图10-35　画轴测图

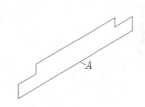

图10-36　绘制线框 *A*

（4）沿150°方向复制线框 *A*，复制距离为90，再用 LINE 命令连线 *B*、*C* 等，如图10-37（a）所示。修剪及删除多余线条，结果如图10-37（b）所示。

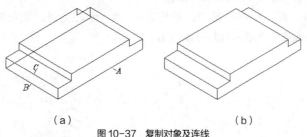

（a）　　　　　　　　　　　　　　（b）

图10-37　复制对象及连线

（5）用 LINE 命令绘制线框 *D*，用 COPY 命令形成平行线 *E*、*F*、*G*，如图10-38（a）所示。修剪及删除多余线条，结果如图10-38（b）所示。

（6）沿−30°方向复制线框 *H*，复制距离为12，再用 LINE 命令连线 *I*、*J* 等，如图10-39（a）所示。修剪及删除多余线条，结果如图10-39（b）所示。

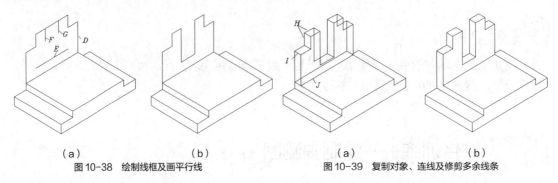

（a）　　　　　　　　（b）　　　　　　　　　（a）　　　　　　　（b）

图10-38　绘制线框及画平行线　　　图10-39　复制对象、连线及修剪多余线条

【练习10-11】　绘制图10-40所示的轴测图。

（1）创建新图形文件。

（2）激活轴测投影模式，再打开极轴追踪、对象捕捉及自动追踪功能，指定极轴追踪角度增量为"30"，指定对象捕捉方式为"端点""交点"，指定沿所有极轴角进行自动追踪。

（3）切换到右轴测面，用LINE命令绘制线框A，如图10-41所示。

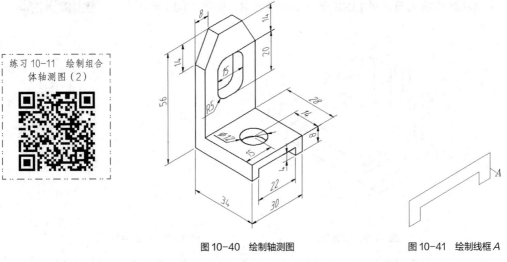

练习10-11　绘制组合
体轴测图（2）

图10-40　绘制轴测图　　　　　　　　　图10-41　绘制线框A

（4）沿150°方向复制线框A，复制距离为34，再用LINE命令连线B、C等，如图10-42（a）所示。修剪及删除多余线条，结果如图10-42（b）所示。

（5）切换到顶轴测面，绘制椭圆D，并将其沿–90°方向复制，复制距离为4，如图10-43（a）所示。修剪多余线条，结果如图10-43（b）所示。

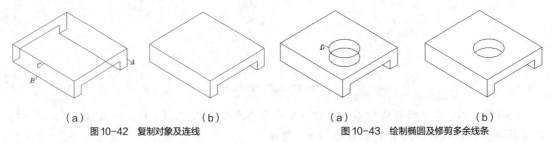

（a）　　　　　　　　（b）　　　　　　　　　（a）　　　　　　　（b）

图10-42　复制对象及连线　　　　　图10-43　绘制椭圆及修剪多余线条

（6）绘制图形E，如图10-44（a）所示。沿–30°方向复制图形E，复制距离为6，再用LINE命令连线F、G等，修剪及删除多余线条，结果如图10-44（b）所示。

（7）用 COPY 命令形成平行线 *J*、*K* 等，如图 10-45（a）所示。延伸及修剪多余线条，结果如图 10-45（b）所示。

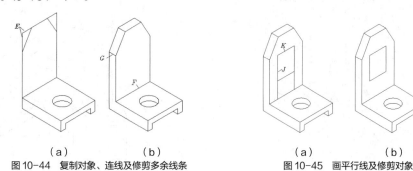

　　　　（a）　　　　　（b）　　　　　　　　　　　（a）　　　　　（b）
　图 10-44　复制对象、连线及修剪多余线条　　　图 10-45　画平行线及修剪对象

（8）切换到右轴测面，绘制 4 个椭圆，如图 10-46（a）所示。修剪多余线条，结果如图 10-46（b）所示。

（9）沿 150° 方向复制线框 *L*，复制距离为 6，如图 10-47(a) 所示。修剪及删除多余线条，结果如图 10-47（b）所示。

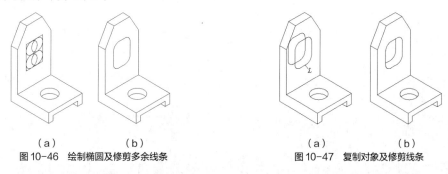

　　　　（a）　　　　　（b）　　　　　　　　　　　（a）　　　　　（b）
　图 10-46　绘制椭圆及修剪多余线条　　　　　图 10-47　复制对象及修剪线条

习题

1. 用 LINE、COPY、TRIM 等命令绘制图 10-48 所示的轴测图。
2. 用 LINE、COPY、TRIM 等命令绘制图 10-49 所示的轴测图。

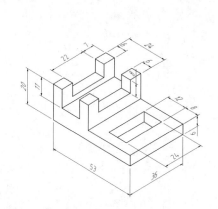

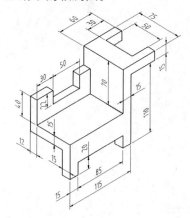

图 10-48　使用 LINE、COPY、TRIM 等命令画轴测图（1）　　图 10-49　使用 LINE、COPY、TRIM 等命令画轴测图（2）

3. 绘制图 10-50 所示的轴测图。

4. 绘制图 10-51 所示的轴测图。

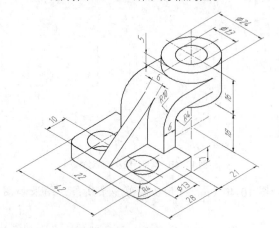

图 10-50 绘制圆、圆弧等的轴测投影（1）

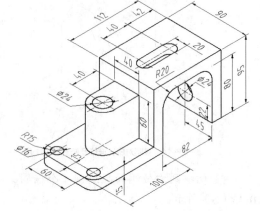

图 10-51 绘制圆、圆弧等的轴测投影（2）

第11章
打印图形

通过本章的学习，读者要掌握从模型空间打印图形的方法，并学会将多张图纸布置在一起打印的技巧。

学习目标

- 了解输出图形的完整过程。
- 学会选择打印设备及对当前打印设备的设置进行简单修改。
- 能够选择图纸幅面和设定打印区域。
- 能够调整打印方向、打印位置和设定打印比例。
- 掌握将小幅面图纸组合成大幅面图纸进行打印的方法。

11.1 课堂实训——打印图形的过程

在模型空间中将工程图样布置在标准幅面的图框内，再标注尺寸及书写文字后，就可以输出图形了。输出图形的主要过程如下。

（1）指定打印设备，打印设备可以是 Windows 系统打印机或在 AutoCAD 中安装的打印机。

（2）选择图纸幅面及打印份数。

（3）设定要输出的内容。例如，可指定将某一矩形区域的内容输出，或者将包围所有图形的最大矩形区域输出。

（4）调整图形在图纸上的位置及方向。

（5）选择打印样式，详见 11.2.2 小节。若不指定打印样式，则按对象的原有属性进行打印。

（6）设定打印比例。

（7）预览打印效果。

【练习 11-1】 从模型空间打印图形。

（1）打开素材文件"dwg\ 第 11 章 \11-1.dwg"。

（2）单击程序窗口左上角的 图标，选择菜单命令【打印】/【管理绘图仪】，打开【Plotters】界面，利用【添加绘图仪向导】配置一台绘图仪"DesignJet 450C C4716A"。

（3）单击快速访问工具栏上的 按钮，打开【打印】对话框，如图 11-1 所示，在该对话框中完成以下设置。

练习 11-1 从模型空间
打印图形的过程

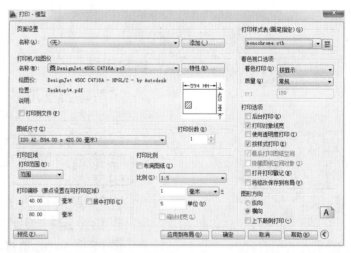

图 11-1 【打印】对话框

- 在【打印机 / 绘图仪】分组框的【名称】下拉列表中选择打印设备【DesignJet 450C C4716A.pc3】。
- 在【图纸尺寸】下拉列表中选择 A2 幅面图纸。
- 在【打印份数】分组框的数值框中输入打印份数。
- 在【打印范围】下拉列表中选择【范围】选项。
- 在【打印比例】分组框中设置打印比例为"1:5"。
- 在【打印偏移】分组框中指定打印原点为（80，40）。
- 在【图形方向】分组框中设定图形打印方向为【横向】。

• 在【打印样式表】分组框的下拉列表中选择打印样式【monochrome.ctb】（将所有颜色打印为黑色）。

（4）单击 预览(P)... 按钮，预览打印效果，如图 11-2 所示。若满意，单击 🖶 按钮开始打印，否则，按 Esc 键返回【打印】对话框，重新设定打印参数。

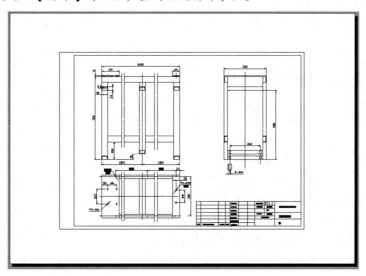

图 11-2　打印预览

11.2　设置打印参数

在 AutoCAD 中，用户可使用内部打印机或 Windows 系统打印机输出图形，并能方便地修改打印机设置及其他打印参数。选择菜单命令【文件】/【打印】，AutoCAD 打开【打印】对话框，如图 11-3 所示。在该对话框中用户可配置打印设备及选择打印样式，还能设定图纸幅面、打印比例及打印区域等参数。下面介绍该对话框的主要功能。

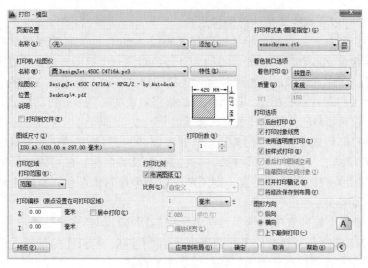

图 11-3　【打印】对话框

11.2.1 选择打印设备

在【打印机/绘图仪】的【名称】下拉列表中，用户可选择 Windows 系统打印机或 AutoCAD 内部打印机（".pc3"文件）作为输出设备。请注意，这两种打印机名称前的图标是不一样的。当用户选定某种打印机后，【名称】下拉列表下面将显示被选中设备的名称、连接端口及其他有关打印机的注释信息。

如果用户想修改当前打印机设置，可单击 [特性(R)...] 按钮，打开【绘图仪配置编辑器】对话框，如图 11-4 所示。在该对话框中用户可以重新设定打印机端口及其他输出设置，如打印介质、图形、物理笔配置、自定义特性、校准及自定义图纸尺寸等。

【绘图仪配置编辑器】对话框包含【常规】、【端口】及【设备和文档设置】3 个选项卡，各选项卡的功能介绍如下。

图 11-4 【绘图仪配置编辑器】对话框

• 【常规】：该选项卡包含了打印机配置文件（".pc3"文件）的基本信息，如配置文件名称、驱动程序信息、打印机端口等。用户可在此选项卡的【说明】列表框中加入其他注释信息。

• 【端口】：通过此选项卡用户可修改打印机与计算机的连接设置，如选定打印端口、指定打印到文件、后台打印等。

• 【设备和文档设置】：在该选项卡中用户可以指定图纸来源、尺寸和类型，并能修改颜色深度、打印分辨率等。

11.2.2 使用打印样式

在【打印】对话框的【打印样式表】下拉列表中选择打印样式，如图 11-5 所示。打印样式是对象的一种特性，如同颜色和线型一样，它用于修改打印图形的外观。若为某个对象选择了一种打印样式，则输出图形后，对象的外观由样式决定。AutoCAD 提供了几百种打印样式，并将其组合成一系列打印样式表。

图 11-5 使用打印样式

AutoCAD 中有以下两种类型的打印样式表。

• 颜色相关打印样式表：颜色相关打印样式表以".ctb"为文件扩展名保存。该表以对象颜色为基础，共包含 255 种打印样式，每种 ACI 颜色对应一个打印样式，样式名分别为"颜色 1""颜色 2"等。用户不能添加或删除颜色相关打印样式，也不能改变它们的名称。若当前图形文件与颜色相关打印样式表相连，则系统自动根据对象的颜色分配打印样式。用户不能选择其他打印样式，但可以对已分配的样式进行修改。

• 命名相关打印样式表：命名相关打印样式表以".stb"为文件扩展名保存。该表包括一系列已命名的打印样式，用户可修改打印样式的设置及其名称，还可添加新的样式。若当前图形文件与命名相关打印样式表相连，则用户可以不考虑对象颜色，直接给对象指定样式表中的任意一种打印样式。

【打印样式表】下拉列表中包含了当前图形中的所有打印样式表，用户可选择其中之一。用户若要修改打印样式，可单击此下拉列表右边的 🖫 按钮，打开【打印样式表编辑器】对话框，利用该对话框可查看或改变当前打印样式表中的参数。

要点提示

选择菜单命令【文件】/【打印样式管理器】，打开 "Plot Styles" 文件夹，该文件夹中包含打印样式文件及创建新打印样式的快捷方式，单击此快捷方式就能创建新打印样式。

AutoCAD 新建的图形处于"颜色相关"模式或"命名相关"模式下，这和创建图形时选择的样板文件有关。若采用无样板方式新建图形，则可事先设定新图形的打印样式模式。发出 OPTIONS 命令，系统打开【选项】对话框，进入【打印和发布】选项卡，再单击 打印样式表设置(S)... 按钮，打开【打印样式表设置】对话框，如图 11-6 所示，通过该对话框设置新图形的默认打印样式模式。

11.2.3 选择图纸幅面

在【打印】对话框的【图纸尺寸】下拉列表中指定图纸大小，

图 11-6 【打印样式表设置】对话框

如图 11-7 所示。【图纸尺寸】下拉列表中包含了选定打印设备可用的标准图纸尺寸。当选择某种幅面图纸时，该列表右上角出现所选图纸及实际打印范围的预览图像（打印范围用阴影表示出来，可在【打印区域】分组框中设定）。将鼠标光标移到图像上面，在鼠标光标的位置就显示出精确的图纸尺寸及图纸上可打印区域的尺寸。

图 11-7 【图纸尺寸】下拉列表

除了从【图纸尺寸】下拉列表中选择标准图纸外，用户也可以创建自定义的图纸。此时，用户需修改所选打印设备的配置。

练习 11-2 创建自定义图纸

【练习 11-2】 创建自定义图纸。

（1）在【打印】对话框的【打印机/绘图仪】分组框中单击 特性(R)... 按钮，打开【绘图仪配置编辑器】对话框，在【设备和文档设置】选项卡中选择【自定义图纸尺寸】选项，如图 11-8 所示。

（2）单击 添加(A)... 按钮，打开【自定义图纸尺寸】对话框，如图 11-9 所示。

图 11-8 【绘图仪配置编辑器】对话框

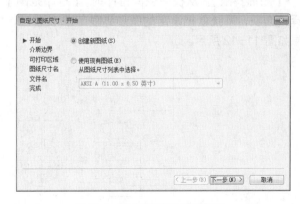

图 11-9 【自定义图纸尺寸】对话框

（3）不断单击 下一步(N) > 按钮，并根据 AutoCAD 的提示设置图纸参数，最后单击 完成(F) 按钮结束。

（4）返回【打印】对话框，AutoCAD 将在【图纸尺寸】下拉列表中显示自定义的图纸尺寸。

11.2.4　设定打印区域

在【打印】对话框的【打印区域】分组框中设置要输出的图形范围，如图 11-10 所示。

该分组框的【打印范围】下拉列表中包含 4 个选项，下面利用图 11-11 所示的图样讲解它们的功能。

图 11-10　【打印区域】分组框

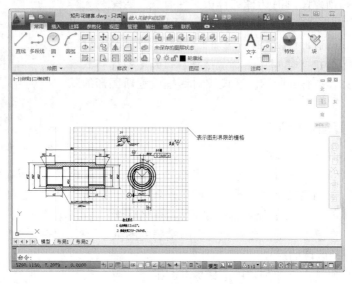

图 11-11　设置打印区域

 要点提示

在【草图设置】对话框中取消对【显示超出界限的栅格】复选项的选择，才会出现图 11-11 所示的栅格。

•【图形界限】：从模型空间打印时，【打印范围】下拉列表中将列出【图形界限】选项。选择该选项，系统就把设定的图形界限范围（用 LIMITS 命令设置图形界限）打印在图纸上，效果如图 11-12 所示。

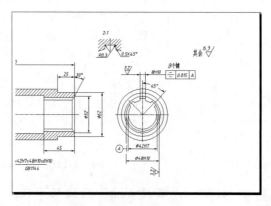

图 11-12　应用【图形界限】选项

从图纸空间打印时，【打印范围】下拉列表中将列出【布局】选项。选择该选项，系统将打印虚拟图纸可打印区域内的所有内容。

- 【范围】：打印图样中的所有图形对象，效果如图 11-13 所示。
- 【显示】：打印整个图形窗口，效果如图 11-14 所示。

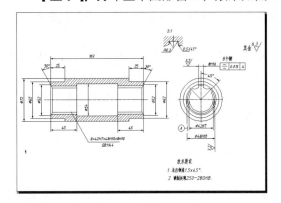 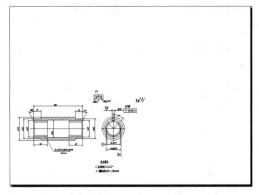

图 11-13 应用【范围】选项   图 11-14 应用【显示】选项

- 【窗口】：打印用户自己设定的区域。选择此选项后，系统提示指定打印区域的两个角点，同时在【打印】对话框中显示 ▭窗口(0)< 按钮，单击此按钮，可重新设定打印区域。

11.2.5 设定打印比例

在【打印】对话框的【打印比例】分组框中设置出图比例，如图 11-15 所示。绘制阶段用户根据实物按 1 ： 1 比例绘图，出图阶段需依据图纸尺寸确定打印比例，该比例是图纸尺寸单位与图形单位的比值。当测量单位是 mm，打印比例设定为 1 ： 2 时，表示图纸上的 1mm 代表两个图形单位。

【比例】下拉列表包含了一系列标准缩放比例值，此外，还有【自定义】选项，该选项使用户可以自己指定打印比例。

图 11-15 【打印比例】分组框

从模型空间打印时，【打印比例】的默认设置是【布满图纸】。此时，系统将缩放图形以充满所选定的图纸。

11.2.6 设定着色打印

着色打印用于指定着色图及渲染图的打印方式，并可设定它们的分辨率。在【打印】对话框的【着色视口选项】分组框中设置着色打印方式，如图 11-16 所示。

【着色视口选项】分组框中包含以下 3 个选项。

（1）【着色打印】下拉列表

- 【按显示】：按对象在屏幕上的显示进行打印。

- 【传统线框】：按线框方式打印对象，不考虑其在屏幕上的显示情况。

图 11-16 设定着色打印

- 【传统隐藏】：打印对象时消除隐藏线，不考虑其在屏幕上的显示情况。
- 【隐藏】：按 "三维隐藏" 视觉样式打印对象，不考虑其在屏幕上的显示方式。
- 【线框】：按 "三维线框" 视觉样式打印对象，不考虑其在屏幕上的显示方式。
- 【概念】：按 "概念" 视觉样式打印对象，不考虑其在屏幕上的显示方式。

- 【真实】：按"真实"视觉样式打印对象，不考虑其在屏幕上的显示方式。
- 【渲染】：按"渲染"方式打印对象，不考虑其在屏幕上的显示方式。

（2）【质量】下拉列表
- 【草稿】：将渲染及着色图按线框方式打印。
- 【预览】：将渲染及着色图的打印分辨率设置为当前设备分辨率的 1/4，DPI 的最大值为"150"。
- 【常规】：将渲染及着色图的打印分辨率设置为当前设备分辨率的 1/2，DPI 的最大值为"300"。
- 【演示】：将渲染及着色图的打印分辨率设置为当前设备的分辨率，DPI 的最大值为"600"。
- 【最高】：将渲染及着色图的打印分辨率设置为当前设备的分辨率。
- 【自定义】：将渲染及着色图的打印分辨率设置为【DPI】文本框中用户指定的分辨率，最大可为当前设备的分辨率。

（3）【DPI】文本框

设定打印图像时每英寸的点数，最大值为当前打印设备分辨率的最大值。只有当【质量】下拉列表中选择了【自定义】选项后，此选项才可用。

11.2.7　调整图形打印方向和位置

图形在图纸上的打印方向通过【图形方向】分组框中的选项调整，如图 11-17 所示。该分组框包含一个图标，此图标表明了图纸的放置方向，图标中的字母代表图形在图纸上的打印方向。

【图形方向】分组框包含以下 3 个选项。
- 【纵向】：图形在图纸上的放置方向是水平的。
- 【横向】：图形在图纸上的放置方向是竖直的。
- 【上下颠倒打印】：使图形颠倒打印，此选项可与【纵向】和【横向】结合使用。

图形在图纸上的打印位置由【打印偏移】分组框中的选项确定，如图 11-18 所示。默认情况下，AutoCAD 从图纸左下角打印图形。打印原点处在图纸左下角位置，坐标是（0，0），用户可在【打印偏移】分组框中设定新的打印原点，这样图形在图纸上将沿 x 轴和 y 轴移动。

图 11-17　【图形方向】分组框　　　　图 11-18　【打印偏移】分组框

【打印偏移】分组框包含以下 3 个选项。
- 【居中打印】：在图纸正中间打印图形（自动计算 x 和 y 的偏移值）。
- 【X】：指定打印原点在 x 方向的偏移值。
- 【Y】：指定打印原点在 y 方向的偏移值。

要点提示

如果用户不能确定打印机如何确定原点，可试着改变一下打印原点的位置并预览打印结果，然后根据图形的移动距离推测原点位置。

11.2.8 预览打印效果

打印参数设置完成后，用户可通过打印预览观察图形的打印效果，如果不合适可重新调整，以免浪费图纸。

单击【打印】对话框下面的 预览(P)... 按钮，AutoCAD 显示实际的打印效果。由于系统要重新生成图形，因此对于复杂图形需耗费较多的时间。

预览时，鼠标光标变成"Q⁺"形状，利用它可以进行实时缩放操作。查看完毕后，按 Esc 键或 Enter 键返回【打印】对话框。

11.2.9 保存打印设置

用户选择打印设备并设置打印参数（图纸幅面、比例和方向等）后，可以将所有这些保存在页面设置中，以便以后使用。

在【打印】对话框【页面设置】分组框的【名称】下拉列表中显示了所有已命名的页面设置，若要保存当前页面设置，就单击该列表右边的 添加(.)... 按钮，打开【添加页面设置】对话框，如图 11-19 所示，在该对话框的【新页面设置名】文本框中输入页面名称，然后单击 确定(0) 按钮，存储页面设置。

用户也可以从其他图形中输入已定义的页面设置。在【页面设置】分组框的【名称】下拉列表中选择【输入】选项，打开【从文件选择页面设置】对话框，选择并打开所需的图形文件后，打开【输入页面设置】对话框，如图 11-20 所示。该对话框显示了图形文件中包含的页面设置，选择其中之一，单击 确定(0) 按钮完成。

图 11-19 【添加页面设置】对话框　　　　　图 11-20 【输入页面设置】对话框

11.3 打印单张图纸

前面几节介绍了有关打印方面的知识，下面通过一个实例演示打印图形的全过程。

【练习 11-3】 打印图形。

（1）打开素材文件 "dwg\ 第 11 章 \11-3.dwg"。

（2）利用 AutoCAD 的"添加绘图仪向导"配置一台绘图仪"DesignJet 450C C4716A"。

（3）单击快速访问工具栏上的🖨按钮，，打开【打印】对话框，如图 11-21 所示。

练习 11-3 打印单张图纸

（4）在【打印机 / 绘图仪】分组框的【名称】下拉列表中指定打印设备 "DesignJet 450C C4716A"。若要修改打印机特性，可单击下拉列表右边的 特性(R)... 按钮，打开【绘图仪配置编辑器】对话框，通过该对话框修改打印机端口和介质类型，还可自定义图纸大小。

（5）在【打印份数】分组框的文本框中输入打印份数。

（6）如果要将图形输出到文件，则应在【打印机 / 绘图仪】分组框中选择【打印到文件】复选项。此后，当用户单击【打印】对话框的 确定(0) 按钮时，AutoCAD 就打开【浏览打印文件】对话框，通过此对话框指定输出文件的名称及地址。

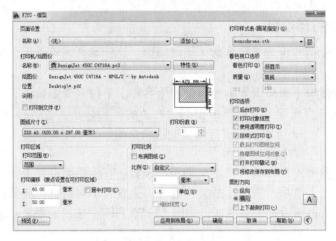

图 11-21 【打印】对话框

（7）继续在【打印】对话框中做以下设置。

• 在【图纸尺寸】下拉列表中选择 A3 图纸。

• 在【打印范围】下拉列表中选择【范围】选项，并设置为居中打印。

• 设定打印比例为【布满图纸】。

• 设定图形打印方向为【横向】。

• 在【打印样式表】分组框的下拉列表中选择打印样式【monochrome.ctb】（将所有颜色打印为黑色）。

（8）单击 预览(P)... 按钮，预览打印效果，如图 11-22 所示。若满意，按 Esc 键返回【打印】对话框，再单击 确定(0) 按钮开始打印。

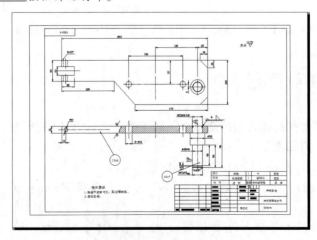

图 11-22　预览打印效果

11.4 将多张图纸布置在一起打印

为了节省图纸，用户常需要将几个图样布置在一起打印，示例如下。

【练习11-4】 素材文件"dwg\ 第 11 章 \11-4-A.dwg"和"11-4-B.dwg"都采用 A2 幅面图纸，绘图比例分别为 1 ： 3、1 ： 4，现将它们布置在一起输出到 A1 幅面的图纸上。

（1）创建一个新文件。

（2）单击【插入】选项卡中【参照】面板上的 按钮，打开【选择参照文件】对话框，找到图形文件"11-4-A.dwg"，单击 打开⑩ 按钮，打开【外部参照】对话框，利用该对话框插入图形文件，插入时的缩放比例为 1 ： 1。

（3）用 SCALE 命令缩放图形，缩放比例为 1 ： 3(图样的绘图比例)。

（4）用与步骤2、3相同的方法插入图形文件"11-4-B.dwg"，插入时的缩放比例为 1 ： 1。插入图样后，用 SCALE 命令缩放图形，缩放比例为 1 ： 4。

（5）用 MOVE 命令调整图样位置，让其组成 A1 幅面图纸，结果如图 11-23 所示。

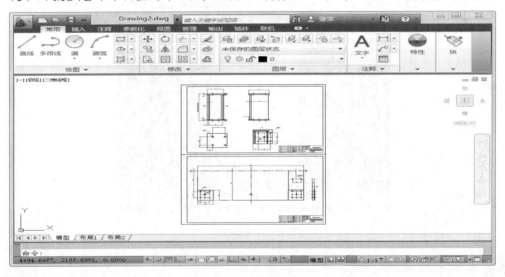

图 11-23　组成 A1 幅面图纸

（6）选择菜单命令【文件】/【打印】，打开【打印】对话框，如图 11-24 所示，在该对话框中做以下设置。

• 在【打印机 / 绘图仪】分组框的【名称】下拉列表中选择打印设备【DesignJet 450C C4716A.pc3】。

• 在【图纸尺寸】下拉列表中选择 A1 幅面图纸。

• 在【打印样式表】分组框的下拉列表中选择打印样式【monochrome.ctb】（将所有颜色打印为黑色）。

• 在【打印范围】下拉列表中选择【范围】选项，并设置为居中打印。

• 在【打印比例】分组框中选择【布满图纸】复选项。

• 在【图形方向】分组框中选择【纵向】单选项。

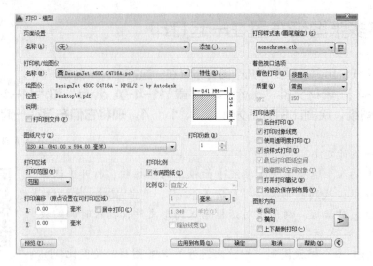

图 11-24 【打印】对话框

（7）单击 预览(P)... 按钮，预览打印效果，如图 11-25 所示。若满意，则单击 按钮开始打印。

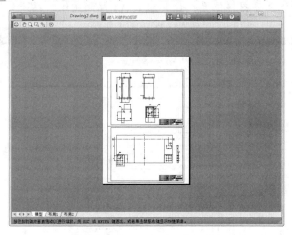

图 11-25 打印预览

习题

1. 打印图形时，一般应设置哪些打印参数？如何设置？
2. 打印图形的主要过程是什么？
3. 当设置完打印参数后，应如何保存以便再次使用？
4. 从模型空间出图时，怎样将不同绘图比例的图纸放在一起打印？
5. 有哪两种类型的打印样式？它们的作用是什么？

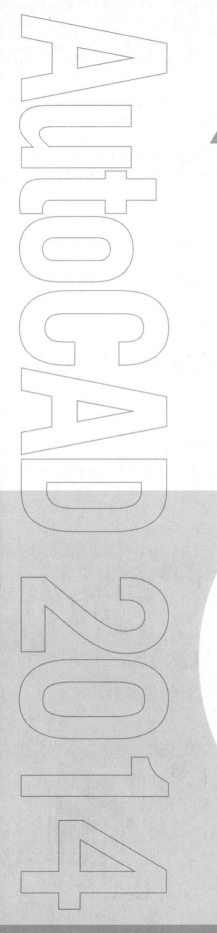

Chapter

12

第12章
三维建模

通过本章的学习，读者要掌握创建及编辑三维模型的主要命令，了解利用布尔运算构建复杂模型的方法。

学习目标

- 学会如何观察三维模型。
- 熟练创建长方体、球体及圆柱体等基本立体。
- 掌握拉伸或旋转二维对象形成三维实体及曲面的方法。
- 了解通过扫掠及放样形成三维实体或曲面的方法。
- 能够阵列、旋转及镜像三维对象。
- 了解如何拉伸、移动及旋转实体表面。
- 能够灵活使用用户坐标系。
- 学会利用布尔运算构建复杂模型。

12.1 课堂实训——创建端盖实体模型

实训的任务是创建图 12-1 所示组合体的实体模型。先将组合体分解成简单实体的组成，然后分别创建这些实体，并将它们移动到正确的位置，最后通过布尔运算形成完整立体。

【练习 12-1】 绘制端盖实体模型，如图 12-1 所示。

练习 12-1 创建端盖实体模型

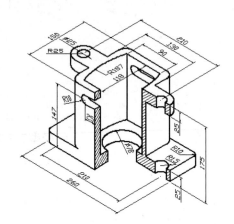

图 12-1 创建实体模型

（1）切换到东南轴测视图。在 xy 平面内绘制平面图形，并将此图形创建成面域，如图 12-2 所示。

（2）拉伸已创建的面域形成立体，结果如图 12-3 所示。

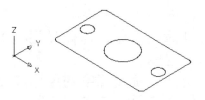

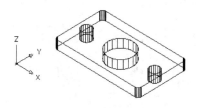

图 12-2 绘制平面图形并创建面域（1）

图 12-3 拉伸面域

（3）在 xy 平面内绘制平面图形，并将此图形创建成面域，如图 12-4 所示。

（4）拉伸已创建的面域形成立体 A，结果如图 12-5 所示。

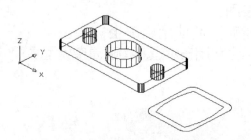

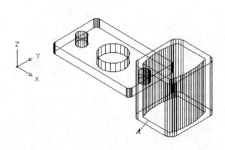

图 12-4 绘制平面图形并创建面域（2）

图 12-5 形成立体 A

（5）用 MOVE 命令把立体 *A* 移动到正确的位置，结果如图 12-6 所示。

（6）在 *xy* 平面内绘制平面图形，并将此图形创建成面域，如图 12-7 所示。

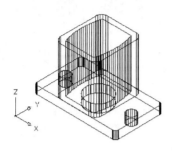

图 12-6　移动立体 *A*

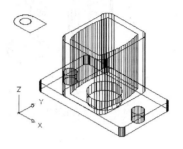

图 12-7　绘制平面图形并创建面域（3）

（7）拉伸已创建的面域形成立体 *B*，结果如图 12-8 所示。

（8）用 MOVE 命令把立体 *B* 移动到正确的位置，结果如图 12-9 所示。

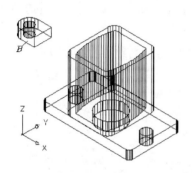

图 12-8　形成立体 *B*

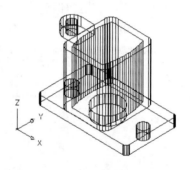

图 12-9　移动立体 *B*

（9）对立体 *B* 进行镜像操作，结果如图 12-10 所示。

（10）对所有立体执行"并"运算，结果如图 12-11 所示。

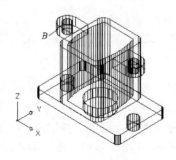

图 12-10　镜像立体

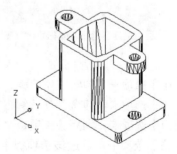

图 12-11　执行"并"运算

（11）创建新坐标系，然后绘制平面图形 *E*，再将该图形压印在三维立体上，结果如图 12-12 所示。

（12）拉伸实体表面 *E*，形成模型上的槽，结果如图 12-13 所示。

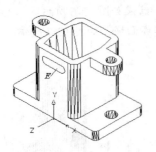

图 12-12 绘制平面图形并进行压印操作

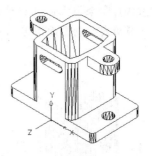

图 12-13 形成模型上的槽

12.2 三维建模空间

创建三维模型时可切换至 AutoCAD 三维工作空间。打开快速访问工具栏上的【工作空间】下拉列表，或者单击状态栏上的 按钮，弹出快捷菜单，选择【三维建模】选项，就切换至该空间。默认情况下，三维建模空间包含【常用】选项卡、【实体】选项卡、【曲面】选项卡及【网格】选项卡等，如图 12-14 所示。这些选项卡的功用如下。

图 12-14 三维建模空间

- 【常用】选项卡：包含三维建模、实体编辑、网格等创建三维模型常用的命令按钮。
- 【实体】选项卡：包含创建及编辑实体模型的命令按钮。
- 【曲面】选项卡：利用该选项板中的命令按钮可创建曲线、曲面，并对其进行编辑。
- 【网格】选项卡：通过该选项板中的命令按钮可创建及编辑网格对象，并将网格对象转化为实体或曲面。

12.3 观察三维模型

在三维建模过程中，用户常需要从不同的方向观察模型。AutoCAD 提供了多种观察模型的方法，下面介绍常用的几种。

12.3.1　用标准视点观察模型

图 12-15　标准视点

任何三维模型都可以从任意一个方向观察，【视图】面板上的【三维导航】下拉列表提供了 10 种标准视点，如图 12-15 所示，通过这些视点就能获得 3D 对象的 10 种视图，如前视图、后视图、左视图及东南等轴测图等。

【练习 12-2】　利用标准视点观察图 12-16 所示的三维模型。

（1）打开素材文件"dwg\ 第 12 章 \12-2.dwg"，如图 12-16 所示。

（2）从【三维导航】下拉列表中选择【前视】选项，然后发出消隐命令 HIDE，结果如图 12-17 所示，此图是三维模型的前视图。

（3）在【三维导航】下拉列表中选择【左视】选项，然后发出消隐命令 HIDE，结果如图 12-18 所示，此图是三维模型的左视图。

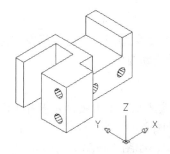

图 12-16　利用标准视点观察模型

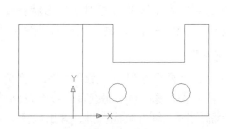

图 12-17　前视图

（4）在【三维导航】下拉列表中选择【东南等轴测】选项，然后发出消隐命令 HIDE，结果如图 12-19 所示，此图是三维模型的东南等轴测视图。

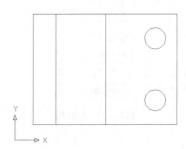

图 12-18　左视图

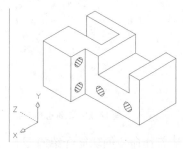

图 12-19　东南等轴测视图

12.3.2　三维动态旋转

单击【视图】选项卡中【导航】面板上的 ⟳ 按钮，或者是单击绘图窗口中导航栏上同样的按钮，启动三维动态旋转命令（3DFORBIT），此时，按住鼠标左键并拖动鼠标光标就能改变观察方向。

使用此命令时，可以选择观察全部对象或模型中的一部分对象，AutoCAD 围绕待观察的对象形成一个大辅助圆，其圆心是观察目标点，该圆被 4 个小圆分成四等份，如图 12-20 所示。

当用户想观察整个模型的部分对象时，应先选择这些对象，然后启动 3DFORBIT 命令，此时仅所选对象显示在屏幕上。若其没有处在动态观察器的大圆内，就单击鼠标右键，在弹出的快捷菜单中选择【范围缩放】命令。

当鼠标光标移至大辅助圆的不同位置时，其形状将发生变化，不同形状的光标表明了当前视图的旋转方向。

1. 球形光标 ⊛

鼠标光标位于辅助圆内时，就变为这种形状，此时可假想一个球体将目标对象包裹起来。按住鼠标左键并拖动鼠标光标，就使球体沿鼠标光标拖动的方向旋转，因而模型视图也就旋转起来。

2. 圆形光标 ⊙

移动鼠标光标到辅助圆外，鼠标光标就变为这种形状，按住鼠标左键并将鼠标光标沿辅助圆拖动，就使 3D 视图旋转，旋转轴垂直于屏幕并通过辅助圆心。

3. 水平椭圆形光标 ⊕

当把鼠标光标移动到左、右小圆的位置时，其形状就变为水平椭圆。单击鼠标左键并拖动鼠标光标就使视图绕着一个铅垂轴线转动，此旋转轴线经过辅助圆心。

4. 竖直椭圆形光标 ⊕

将鼠标光标移动到上、下两个小圆的位置时，它就变为该形状。单击鼠标左键并拖动鼠标光标将使视图绕着一个水平轴线转动，此旋转轴线经过辅助圆心。

当 3DFORBIT 命令激活时，单击鼠标右键，弹出快捷菜单，如图 12-21 所示。

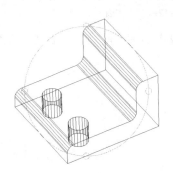
图 12-20　三维动态旋转

图 12-21　快捷菜单

此菜单中常用命令的功能介绍如下。

- 【其他导航模式】：切换到受约束动态观察及连续动态观察等。
- 【缩放窗口】：用矩形窗口选择要缩放的区域。
- 【范围缩放】：将所有 3D 对象构成的视图缩放到图形窗口的大小。
- 【缩放上一个】：动态旋转模型后再回到旋转前的状态。
- 【平行模式】：激活平行投影模式。
- 【透视模式】：激活透视投影模式，透视图与眼睛观察到的图像极为接近。
- 【重置视图】：将当前的视图恢复到激活 3DFORBIT 命令时的视图。
- 【预设视图】：该选项提供了常用的标准视图，如前视图、左视图等。
- 【视觉样式】：提供了以下的模型显示方式。

- 【隐藏】：用三维线框表示模型并隐藏不可见线条。
- 【线框】：用直线和曲线表示模型。
- 【概念】：着色对象，效果缺乏真实感，但可以清晰地显示模型细节。
- 【真实】：对模型表面进行着色，显示已附着于对象的材质。

12.3.3　视觉样式

视觉样式用于改变模型在视口中的显示外观，它是一组控制模型显示方式的设置，这些设置包括面设置、环境设置、边设置等。面设置控制视口中面的外观，环境设置控制阴影和背景，边设置控制如何显示边。当选中一种视觉样式时，AutoCAD 在视口中按样式规定的形式显示模型。

AutoCAD 提供了以下 10 种默认的视觉样式，用户可在【常用】选项卡中【视图】面板的【视觉样式】下拉列表中进行选择，如图 12-22 所示。

常用的视觉样式如下。

- 【二维线框】：以线框形式显示对象，光栅图像、线型及线宽均可见，如图 12-23（a）所示。
- 【隐藏】：以线框形式显示对象并隐藏不可见线条，光栅图像及线宽可见，线型不可见，如图 12-23（b）所示。
- 【线框】：以线框形式显示对象，同时显示着色的 UCS 图标，光栅图像、线型及线宽可见，如图 12-23（c）所示。
- 【概念】：对模型表面进行着色，着色时采用从冷色到暖色的过渡而不是从深色到浅色的过渡。效果缺乏真实感，但可以很清晰地显示模型细节，如图 12-23（d）所示。
- 【真实】：对模型表面进行着色，显示已附着于对象的材质。光栅图像、线型及线宽均可见，如图 12-23（e）所示。

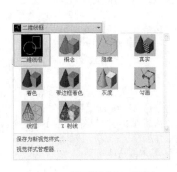

图 12-22　【视觉样式】下拉列表

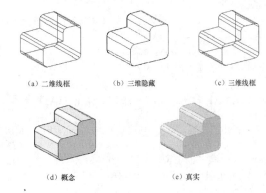

（a）二维线框　　（b）三维隐藏　　（c）三维线框

（d）概念　　　　（e）真实

图 12-23　视觉样式

12.4　创建三维基本立体

AutoCAD 能生成长方体、球体、圆柱体、圆锥体、楔形体及圆环体等基本立体。【建模】面板中包含了创建这些立体的命令按钮，表 12-1 所示为这些按钮的功能及操作时要输入的主要参数。

表 12-1　创建基本立体的命令按钮

按钮	功能	输入参数
	创建长方体	指定长方体的一个角点，再输入另一角点的相对坐标
	创建球体	指定球心，输入球半径
	创圆柱体	指定圆柱体底面的中心点，输入圆柱体半径及高度
	创建圆锥体及圆锥台	指定圆锥体底面的中心点，输入锥体底面半径及锥体高度；指定圆锥台底面的中心点，输入锥台底面半径、顶面半径及锥台高度
	创建楔形体	指定楔形体的一个角点，再输入另一对角点的相对坐标
	创建圆环	指定圆环中心点，输入圆环体半径及圆管半径
	创建棱锥体及棱锥台	指定棱锥体底面边数及中心点，输入锥体底面半径及锥体高度；指定棱锥台底面边数及中心点，输入棱锥台底面半径、顶面半径及棱锥台高度

　　用户创建长方体或其他基本立体时，也可通过单击一点设定参数的方式进行绘制。当 AutoCAD 提示输入相关数据时，用户移动鼠标光标到适当位置，然后单击一点，在此过程中立体的外观将显示出来，以便于用户初步确定立体形状。绘制完成后，可用 PROPERTIES 命令显示立体尺寸，并可对其修改。

练习 12-3　创建长方体及圆柱体

【练习 12-3】　创建长方体及圆柱体。

　　（1）进入三维建模工作空间。打开【常用】选项卡中【视图】面板上的【三维导航】下拉列表，选择【东南等轴测】选项，切换到东南等轴测视图，再通过该面板上的【视觉样式】下拉列表设定当前模型的显示方式为【二维线框】。

　　（2）单击【建模】面板上的 █ 按钮，AutoCAD 提示如下。

```
命令: _box
指定第一个角点或 [中心(C)]:                    // 指定长方体角点 A，如图 12-24 左图所示
指定其他角点或 [立方体(C)/长度(L)]: @100,200,300
                                            // 输入另一角点 B 的相对坐标
```

单击【建模】面板上的 █ 按钮，AutoCAD 提示如下。

```
命令: _cylinder
指定底面的中心点或 [三点(3P)/两点(2P)/相切、相切、半径(T)/椭圆(E)]:
                                            // 指定圆柱体底圆中心，如图 12-24 右图所示
指定底面半径或 [直径(D)] <80.0000>: 80        // 输入圆柱体半径
指定高度或 [两点(2P)/轴端点(A)] <300.0000>: 300   // 输入圆柱体高度
```

结果如图 12-24 所示。

　　（3）改变实体表面网格线的密度。

```
命令: isolines
输入 ISOLINES 的新值 <4>: 40                 // 设置实体表面网格线的数量
```

选择菜单命令【视图】/【重生成】，重新生成模型，实体表面网格线变得更加密集。

　　（4）控制实体消隐后表面网格线的密度。

```
命令: facetres
输入 FACETRES 的新值 <0.5000>: 5             // 设置实体消隐后的网格线密度
```

启动 HIDE 命令，结果如图 12-24 所示。

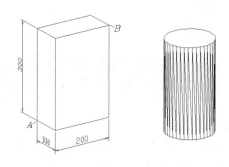

图 12-24　创建长方体及圆柱体

12.5　将二维对象拉伸成实体或曲面

EXTRUDE 命令可以拉伸二维对象生成 3D 实体或曲面。若拉伸闭合对象，则生成实体，否则生成曲面。操作时，用户可指定拉伸高度值及拉伸对象的锥角，还可沿某一直线或曲线路径进行拉伸。

【练习 12-4】 练习 EXTRUDE 命令的使用。

（1）打开素材文件 "dwg\ 第 12 章 \12-4.dwg"，用 EXTRUDE 命令创建实体。

（2）将图形 A 创建成面域，再用 PEDIT 命令将连续线 B 编辑成一条多段线，如图 12-25（a）（b）所示。

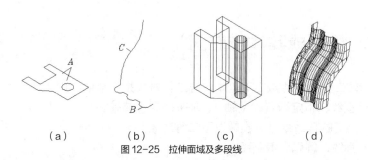

练习 12-4　将二维对象拉伸成实体或曲面

（a）　　　　　（b）　　　　　（c）　　　　　（d）

图 12-25　拉伸面域及多段线

（3）用 EXTRUDE 命令拉伸面域及多段线，形成实体和曲面。

单击【建模】面板上的 按钮，启动 EXTRUDE 命令。

```
命令：_extrude
选择要拉伸的对象：找到 1 个                    // 选择面域
选择要拉伸的对象：                             // 按 Enter 键
指定拉伸的高度或 [ 方向 (D) / 路径 (P) / 倾斜角 (T) / 表达式 (E)] <262.2213>: 260
                                              // 输入拉伸高度
命令 :EXTRUDE                                  // 重复命令
选择要拉伸的对象：找到 1 个                    // 选择多段线
选择要拉伸的对象：                             // 按 Enter 键
指定拉伸的高度或 [ 方向 (D) / 路径 (P) / 倾斜角 (T) / 表达式 (E)] <260.0000>: p
                                              // 使用 "路径 (P)" 选项
选择拉伸路径或 [ 倾斜角 ]:                      // 选择样条曲线 C
```

结果如图 12-25（c）、（d）所示。

要点提示

系统变量SURFU 和SURFV 用于控制曲面上素线的密度。选中曲面，启动PROPERTIES命令，该命令将列出这两个系统变量的值，修改它们，曲面上素线的数量就发生变化。

EXTRUDE 命令各选项的功能如下。

• 指定拉伸的高度：如果输入正的拉伸高度，则使对象沿 z 轴正向拉伸。若输入负值，则沿 z 轴负向拉伸。当对象不在坐标系 xy 平面内时，将沿该对象所在平面的法线方向拉伸对象。

• 方向（D）：指定两点，两点的连线表明了拉伸的方向和距离。

• 路径（P）：沿指定路径拉伸对象以形成实体或曲面。拉伸时，路径被移动到轮廓的形心位置。路径不能与拉伸对象在同一个平面内，也不能具有较大曲率的区域，否则有可能在拉伸过程中产生自相交的情况。

拉伸斜角为5°　　　　　拉伸斜角为-5°

图 12-26　指定拉伸斜角

• 倾斜角（T）：当 AutoCAD 提示"指定拉伸的倾斜角度 <0>:"时，输入正的拉伸倾角表示从基准对象逐渐变细地拉伸，而负角度值则表示从基准对象逐渐变粗地拉伸，如图 12-26 所示。用户要注意拉伸斜角不能太大，若拉伸实体截面在到达拉伸高度前已经变成一个点，那么 AutoCAD 将提示不能进行拉伸。

12.6 旋转二维对象形成实体或曲面

REVOLVE 命令用于旋转二维对象生成 3D 实体。若二维对象是闭合的，则生成实体，否则生成曲面。用户通过选择直线、指定两点或 x 轴、y 轴来确定旋转轴。

练习 12-5　旋转二维对象形成实体或曲面

REVCLVE 命令可以旋转以下二维对象。

• 直线、圆弧和椭圆弧。

• 二维多段线和二维样条曲线。

• 面域和实体上的平面。

【练习 12-5】　练习 REVOLVE 命令的使用。

打开素材文件"dwg\ 第 12 章 \12-5.dwg"，用 REVOLVE 命令创建实体。

单击【建模】面板上的 📦 按钮，启动 REVOLVE 命令。

```
命令：_revolve
选择要旋转的对象：找到 1 个      // 选择要旋转的对象，该对象是面域，如图 12-27(a) 所示
选择要旋转的对象：                         // 按 Enter 键
指定轴起点或根据以下选项之一定义轴 [ 对象 (O)/X/Y/Z] < 对象 >：// 捕捉端点 A
指定轴端点：                             // 捕捉端点 B
指定旋转角度或 [ 起点角度 (ST)/ 反转 (R)/ 表达式 (EX)] <360>：st
                                        // 使用"起点角度 (ST)"选项
指定起点角度 <0.0>：-30                  // 输入回转起始角度
指定旋转角度 <360>：210                  // 输入回转角度
```

再启动 HIDE 命令，结果如图 12-27（b）所示。

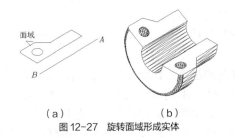

图 12-27 旋转面域形成实体

 要点提示

若通过拾取两点指定旋转轴，则轴的正向是从第一点指向第二点，旋转角的正方向按右手螺旋法则确定。

REVOLVE 命令各选项的功能如下。

- 对象（O）：选择直线或实体的线性边作为旋转轴，轴的正方向是从拾取点指向最远端点。
- X/Y/Z：使用当前坐标系的 x、y、z 轴作为旋转轴。
- 起点角度（ST）：指定旋转起始位置与旋转对象所在平面的夹角，角度的正向以右手螺旋法则确定。
- 反转（R）：更改旋转方向，类似于输入 "–"（负）角度值。

12.7 通过扫掠创建实体或曲面

SWEEP 命令用于将平面轮廓沿二维或三维路径进行扫掠形成实体或曲面，若二维轮廓是闭合的，则生成实体，否则生成曲面。扫掠时，轮廓一般会被移动并被调整到与路径垂直的方向。默认情况下，轮廓形心将与路径起始点对齐，但也可指定轮廓的其他点作为扫掠对齐点。

【练习 12-6】 练习 SWEEP 命令的使用。

练习 12-6　通过扫掠创建实体或曲面

（1）打开素材文件 "dwg\ 第 12 章 \12-6.dwg"。

（2）利用 PEDIT 命令将路径曲线 A 编辑成一条多段线。

（3）用 SWEEP 命令将面域沿路径扫掠。

单击【建模】面板上的 📎 按钮，启动 SWEEP 命令。

```
命令：_sweep
选择要扫掠的对象：找到 1 个                          // 选择轮廓面域，如图 12-28（a）所示
选择要扫掠的对象：                                  // 按 Enter 键
选择扫掠路径或 [ 对齐 (A) / 基点 (B) / 比例 (S) / 扭曲 (T)]：b    // 使用 "基点 (B)" 选项
指定基点：  end 于                                 // 捕捉点 B
选择扫掠路径或 [ 对齐 (A) / 基点 (B) / 比例 (S) / 扭曲 (T)]：    // 选择路径曲线 A
```

再启动 HIDE 命令，结果如图 12-28（b）所示。

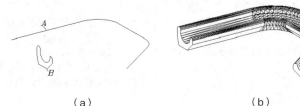

（a）　　　　　　　　　　　　　　　（b）

图 12-28 将面域沿路径扫掠

SWEEP 命令各选项的功能如下。

• 对齐（A）：指定是否将轮廓调整到与路径垂直的方向或者保持原有方向。默认情况下，AutoCAD 将使轮廓与路径垂直。

• 基点（B）：指定扫掠时的基点，该点将与路径起始点对齐。

• 比例（S）：路径起始点处轮廓缩放比例为 1，路径结束处缩放比例为输入值，中间轮廓沿路径连续变化。与选择点靠近的路径端点是路径的起始点。

• 扭曲（T）：设定轮廓沿路径扫掠时的扭转角度，角度值小于 360°。该选项包含"倾斜"子选项，可使轮廓随三维路径自然倾斜。

12.8 通过放样创建实体或曲面

LOFT 命令可对一组平面轮廓曲线进行放样，以形成实体或曲面。若所有轮廓是闭合的，则生成实体，否则生成曲面，如图 12-29 所示。注意，放样时轮廓线或是全部闭合或是全部开放，不能使用既包含开放轮廓又包含闭合轮廓的选择集。

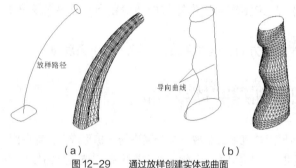

（a）　　　　　　　　　　　　　　（b）

图 12-29　　通过放样创建实体或曲面

放样实体或曲面中间轮廓的形状可利用放样路径控制，如图 12-29（a）所示。放样路径始于第一个轮廓所在的平面，终于最后一个轮廓所在的平面。导向曲线是另一种控制放样形状的方法，将轮廓上对应的点通过导向曲线连接起来，使轮廓按预定方式进行变化，如图 12-29（b）所示。轮廓的导向曲线可以有多条，每条导向曲线必须与各轮廓相交，始于第一个轮廓，止于最后一个轮廓。

练习 12-7　通过放样创建实体或曲面

【练习 12-7】 练习 LOFT 命令的使用。

（1）打开素材文件"dwg\ 第 12 章 \12-7.dwg"。

（2）利用 PEDIT 命令将线条 A、D、E 编辑成多段线，如图 12-30（a）所示。使用该命令时，应先将 UCS 的 xy 平面与连续线所在的平面对齐。

（3）用 LOFT 命令在轮廓 B、C 间放样，路径曲线是 A。

单击【建模】面板上的 按钮，启动 LOFT 命令。

```
命令: _loft
按放样次序选择横截面 : 总计 2 个            // 选择轮廓 B、C，如图 12-30（a）所示
按放样次序选择横截面 :                       // 按 Enter 键
输入选项 [ 导向 (G)/ 路径 (P)/ 仅横截面 (C) / 设置 (S)] < 仅横截面 >: p
                                            // 使用"路径 (P)"选项
选择路径曲线 :                               // 选择路径曲线 A
```

结果如图 12-30（c）所示。

（4）用 LOFT 命令在轮廓 F、G、H、I、J 间放样，导向曲线是 D、E，如图 12-30（b）所示。

```
命令：_loft
按放样次序选择横截面：总计 5 个                           // 选择轮廓 F、G、H、I、J
按放样次序选择横截面：                                    // 按 Enter 键
输入选项 [ 导向 (G) / 路径 (P) / 仅横截面 (C)  / 设置 (S) ] < 仅横截面 >: g
                                                      // 使用 "导向 (G)" 选项
选择导向曲线：总计 2 个                                   // 选择导向曲线 D、E
选择导向曲线：                                           // 按 Enter 键
```

结果如图 12-30（d）所示。

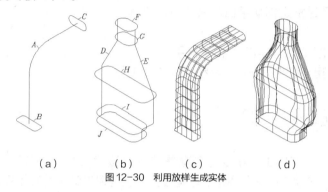

|　(a)　|　(b)　|　(c)　|　(d)　|

图 12-30　利用放样生成实体

LOFT 命令常用选项的功能如下。

- 导向（G）：利用连接各个轮廓的导向曲线控制放样实体或曲面的截面形状。
- 路径（P）：指定放样实体或曲面的路径，路径要与各个轮廓截面相交。

12.9　利用平面或曲面切割实体

SLICE 命令可以根据平面或曲面切开实体模型，被剖切的实体可保留一半或两半都保留，保留部分将保持原实体的图层和颜色特性。剖切方法是先定义切割平面，然后选定需要的部分。用户可通过 3 点来定义切割平面，也可指定当前坐标系的 xy 平面、yz 平面、zx 平面作为切割平面。

练习 12-8　利用平面或曲面切割实体

【练习 12-8】 练习 SLICE 命令的使用。

打开素材文件 "dwg\ 第 12 章 \12-8.dwg"，用 SLICE 命令切割实体。

单击【实体编辑】面板上的　　按钮，启动 SLICE 命令。

```
命令：_slice
选择要剖切的对象：找到 1 个                               // 选择实体，如图 12-31（a）所示
选择要剖切的对象：                                       // 按 Enter 键
指定切面的起点或 [ 平面对象 (O) / 曲面 (S) / Z 轴 (Z) / 视图 (V) /XY/YZ/ZX/ 三点 (3) ] < 三点 >:
                                                      // 按 Enter 键，利用 3 点定义剖切平面
指定平面上的第一个点：end 于                             // 捕捉端点 A
指定平面上的第二个点：mid 于                             // 捕捉中点 B
指定平面上的第三个点：mid 于                             // 捕捉中点 C
在所需的侧面上指定点或 [ 保留两个侧面 (B) ] < 保留两个侧面 >:    // 在要保留的那边单击一点
命令：SLICE                                            // 重复命令
选择要剖切的对象：找到 1 个                               // 选择实体
选择要剖切的对象：                                       // 按 Enter 键
指定 切面 的起点或 [ 平面对象 (O) / 曲面 (S) /Z 轴 (Z) / 视图 (V) /XY/YZ/ZX/ 三点 (3) ] < 三  点 >: s
                                                      // 使用 "曲面 (S)" 选项
选择曲面：                                              // 选择曲面
选择要保留的实体或 [ 保留两个侧面 (B) ] < 保留两个侧面 >:         // 在要保留的那边单击一点
```

结果如图 12-31（b）所示。

SLICE 命令常用选项的功能如下。

• 平面对象（O）：用圆、椭圆、圆弧或椭圆弧、二维样条曲线或二维多段线等对象所在的平面作为剖切平面。

• 曲面（S）：指定曲面作为剖切面。

• Z 轴（Z）：通过指定剖切平面的法线方向来确定剖切平面。

• 视图（V）：剖切平面与当前视图平面平行。

• XY/YZ/ZX：用坐标平面 *xoy*、*yoz*、*zox* 剖切实体。

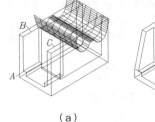

（a）　　　　　　　（b）

图 12-31　切割实体

12.10 螺旋线及弹簧

练习 12-9　螺旋线及弹簧

HELIX 命令可创建螺旋线，该线可用作扫掠路径及拉伸路径。用 SWEEP 命令将圆沿螺旋线扫掠就创建出弹簧的实体模型。

【练习 12-9】　练习 HELIX 命令的使用。

（1）打开素材文件 "dwg\ 第 12 章 \12-9.dwg"。

（2）用 HELIX 命令绘制螺旋线。

单击【绘图】面板上的 按钮，启动 HELIX 命令。

```
命令: _Helix
指定底面的中心点 :                                          // 指定螺旋线底面中心点
指定底面半径或 [ 直径 (D)] <40.0000>: 40                    // 输入螺旋线半径值
指定顶面半径或 [ 直径 (D)] <40.0000>:                       // 按 Enter 键
指定螺旋高度或 [ 轴端点 (A)/ 圈数 (T)/ 圈高 (H)/ 扭曲 (W)] <100.0000>: h
                                                           // 使用 "圈高 (H)" 选项
指定圈间距 <20.0000>: 20                                    // 输入螺距
指定螺旋高度或 [ 轴端点 (A)/ 圈数 (T)/ 圈高 (H)/ 扭曲 (W)] <100.0000>: 100
                                                           // 输入螺旋线高度
```

结果如图 12-32（a）所示。

（3）用 SWEEP 命令将圆沿螺旋线扫掠形成弹簧，再启动 HIDE 命令，结果如图 12-32（b）所示。

HELIX 命令各选项的功能如下。

• 轴端点（A）：指定螺旋轴端点的位置。螺旋轴的长度及方向表明了螺旋线的高度及倾斜方向。

• 圈数（T）：输入螺旋线的圈数，数值小于 500。

• 圈高（H）：输入螺旋线螺距。

• 扭曲（W）：按顺时针或逆时针方向绘制螺旋线，以逆时针方式绘制的螺旋线是右旋的。

（a）　　　　　　　（b）

图 12-32　创建弹簧

12.11 显示及操作小控件

小控件是能指示方向的三维图标，它可帮助用户移动、旋转和缩放三维对象和子对象。

实体的面、边及顶点等对象为子对象，按 Ctrl 键可选择这些对象。

控件分为 3 类：移动控件、旋转控件及缩放控件，每种控件都包含坐标轴及控件中心（原点处），如图 12-33 所示。默认情况下，选择具有三维视觉样式的对象或子对象时，在选择集的中心位置会出现移动小控件。

对小控件可做以下操作。

（1）改变控件位置

单击小控件的中心框可以把控件中心移到其他位置。用鼠标右键单击控件，弹出快捷菜单，如图 12-34 所示，利用以下两个命令也可改变控件位置。

- 【重新定位小控件】：控件中心随鼠标光标移动，单击一点指定控件位置。
- 【将小控件对齐到】：将控件坐标轴与世界坐标系、用户坐标系或实体表面对齐。

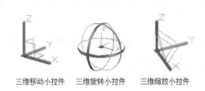

三维移动小控件　三维旋转小控件　三维缩放小控件

图 12-33　3 种小控件

图 12-34　小控件的快捷菜单

（2）调整控件轴的方向

用鼠标右键单击控件，选择【自定义小控件】命令，然后拾取 3 个点指定控件 x 轴方向及 xy 平面位置即可。

（3）切换小控件

用鼠标右键单击控件，利用快捷菜单上的【移动】、【旋转】及【缩放】命令切换控件。

12.12 利用小控件编辑模式移动、旋转及缩放对象

显示小控件并调整其位置后，就可激活控件编辑模式编辑对象。

（1）激活控件编辑模式

将鼠标光标悬停在小控件的坐标轴或回转圆上直至其变为黄色，单击鼠标左键确认，就激活控件编辑模式，如图 12-35 所示。

控件编辑模式与关键点编辑模式类似。当该种编辑模式激活后，连续按空格键或 Enter 键可在移动、旋转及缩放模式间切换。单击鼠标右键，弹出快捷菜单，利用菜单上的相应命令也可切换编辑模式，还能改变控件位置。

（2）移动对象

激活移动模式后，物体的移动方向被约束到与控件坐标轴的方向一致。移动鼠标光标，物体随之移动，输入移动距离，按 Enter 键结束；输入负的数值，移动方向则相反。

操作过程中，单击鼠标右键，利用快捷菜单上的【设置约束】命令可指定其他坐标方向作为移动方向。

将鼠标光标悬停在控件的坐标轴间的矩形边上直至矩形变为黄色，单击鼠标左键确认，物体的移动方向被约束在矩形平面内，如图 12-36 所示。以坐标方式输入移动距离及方向，按 Enter 键结束。

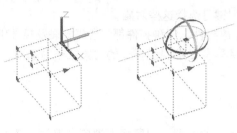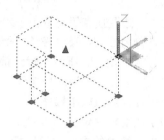

图12-35　激活控件编辑模式　　　　　　　　图12-36　移动编辑模式

（3）旋转对象

激活旋转模式的同时将出现以圆为回转方向的回转轴，物体将绕此轴旋转。移动鼠标光标，物体随之转动，输入旋转角度值，按 Enter 键结束；输入负的数值，旋转方向则相反。

操作过程中，单击鼠标右键，利用快捷菜单上的【设置约束】命令可指定其他坐标轴作为旋转轴。

若想以任意一轴为旋转轴，可利用鼠标右键菜单的【自定义小控件】命令创建新控件，使新控件的 x 轴与指定的旋转轴重合，如图 12-37 所示。

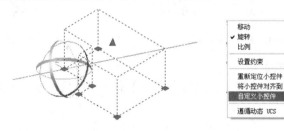

图12-37　旋转对象

（4）缩放对象

激活控件缩放模式后，输入缩放比例值，按 Enter 键结束。

12.13 3D 移动

用户可以使用 MOVE 命令在三维空间中移动对象，其操作方式与在二维空间中一样，只不过当通过输入距离来移动对象时，必须输入沿 x 轴、y 轴、z 轴的距离值。

AutoCAD 提供了专门用来在三维空间中移动对象的命令 3DMOVE，该命令的操作方式与 MOVE 命令类似，但前者使用起来更形象、直观。

【练习 12-10】　练习 3DMOVE 命令的使用。

（1）打开素材文件"dwg\ 第 12 章 \12-10.dwg"。

（2）单击【修改】面板上的 按钮，启动 3DMOVE 命令，将对象 A 由基点 B 移动到第二点 C，再通过输入距离的方式移动对象 D，移动距离为"40,-50"，如图 12-38 所示。

（3）重复命令，选择对象 E，按 Enter 键，AutoCAD 显示附着在实体上的移动控件，该控件 3 个轴的方向与世界坐标系的坐标轴方向一致，如图 12-39（a）所示。

（4）移动鼠标光标到 G 轴上，停留一会儿，显示出移动辅助线，然后单击鼠标左键确认，物体的移动方向被约束到与轴的方向一致，如图 12-39（a）所示。

（5）若将鼠标光标移动到两轴间的短线处停住，直至两条短线变成黄色，则表明移动被限制在两条短线构成的平面内。

（6）沿设定方向移动鼠标光标，实体跟随旋转，输入移动距离 50，结果如图 12-39（b）所示。用户也可通过单击一点移动对象。

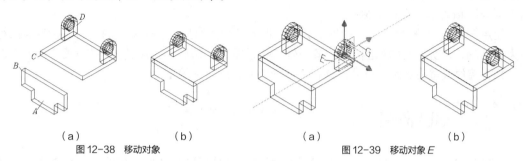

（a）　　　　　　（b）　　　　　　　　　　（a）　　　　　　（b）

图 12-38　移动对象　　　　　　　　　图 12-39　移动对象 E

若想沿任一方向移动对象，可按以下方式操作。

（1）将模型的显示方式切换为三维线框模式，启动 3DMOVE 命令，选择对象，AutoCAD 显示移动控件。

（2）用鼠标右键单击控件，利用快捷菜单上的相关命令调整控件的位置，使控件的 *x* 轴与移动方向重合。

（3）激活控件移动模式，移动模型。

12.14　3D 旋转

ROTATE 命令仅能使对象在 *xy* 平面内旋转，即旋转轴只能是 *z* 轴。3DROTATE 命令是 ROTATE 的 3D 版本，该命令能使对象绕 3D 空间中的任意轴旋转。

【练习 12-11】　练习 3DROTATE 命令的使用。

（1）打开素材文件"dwg\ 第 12 章 \12-11.dwg"。

（2）通过【视图】面板上的【视觉样式】下拉列表设定当前模型的显示方式为"线框"。单击【修改】面板上的 ⊕ 按钮，启动 3DROTATE 命令。选择要旋转的对象，按 Enter 键，AutoCAD 显示附着在实体上的旋转控件，如图 12-40（a）所示，该控件包含表示旋转方向的 3 个辅助圆。

（3）单击鼠标右键，选择【重新定位小控件】命令。移动鼠标光标到点 A 处，并捕捉该点，旋转控件就被放置在此点，如图 12-40（a）所示。

练习 12-11　3D 旋转

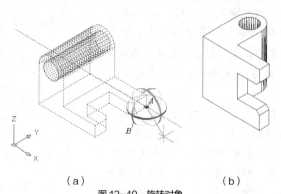

（a）　　　　　　　　（b）

图 12-40　旋转对象

（4）将鼠标光标移动到圆 *B* 处，然后停住鼠标光标直至圆变为黄色，同时出现以圆为回转方向的回转轴，单击鼠标左键确认。

（5）向旋转的方向移动鼠标光标，实体跟随旋转，输入回转角度值"90"，结果如图 12-40（b）所示。也可利用"参照（R）"选项指定回转起始位置，然后再单击一点指定回转终点，操作方法与二维 ROTATE 命令类似。

使用 3DROTATE 命令时，控件回转轴与世界坐标系的坐标轴是平行的。若想指定某条线段为旋转轴，应先将 UCS 坐标系的某一轴与线段重合，然后设定旋转控件与 UCS 坐标系对齐，并将控件放置在线段端点处，这样，就使得旋转轴与线段重合了。

12.15 3D 阵列

ARRAYRECT 及 ARRAYPOLAR 命令除可创建二维矩形及环形阵列外，还可创建相应的三维阵列。此外，3DARRAY 命令也可创建三维阵列，它是二维 ARRAY 命令的 3D 版本。

【练习 12-12】 练习 ARRAYRECT 及 ARRAYPOLAR 命令的使用。

（1）打开素材文件"dwg\ 第 12 章 \12-12.dwg"，如图 12-41 所示。

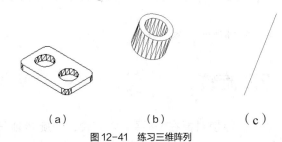

（a）　　　　（b）　　　　（c）

图 12-41　练习三维阵列

（2）单击【修改】面板上的 按钮，启动 ARRAYRECT 命令。选择要阵列的对象，如图 12-41（a）所示，按 Enter 键后，弹出【阵列创建】选项卡，如图 12-42 所示。

图 12-42　【阵列创建】选项卡

（3）分别在【行数】、【列数】及【级别】文本框中输入阵列的行数、列数及层数，在【介于】文本框中设置行间距、列间距及层间距，如图 12-42 所示。"行"的方向与坐标系的 *x* 轴平行，"列"的方向与 *y* 轴平行，"层"的方向是沿着 *z* 轴方向。每输入完一个数值，按 Enter 键或单击其他文本框，系统显示预览效果图片。

（4）单击 按钮，启动 HIDE 命令，结果如图 12-43 所示。

（5）默认情况下，【阵列创建】选项卡的 按钮是按下的，表明创建的矩形阵列是一个整体对象（否则每个项目为单独对象）。选中该对象，弹出【阵列】选项卡，如图 12-44 所示。通过此选项卡可编辑阵列参数，此外还可重新设定阵列基点，以及通过修改阵

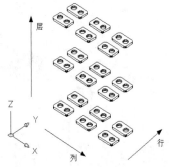

图 12-43　三维阵列（1）

列中的某个图形对象使得所有阵列对象发生变化。

矩形	列数	3	行数	2	级别	3					关闭阵列
	介于	80	介于	50	介于	120	基点	编辑来源	替换项目	重置矩阵	
	总计	160	总计	100	总计	240					
类型	列		行 ▼		层级		特性	选项			关闭

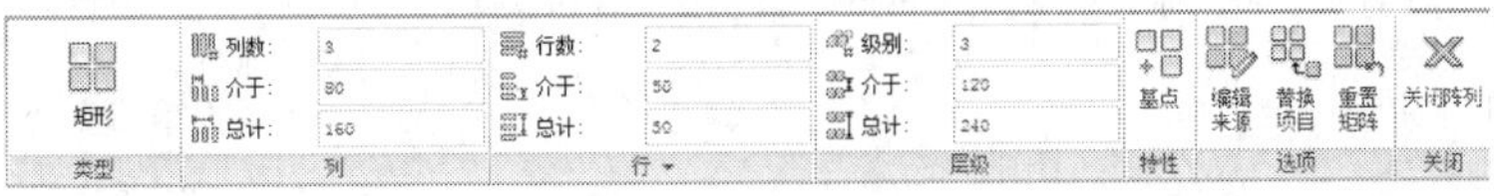

图 12-44 【阵列】选项卡

（6）单击【修改】面板上的 按钮，启动环形阵列命令。选择要阵列的图形对象，如图 12-41（b）所示，再通过两点指定阵列旋转轴（见图 12-41（c）），弹出【阵列创建】选项卡，如图 12-45 所示。

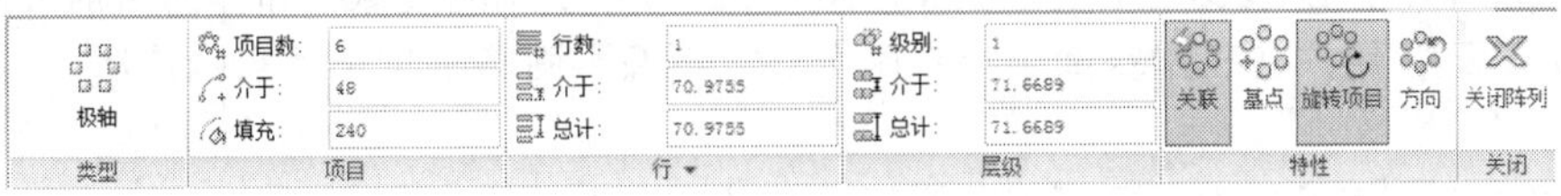

极轴	项目数	6	行数	1	级别	1					关闭阵列
	介于	48	介于	70.9755	介于	71.6689	关联	基点	旋转项目	方向	
	填充	240	总计	70.9755	总计	71.6689					
类型	项目		行 ▼		层级		特性				关闭

图 12-45 创建环形阵列

（7）在【项目数】及【填充】文本框中输入阵列的数目及阵列分布的总角度值，也可在【介于】文本框中输入阵列项目间的夹角，如图 12-45 所示。

（8）单击 按钮，设定环形阵列沿顺时针或逆时针方向。

（9）单击 按钮，启动 HIDE 命令，结果如图 12-46所示。

（10）在【行】面板中可以设定环形阵列沿径向分布的数目及间距，在【层级】面板中可以设定环形阵列沿 z 轴方向阵列的数目及间距。

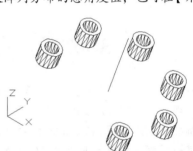

图 12-46 三维阵列

（11）默认情况下，环形阵列中的项目是关联的，表明创建的阵列是一个整体对象（否则每个项目为单独对象）。选中该对象，弹出【阵列】选项卡，可编辑阵列参数，此外，还可通过修改阵列中的某个图形对象使得所有阵列对象发生变化。

12.16 3D 镜像

如果镜像线是当前坐标系 xy 平面内的直线，则使用常见的 MIRROR 命令就可对 3D 对象进行镜像复制。但若想以某个平面作为镜像平面来创建 3D 对象的镜像复制，就必须使用 MIRROR3D 命令。如图 12-47 所示，把 A、B、C 点定义的平面作为镜像平面，对实体进行镜像。

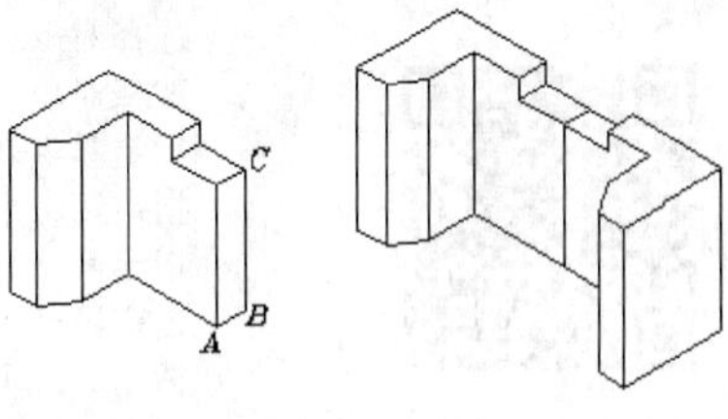

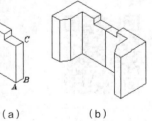

（a）　　　　　　（b）

图 12-47 三维镜像

【练习 12-13】 练习 MIRROR3D 命令的使用。

（1）打开素材文件 "dwg\ 第 12 章 \12-13.dwg"，用 MIRROR3D 命令创建对象的三维镜像。

（2）单击【修改】面板上的 按钮，启动 MIRROR3D 命令。

练习 12-13 3D 镜像

```
命令：_mirror3d
选择对象：找到 1 个                        // 选择要镜像的对象
选择对象：                               // 按 Enter 键
指定镜像平面 （三点） 的第一个点或 [ 对象 (O) / 最近的 (L) / Z 轴 (Z) / 视图 (V) /
XY平面(XY)/YZ平面
```

(YZ) / ZX 平面 (ZX) / 三点 (3)] <三点 >:
// 利用 3 点指定镜像平面, 捕捉第一点 A, 如图 12-46 (a) 所示
在镜像平面上指定第二点 :　　　　　　　　　　　　　// 捕捉第二点 B
在镜像平面上指定第三点 :　　　　　　　　　　　　　// 捕捉第三点 C
是否删除源对象? [是 (Y) / 否 (N)] < 否 >:　　　　　// 按 Enter 键不删除源对象

结果如图 12-47 (b) 所示。

MIRROR3D 命令有以下选项, 利用这些选项就可以在三维空间中定义镜像平面了。

- 对象 (O): 以圆、圆弧、椭圆及 2D 多段线等二维对象所在的平面作为镜像平面。
- 最近的 (L): 该选项指定上一次 MIRROR3D 命令使用的镜像平面作为当前镜像面。
- Z 轴 (Z): 用户在三维空间中指定两个点, 镜像平面将垂直于两点的连线, 并通过第 1 个选取点。
- 视图 (V): 镜像平面平行于当前视区, 并通过用户的拾取点。
- XY 平面 /YZ 平面 /ZX 平面: 镜像平面平行于 xy 平面、yz 平面或 zx 平面, 并通过用户的拾取点。

12.17 3D 对齐

3DALIGN 命令在 3D 建模中非常有用, 通过此命令用户可以指定源对象与目标对象的对齐点, 从而使源对象的位置与目标对象的位置对齐。例如, 用户利用 3DALIGN 命令让对象 M (源对象) 某一平面上的 3 点与对象 N (目标对象) 某一平面上的 3 点对齐, 操作完成后, M、N 两对象将组合在一起, 如图 12-48 所示。

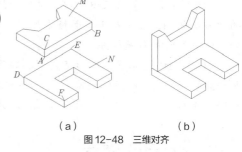
(a)　　　　　　　　　(b)
图 12-48　三维对齐

【练习 12-14】　练习 3DALIGN 命令的使用。

（1）打开素材文件"dwg\ 第 12 章 \12-14.dwg", 用 3DALIGN 命令对齐 3D 对象。

（2）单击【修改】面板上的 按钮, 启动 3DALIGN 命令。

练习 12-14　3D 对齐

命令 : _3dalign
选择对象 : 找到 1 个　　　　　　　　// 选择要对齐的对象
选择对象 :　　　　　　　　　　　　// 按 Enter 键
指定基点或 [复制 (C)]: // 捕捉源对象上的第一点 A, 如图 12-48 (a) 所示
指定第二个点或 [继续 (C)] <C>:　　// 捕捉源对象上的第二点 B
指定第三个点或 [继续 (C)] <C>:　　// 捕捉源对象上的第三点 C
指定第一个目标点 :　　　　　　　// 捕捉目标对象上的第一点 D
指定第二个目标点或 [退出 (X)] <X>:// 捕捉目标对象上的第二点 E
指定第三个目标点或 [退出 (X)] <X>:// 捕捉目标对象上的第三点 F

结果如图 12-48 (b) 所示。

使用 3DALIGN 命令时, 用户不必指定所有的 3 对对齐点。下面说明提供不同数量的对齐点时 AutoCAD 如何移动源对象。

（1）如果仅指定一对对齐点, 则 AutoCAD 就把源对象由第一个源点移动到第一目标点处。

（2）若指定两对对齐点, 则 AutoCAD 移动源对象后将使两个源点的连线与两个目标点的连线重合, 并让第一个源点与第一目标点也重合。

（3）如果用户指定 3 对对齐点，那么命令结束后，3 个源点定义的平面将与 3 个目标点定义的平面重合在一起。选择的第一个源点要移动到第一个目标点的位置，前两个源点的连线与前两个目标点的连线重合。第 3 个目标点的选取顺序若与第 3 个源点的选取顺序一致，则两个对象平行对齐，否则相对对齐。

12.18 3D 倒圆角及倒角

FILLET 和 CHAMFER 命令可以对二维对象倒圆角及倒角，它们的用法已在第 2 章中介绍过。对于三维实体，同样可用这两个命令创建圆角和倒角，但此时的操作方式与二维绘图时略有不同。

【练习 12-15】 在 3D 空间中使用 FILLET、CHAMFER 命令。

打开素材文件"dwg\ 第 12 章 \12-15.dwg"，用 FILLET、CHAMFER 命令给 3D 对象倒圆角及倒角。

```
命令: _fillet
选择第一个对象或 [ 放弃 (U)/ 多段线 (P)/ 半径 (R)/ 修剪 (T)/ 多个 (M)]:
                                // 选择棱边 A，如图 12-49（a）所示
输入圆角半径 <10.0000>: 15       // 输入圆角半径
选择边或 [ 链 (C)/ 半径 (R)]:     // 选择棱边 B
选择边或 [ 链 (C)/ 半径 (R)]:     // 选择棱边 C
选择边或 [ 链 (C)/ 半径 (R)]:     // 按 Enter 键结束
命令: _chamfer
选择第一条直线或 [ 放弃 (U)/ 多段线 (P)/ 距离 (D)/ 角度 (A)/ 修剪 (T)/ 方式 (E)/ 多个 (M)]:
                                // 选择棱边 E，如图 12-48（a）所示
基面选择 ...                      // 平面 D 高亮显示，该面是倒角基面
输入曲面选择选项 [ 下一个 (N)/ 当前 (OK)] < 当前 >:    // 按 Enter 键
指定基面的倒角距离 <15.0000>: 10   // 输入基面内的倒角距离
指定其他曲面的倒角距离 <10.0000>: 30 // 输入另一平面内的倒角距离
选择边或 [ 环 (L)]:               // 选择棱边 E
选择边或 [ 环 (L)]:               // 选择棱边 F
选择边或 [ 环 (L)]:               // 选择棱边 G
选择边或 [ 环 (L)]:               // 选择棱边 H
选择边或 [ 环 (L)]:               // 按 Enter 键结束
```

结果如图 12-49（b）所示。

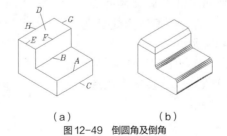

（a）　　　　　　　（b）

图 12-49　倒圆角及倒角

12.19 编辑实体的表面

用户除了能对实体进行倒角、阵列、镜像及旋转等操作外，还能编辑实体模型的表面。常用的表面编辑功能主要包括拉伸面、旋转面、压印对象等。

12.19.1 拉伸面

AutoCAD 可以根据指定的距离拉伸面或将面沿某条路径进行拉伸。拉伸时，如果是输入拉伸距离值，那么还可输入锥角，这样将使拉伸所形成的实体锥化。图 12-50 所示为将实体表面按指定的距离、锥角及沿路径进行拉伸的结果。

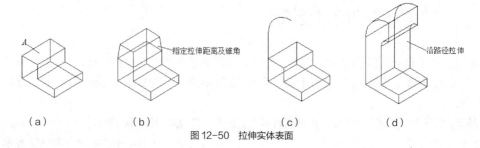

（a）　　　　　　（b）　　　　　　　　　　（c）　　　　　　　　（d）

图 12-50　拉伸实体表面

【练习 12-16】 拉伸面。

（1）打开素材文件"dwg\ 第 12 章 \12-16.dwg"，利用 SOLIDEDIT 命令拉伸实体表面。

（2）单击【实体编辑】面板上的 ⬜ 按钮，AutoCAD 主要提示如下。

练习 12-16　拉伸
实体表面

```
命令：_solidedit
选择面或 [放弃 (U)/ 删除 (R)]：找到一个面。// 选择实体表面 A，如图 12-50（a）所示
选择面或 [放弃 (U)/ 删除 (R)/ 全部 (ALL)]://按 [Enter] 键
指定拉伸高度或 [路径 (P)]：50          // 输入拉伸的距离
指定拉伸的倾斜角度 <0>：5              // 指定拉伸的锥角
```

结果如图 12-50（b）所示。

拉伸面常用选项的功能介绍如下。

• 指定拉伸高度：输入拉伸距离及锥角来拉伸面。对于每个面规定其外法线方向是正方向，当输入的拉伸距离是正值时，面将沿其外法线方向拉伸，否则，将向相反方向拉伸。在指定拉伸距离后，AutoCAD 会提示输入锥角，若输入正的锥角值，则将使面向实体内部锥化，否则，将使面向实体外部锥化，如图 12-51 所示。

• 路径（P）：沿着一条指定的路径拉伸实体表面。拉伸路径可以是直线、圆弧、多段线及 2D 样条线等，作为路径的对象不能与要拉伸的表面共面，也应避免路径曲线的某些局部区域有较高的曲率，否则，可能使新形成的实体在路径曲率较高处出现自相交的情况，从而导致拉伸失败。

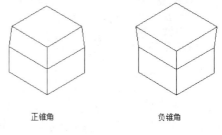

正锥角　　　　　　　　负锥角

图 12-51　拉伸并锥化面

用户可用 PEDIT 命令的"合并（J）"选项将当前坐标系 *xy* 平面内的连续几段线条连接成多段线，这样就可以将其定义为拉伸路径了。

12.19.2 旋转面

通过旋转实体的表面就可改变面的倾斜角度，或者将一些结构特征（如孔、槽等）旋转到新的方位。如图 12-52 所示，将面 *A* 的倾斜角修改为 120°，并把槽旋转 90°。

在旋转面时，用户可通过拾取两点、选择某条直线或设定旋转轴平行于坐标轴等方法来指定旋转轴，另外，应注意确定旋转轴的正方向。

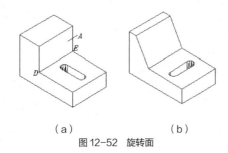

（a）　　　　　　　　　（b）

图 12-52　旋转面

【练习 12-17】　旋转面。

（1）打开素材文件"dwg\ 第 12 章 \12-17.dwg"，利用 SOLIDEDIT 命令旋转实体表面。

（2）单击【实体编辑】面板上的 按钮，AutoCAD 主要提示如下。

```
命令：_solidedit
选择面或 [ 放弃 (U)/ 删除 (R)]：找到一个面。// 选择表面 A，如图 12-52（a）所示
选择面或 [ 放弃 (U)/ 删除 (R)/ 全部 (ALL)]：// 按 Enter 键
指定轴点或 [ 经过对象的轴 (A)/ 视图 (V)/X 轴 (X)/Y 轴 (Y)/Z 轴 (Z)] <两点>：
                                    // 捕捉旋转轴上的第一点 D
在旋转轴上指定第二个点：              // 捕捉旋转轴上的第二点 E
指定旋转角度或 [ 参照 (R)]：-30       // 输入旋转角度
```

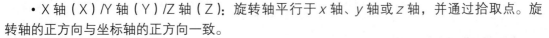

练习 12-17　旋转
实体表面

结果如图 12-52（b）所示。

旋转面常用选项的功能介绍如下。

• 两点：通过指定两点来确定旋转轴，轴的正方向是由第 1 个选择点指向第 2 个选择点。

• X 轴（X）/Y 轴（Y）/Z 轴（Z）：旋转轴平行于 x 轴、y 轴或 z 轴，并通过拾取点。旋转轴的正方向与坐标轴的正方向一致。

12.19.3　压印

压印（Imprint）可以把圆、直线、多段线、样条曲线、面域及实心体等对象压印到三维实体上，使其成为实体的一部分。用户必须使被压印的几何对象在实体表面内或与实体表面相交，压印操作才能成功。压印时，AutoCAD 将创建新的表面，该表面以被压印的几何图形及实体的棱边作为边界，用户可以对生成的新面进行拉伸和旋转等操作。如图 12-53 所示，将圆压印在实体上，并将新生成的面向上拉伸。

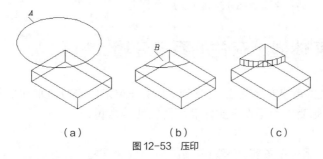

（a）　　　　　　（b）　　　　　　（c）

图 12-53　压印

【练习 12-18】　压印。

（1）打开素材文件"dwg\ 第 12 章 \12-17.dwg"，单击【实体编辑】面板上的 按钮，AutoCAD 主要提示如下。

练习 12-18　压印

```
选择三维实体：             // 选择实体模型
选择要压印的对象：          // 选择圆 A，如图 12-53（a）所示
是否删除源对象？ <N>：y    // 删除圆 A
```

选择要压印的对象：	// 按 Enter 键

结果如图 12-53（b）所示。

（2）单击 工 按钮，AutoCAD 主要提示如下。

选择面或 [放弃 (U) / 删除 (R)]：找到一个面。	// 选择表面 B，如图 12-52（b）所示
选择面或 [放弃 (U) / 删除 (R) / 全部 (ALL)]：	// 按 Enter 键
指定拉伸高度或 [路径 (P)]：10	// 输入拉伸高度
指定拉伸的倾斜角度 <0>：	// 按 Enter 键

结果如图 12-53（c）所示。

12.19.4 抽壳

用户可以利用抽壳的方法将一个实体模型生成一个空心的薄壳体。在使用抽壳功能时，要先指定壳体的厚度，然后 AutoCAD 把现有的实体表面偏移指定的厚度值，以形成新的表面，这样，原来的实体就变为一个薄壳体。如果指定正的厚度值，AutoCAD 就在实体内部创建新面，否则，在实体的外部创建新面。另外，在抽壳操作过程中还能将实体的某些面去除，以形成开口的薄壳体，图 12-54（b）所示为把实体进行抽壳并去除其顶面的结果。

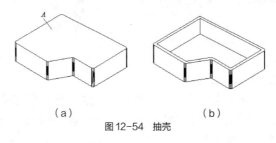

（a）　　　　　　　　　（b）

图 12-54　抽壳

【练习 12-19】　抽壳。

（1）打开素材文件"dwg\ 第 12 章 \12-19.dwg"，利用 SOLIDEDIT 命令创建一个薄壳体。

（2）单击【实体编辑】面板上的 按钮，AutoCAD 主要提示如下。

选择三维实体：	// 选择要抽壳的对象
删除面或 [放弃 (U) / 添加 (A) / 全部 (ALL)]：找到一个面，已删除 1 个	
	// 选择要删除的表面 A，如图 12-54（a）所示
删除面或 [放弃 (U) / 添加 (A) / 全部 (ALL)]：	// 按 Enter 键
输入抽壳偏移距离：10	// 输入壳体厚度

结果如图 12-54（b）所示。

12.20　与实体显示有关的系统变量

与实体显示有关的系统变量有 3 个：ISOLINES、FACETRES 及 DISPSILH，分别介绍如下。

• ISOLINES：此变量用于设定实体表面网格线的数量，如图 12-55 所示。

• FACETRES：用于设置实体消隐或渲染后的表面网格密度。此变量值的范围为 0.01 ~ 10.0，值越大表明网格越密，消隐或渲染后的表面越光滑，如图 12-56 所示。

• DISPSILH：用于控制消隐时是否显示出实体表面网格线。若此变量值为 0，则显示网格线；为 1，则不显示网格线，如图 12-57 所示。

ISOLINES=10　　　　　ISOLINES=30

图 12-55　ISOLINES 变量

FACETRES=1.0

FACETRES=10.0

图 12-56 FACETRES 变量

DISPSILH=0

DISPSILH=1

图 12-57 DISPSILH 变量

12.21 用户坐标系

默认情况下，AutoCAD 坐标系统是世界坐标系，该坐标系是一个固定坐标系。用户也可在三维空间中建立自己的坐标系（UCS），该坐标系是一个可变动的坐标系，坐标轴正向按右手螺旋法则确定。三维绘图时，UCS 坐标系特别有用，因为用户可以在任意位置、沿任意方向建立 UCS，从而使得三维绘图变得更加容易。

在 AutoCAD 中，多数 2D 命令只能在当前坐标系的 xy 平面或与 xy 平面平行的平面内执行。若用户想在 3D 空间的某一平面内使用 2D 命令，则应在此平面位置创建新的 UCS。

【练习 12-20】 在三维空间中创建坐标系。

（1）打开素材文件"dwg\第 12 章\12-20.dwg"。

（2）改变坐标原点。单击【坐标】面板上的 按钮，或者键入 UCS 命令，AutoCAD 提示如下。

```
命令：UCS
指定 UCS 的原点或 [面(F)/命名(NA)/对象(OB)/上一个(P)/视图(V)/世界(W)/X/Y/Z/Z 轴(ZA)]
<世界>：                                   // 捕捉点 A，如图 12-57 所示
指定 X 轴上的点或 <接受>：                   // 按 Enter 键
```

结果如图 12-58 所示。

（3）将 UCS 坐标系绕 x 轴旋转 90°。

```
命令：UCS
指定 UCS 的原点或 [面(F)/命名(NA)/对象(OB)/上一个(P)/视图(V)/世界(W)/X/Y/Z/Z 轴(ZA)]
<世界>：x                                  // 使用"x"选项
指定绕 X 轴的旋转角度 <90>：90               // 输入旋转角度
```

结果如图 12-59 所示。

（4）利用 3 点定义新坐标系。

```
命令：UCS
指定 UCS 的原点或 [面(F)/命名(NA)/对象(OB)/上一个(P)/视图(V)/世界(W)/X/Y/Z/Z 轴(ZA)]
<世界>：end 于                             // 捕捉点 B，如图 12-59 所示
在正 X 轴范围上指定点：end 于               // 捕捉点 C
在 UCS XY 平面的正 Y 轴范围上指定点：end 于  // 捕捉点 D
```

结果如图 12-60 所示。

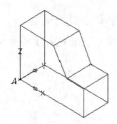
图 12-58 改变坐标原点

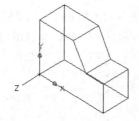
图 12-59 将坐标系绕 x 轴旋转

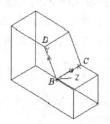
图 12-60 利用 3 点定义坐标系

除用 UCS 命令改变坐标系外，用户也可打开动态 UCS 功能，使 UCS 坐标系的 *xy* 平面在绘图过程中自动与某一平面对齐。按 F6 键或按下状态栏上的 按钮，就可打开动态 UCS 功能。启动二维或三维绘图命令，将鼠标光标移动到要绘图的实体面，该实体面亮显，表明坐标系的 *xy* 平面临时与实体面对齐，绘制的对象将处于此面内。绘图完成后，UCS 坐标系又返回原来状态。

在 AutoCAD 中，UCS 图标是一个可被选择的对象，选中它，出现关键点，激活关键点可移动或旋转坐标系。也可先将鼠标光标悬停在关键点上，弹出快捷菜单，利用菜单命令调整坐标系，如图 12-61 所示。

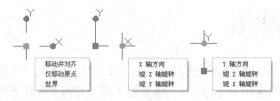

图 12-61　UCS 图标对象

12.22 利用布尔运算构建复杂实体模型

前面已经介绍了如何生成基本三维实体及由二维对象转换得到三维实体，将这些简单实体放在一起，然后进行布尔运算，就能构建复杂的三维模型。

布尔运算：并集、差集和交集

布尔运算包括并集、差集和交集。

（1）并集操作：UNION 命令将两个或多个实体合并在一起形成新的单一实体，操作对象既可以是相交的，也可是分离开的。

【练习 12-21】　并集操作。

（1）打开素材文件"dwg\ 第 12 章 \12-21.dwg"，用 UNION 命令进行并运算。

（2）单击【实体编辑】面板上的 按钮或键入 UNION 命令，AutoCAD 提示如下。

```
命令：_union
选择对象：找到 2 个          // 选择圆柱体及长方体，如图 12-62（a）所示
选择对象：                  // 按 Enter 键
```

结果如图 12-62（b）所示。

（2）差集操作：SUBTRACT 命令将实体构成的一个选择集从另一选择集中减去。操作时，用户首先选择被减对象，构成第 1 选择集，然后选择要减去的对象，构成第 2 选择集，操作结果是第 1 选择集减去第 2 选择集后形成的新对象。

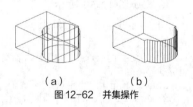

（a）　　　　　（b）

图 12-62　并集操作

【练习 12-22】　差集操作。

（1）打开素材文件 "dwg\ 第 12 章 \12-22.dwg"，用 SUBTRACT 命令进行差运算。

（2）单击【实体编辑】面板上的 按钮或键入 SUBTRACT 命令，AutoCAD 提示如下。

```
命令：_subtract
选择对象：找到 1 个          // 选择长方体，如图 12-63（a）所示
选择对象：                  // 按 Enter 键
选择对象：找到 1 个          // 选择圆柱体
选择对象：                  // 按 Enter 键
```

结果如图 12-63（b）所示。

（3）交集操作：INTERSECT 命令用于创建由两个或多个实体重叠部分构成的新实体。

【练习 12-23】 交集操作。

（1）打开素材文件"dwg\ 第 12 章 \12-23.dwg"，用 INTERSECT 命令进行交运算。

（2）单击【实体编辑】面板上的◎按钮或键入 INTERSECT 命令，AutoCAD 提示如下。

```
命令：_intersect
选择对象：                        // 选择圆柱体和长方体，如图 12-64（a）所示
选择对象：                        // 按 Enter 键
```

结果如图 12-64（b）所示。

（a）　　　　　　（b）　　　　　　　　　　（a）　　　　（b）
图 12-63　差集操作　　　　　　　　　图 12-64　交集操作

【练习 12-24】 绘制图 12-65 所示的支撑架实体模型，通过此例子演示三维建模的过程。

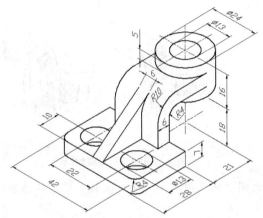

图 12-65　支撑架实体模型

练习 12-24　利用布尔运算构建复杂实体模型（1）

（1）创建一个新图形。

（2）进入三维建模工作空间，打开【视图】面板的【三维导航】下拉列表，选择【东南等轴测】选项，切换到东南等轴测视图。在 xy 平面绘制底板的轮廓形状，并将其创建成面域，结果如图 12-66 所示。

（3）拉伸面域，形成底板的实体模型，结果如图 12-67 所示。

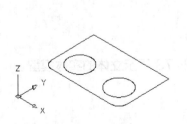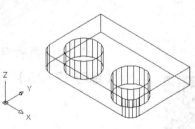

图 12-66　创建面域　　　　　　　　　图 12-67　拉伸面域（1）

（4）建立新的用户坐标系，在新 xy 平面内绘制弯板及三角形筋板的二维轮廓，并将其创建成面域，结果如图 12-68 所示。

（5）拉伸面域 A、B，形成弯板及筋板的实体模型，结果如图 12-69 所示。

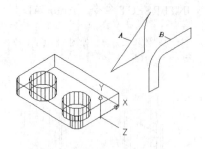

图 12-68 新建坐标系及创建面域

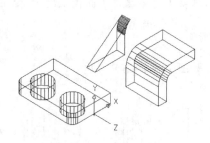

图 12-69 拉伸面域（2）

（6）用 MOVE 命令将弯板及筋板移动到正确的位置，结果如图 12-70 所示。

（7）建立新的用户坐标系，如图 12-71（a）所示。再绘制两个圆柱体，结果如图 12-71（b）所示。

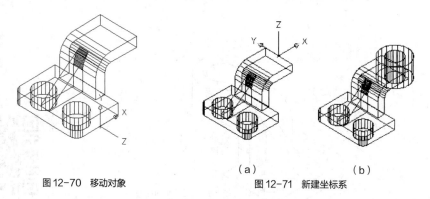

图 12-70 移动对象

（a）　　　　　　　　（b）

图 12-71 新建坐标系

（8）合并底板、弯板、筋板及大圆柱体，使其成为单一实体，然后从该实体中去除小圆柱体，结果如图 12-72 所示。

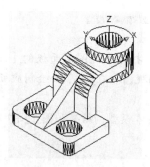

图 12-72 执行并运算等

练习 12-25 利用布尔运算构建复杂实体模型（2）

【练习 12-25】 绘制图 12-73 所示立体的实体模型。

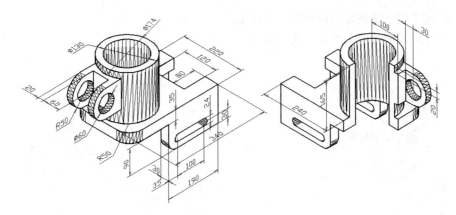

图 12-73　创建实体模型

主要作图步骤如图 12-74 所示。

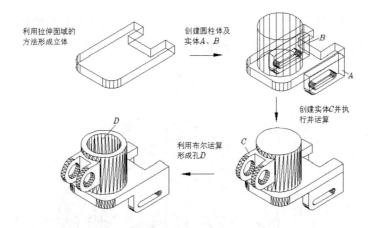

图 12-74　主要作图步骤

习题

1. 绘制图 12-75 所示平面立体的实心体模型。
2. 绘制图 12-76 所示曲面立体的实心体模型。

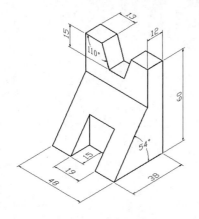

图 12-75　创建实体模型（1）

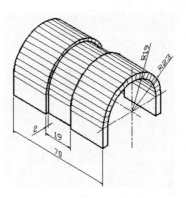

图 12-76　创建实体模型（2）

3. 绘制图 12-77 所示立体的实心体模型。

4. 绘制图 12-78 所示立体的实心体模型。

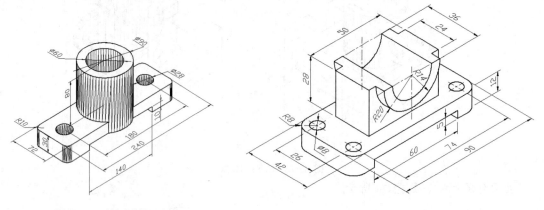

图 12-77 创建实体模型（3）

图 12-78 创建实体模型（4）

5. 绘制图 12-79 所示立体的实心体模型。

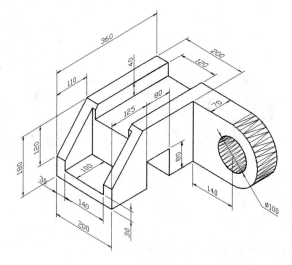

图 12-79 创建实体模型（5）

附录

AutoCAD证书考试练习题

为满足学生参加绘图员考试的需要，本附录根据人力资源和社会保障部职业技能证书考试的要求安排了一定数量的练习题，使学生可以在考前对所学AutoCAD知识进行综合演练。

【附录练习1】 绘制几何图案，如附录图1所示。

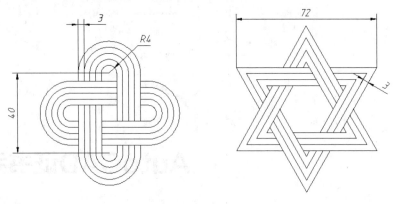

附录图1　绘制几何图案（1）

【附录练习2】 绘制几何图案，如附录图2所示，图中填充对象为"ANSI38"。

【附录练习3】 绘制几何图案，如附录图3所示。

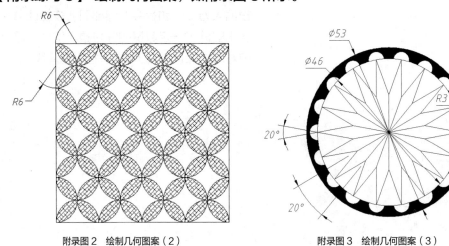

附录图2　绘制几何图案（2）　　　　　附录图3　绘制几何图案（3）

【附录练习4】 绘制几何图案，如附录图4所示。

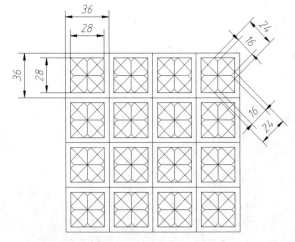

附录图4　绘制几何图案（4）

【附录练习 5】　绘制几何图案，如附录图 5 所示。
【附录练习 6】　绘制几何图案，如附录图 6 所示。

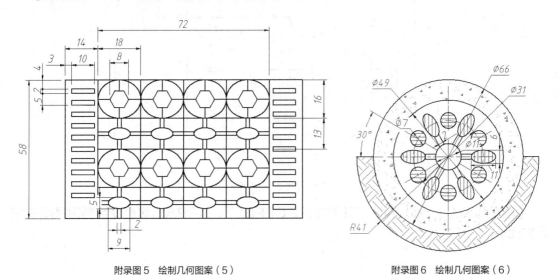

附录图 5　绘制几何图案（5）　　　　　附录图 6　绘制几何图案（6）

【附录练习 7】　用 LINE、CIRCLE、OFFSET、ARRAY 等命令绘制附录图 7 所示的图形。

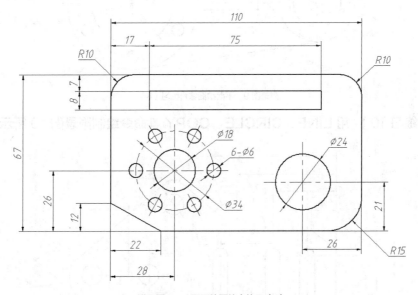

附录图 7　　平面绘图综合练习（1）

【附录练习 8】　用 LINE、CIRCLE、OFFSET、MIRROR 等命令绘制附录图 8 所示的图形。

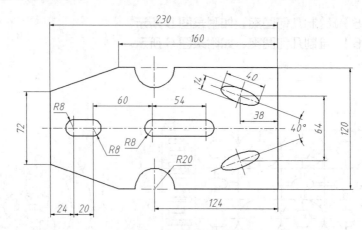

附录图 8　平面绘图综合练习（2）

【附录练习 9 】　用 LINE、CIRCLE、OFFSET、ARRAY 等命令绘制附录图 9 所示的图形。

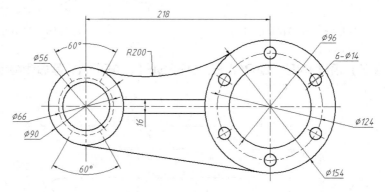

附录图 9　平面绘图综合练习（3）

【附录练习 10 】　用 LINE、CIRCLE、COPY 等命令绘制附录图 10 所示的图形。

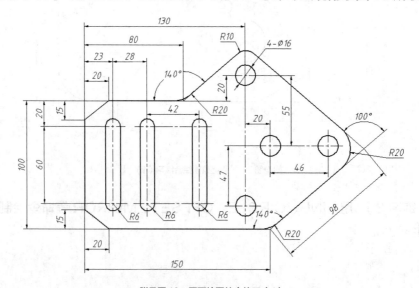

附录图 10　平面绘图综合练习（4）

【附录练习 11】　用 LINE、CIRCLE、TRIM 等命令绘制附录图 11 所示的图形。

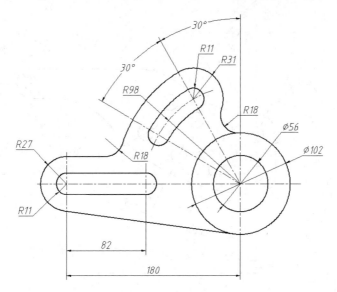

附录图 11　平面绘图综合练习（5）

【附录练习 12】　用 LINE、CIRCLE、TRIM 等命令绘制附录图 12 所示的图形。

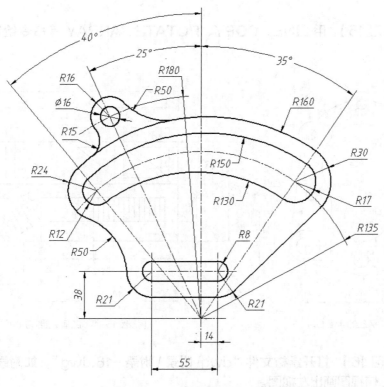

附录图 12　平面绘图综合练习（6）

【附录练习 13】　用 LINE、CIRCLE、TRIM 等命令绘制附录图 13 所示的图形。

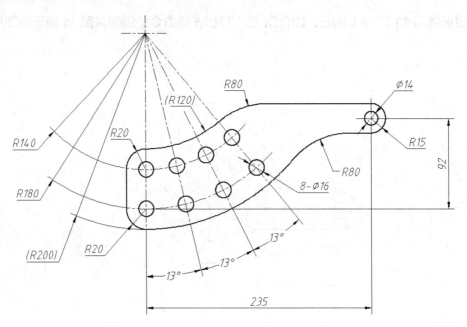

附录图 13　平面绘图综合练习（7）

【附录练习14】　用 LINE、CIRCLE、TRIM、ARRAY 等命令绘制附录图 14 所示的图形。

【附录练习15】　用 LINE、COPY、ROTATE、ARRAY 等命令绘制附录图 15 所示的图形。

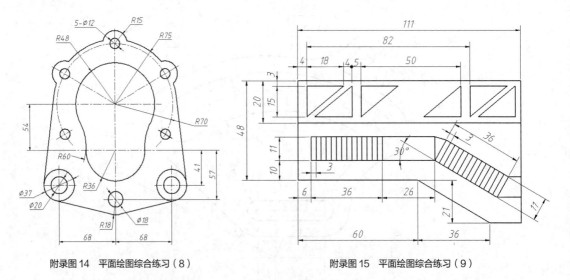

附录图 14　平面绘图综合练习（8）　　　　　附录图 15　平面绘图综合练习（9）

【附录练习16】　打开素材文件"dwg\ 附录 \ 附录 –16.dwg"，如附录图 16 所示，根据主视图、俯视图画出左视图。

【附录练习17】　打开素材文件"dwg\ 附录 \ 附录 –17.dwg"，如附录图 17 所示，根据主视图、左视图画出俯视图。

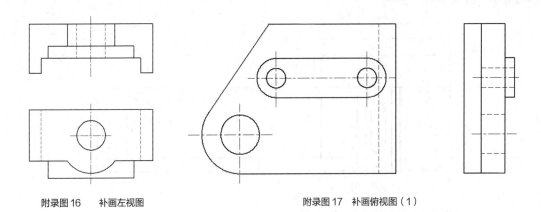

附录图 16　补画左视图　　　　　　　　　　　　　附录图 17　补画俯视图（1）

【附录练习 18 】　打开素材文件"dwg\ 附录 \ 附录 –18.dwg"，如附录图 18 所示，根据主视图、左视图画出俯视图。

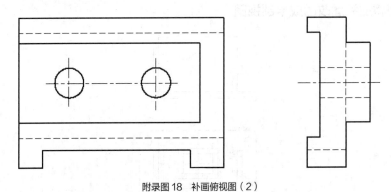

附录图 18　补画俯视图（2）

【附录练习 19 】　打开素材文件"dwg\ 附录 \ 附录 –19.dwg"，如附录图 19 所示，根据已有视图将主视图改画成全剖视图。

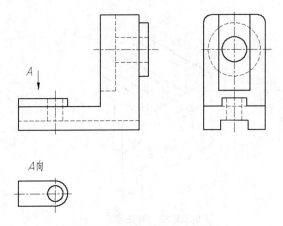

附录图 19　将主视图改画成全剖视图

【附录练习 20 】　打开素材文件"dwg\ 附录 \ 附录 –20.dwg"，如附录图 20 所示，根据已有视图将左视图改画成全剖视图。

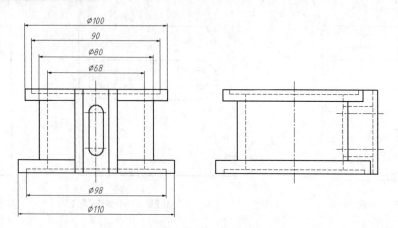

附录图 20　将左视图改画成全剖视图

【附录练习 21 】　打开素材文件"dwg\ 附录 \ 附录 -21.dwg"，如附录图 21 所示，根据已有视图将主视图改画成半剖视图。

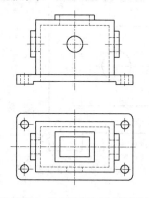

附录图 21　将主视图改画成半剖视图

【附录练习 22 】　根据轴测图及视图轮廓绘制三视图，如附录图 22 所示。

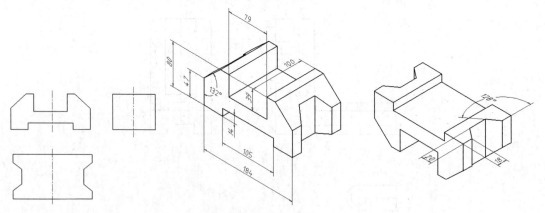

附录图 22　绘制三视图（1）

【附录练习 23 】　根据轴测图及视图轮廓绘制三视图，如附录图 23 所示。

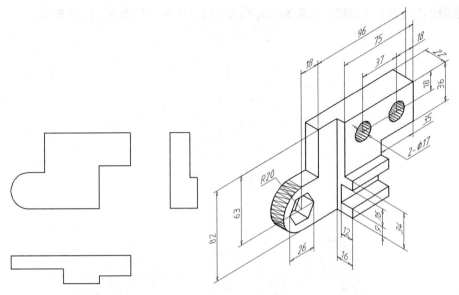

附录图 23 绘制三视图（2）

【附录练习 24 】 根据轴测图绘制三视图，如附录图 24 所示。

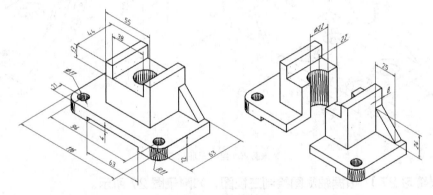

附录图 24 绘制三视图（3）

【附录练习 25 】 根据轴测图及视图轮廓绘制三视图，如附录图 25 所示。

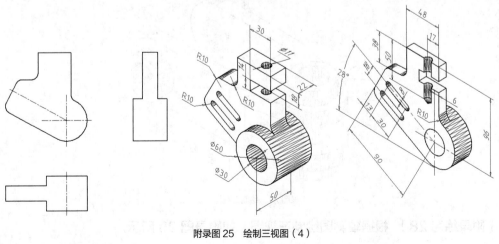

附录图 25 绘制三视图（4）

【附录练习26】 根据轴测图及视图轮廓绘制三视图，如附录图26所示。

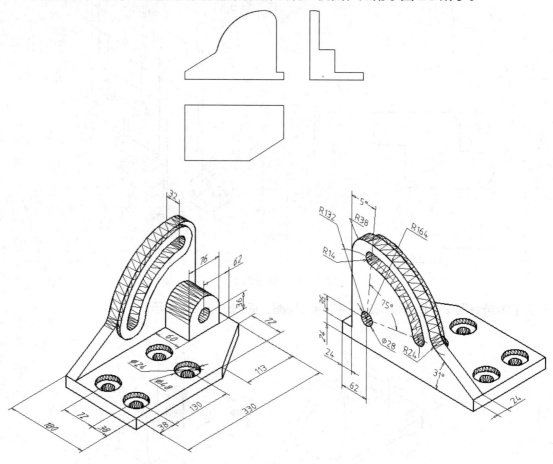

附录图26 绘制三视图（5）

【附录练习27】 根据轴测图绘制三视图，如附录图27所示。

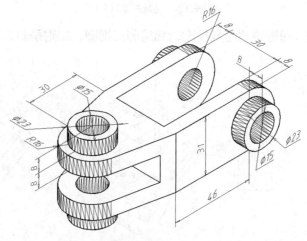

附录图27 绘制三视图（6）

【附录练习28】 根据轴测图绘制三视图，如附录图28所示。

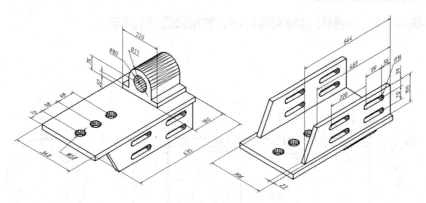

附录图 28　绘制三视图（7）

【附录练习 29 】　根据轴测图绘制三视图，如附录图 29 所示。

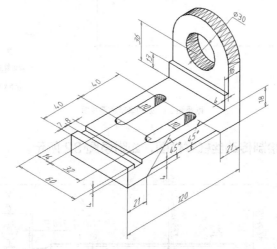

附录图 29　绘制三视图（8）

【附录练习 30 】　根据轴测图及视图轮廓绘制视图及剖视图，如附录图 30 所示。主视图采用全剖方式。

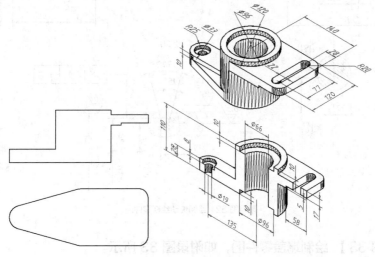

附录图 30　绘制视图及剖视图

【附录练习31】 绘制联接轴套零件图，如附录图31所示。

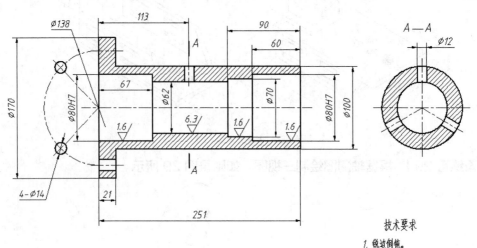

附录图31 绘制联接套零件图

【附录练习32】 绘制传动丝杠零件图，如附录图32所示。

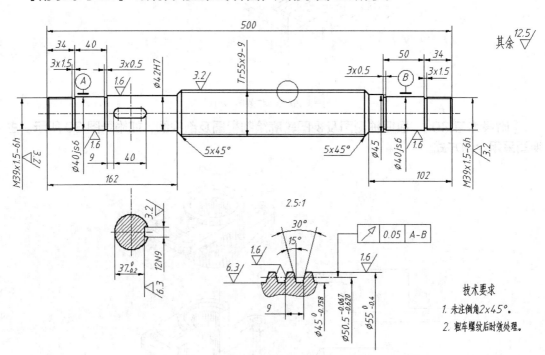

附录图32 绘制传动丝杠零件图

【附录练习33】 绘制端盖零件图，如附录图33所示。

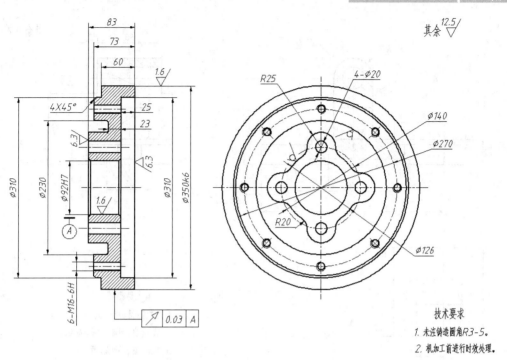

附录图 33　绘制端盖零件图

【附录练习 34】 绘制带轮零件图，如附录图 34 所示。

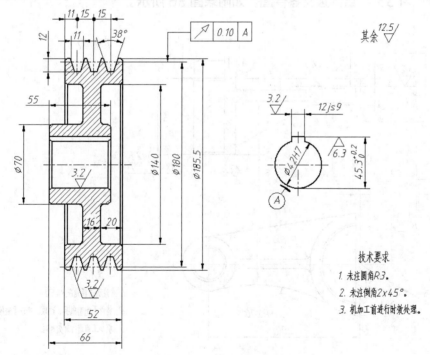

附录图 34　绘制带轮零件图

【附录练习 35】 绘制支承架零件图，如附录图 35 所示。

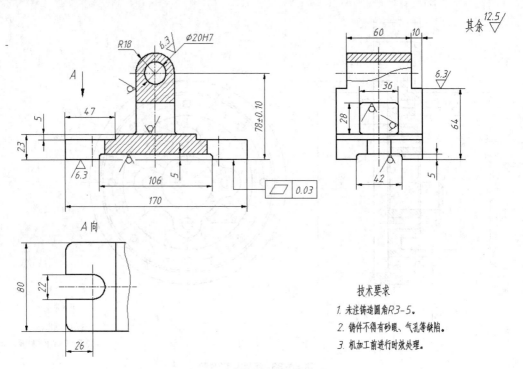

附录图35　绘制支承架零件图

【附录练习36】 绘制拨叉零件图，如附录图36所示。

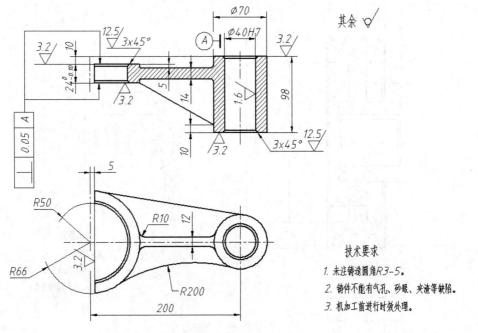

附录图36　绘制拨叉零件图

【附录练习37】 绘制上箱体零件图，如附录图37所示。

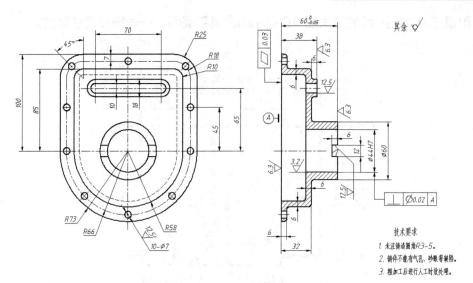

附录图 37　绘制箱体零件图

【附录练习 38】 绘制尾架零件图，如附录图 38 所示。

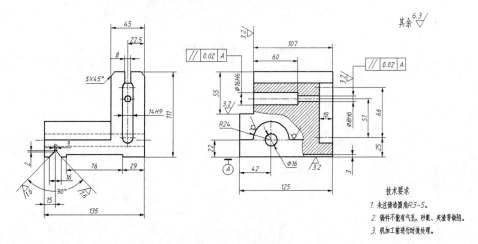

附录图 38　绘制尾架零件图

【附录练习 39】 绘制附录图 39 所示的楼梯间平面详图。

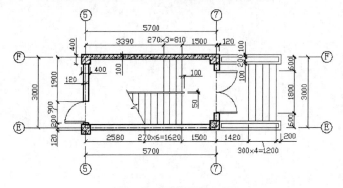

附录图 39　绘制楼梯间平面详图

【附录练习 40 】 绘制附录图 40 所示的建筑平面图，一些细节尺寸自定。

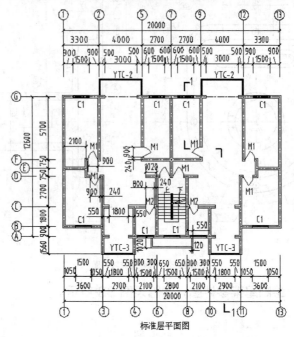

标准层平面图

附录图 40　绘制建筑平面图